高等职业教育"十四五"规划教材

大学计算机信息技术教程

樊为民　陆道明◎主　编
居　玮　王　辉◎副主编
王　琦　单桂军◎主　审

U0316700

中国铁道出版社有限公司
CHINA RAILWAY PUBLISHING HOUSE CO., LTD.

内 容 简 介

本书是根据教育部考试中心制定的《全国计算机等级考试一级计算机基础及 MS Office 应用考试大纲（2021 年版）》编写的。

本书包括计算机基础知识、计算机系统、Word 2016 的使用、Excel 2016 的使用、PowerPoint 2016 的使用以及附录。本书依据考试大纲重点介绍计算机的基本概念、基本原理和基本应用，并作了必要的拓展，如 Excel 2016 函数和公式的应用。每章附有习题，附录中提供了部分习题的参考答案。

通过本书的学习，读者应对计算机的基本概念、软硬件原理、多媒体应用和网络基础有一个全面、清楚的认知，能够熟练掌握系统软件（Windows 7）和 MS Office 办公软件的操作和应用。同时本书注重拓宽读者的知识面，培养读者的计算思维以及使用 Excel 复杂公式计算的能力。

本书可作为中、高等院校及其他专升本院校、计算机培训班的教学用书，也可作为自学参考书和工程手册。

图书在版编目（CIP）数据

大学计算机信息技术教程/樊为民，陆道明主编. —北京：
中国铁道出版社有限公司，2021.9（2024.8 重印）
高等职业教育"十四五"规划教材
ISBN 978-7-113-28223-3

Ⅰ. ①大… Ⅱ. ①樊… ②陆… Ⅲ. ①电子计算机-
高等职业教育-教材 Ⅳ. ①TP3

中国版本图书馆 CIP 数据核字（2021）第 153780 号

书 　名：大学计算机信息技术教程
作 　者：樊为民　陆道明

策 　　划：张围伟　　　　　　　　　编辑部电话：（010）51873135
责任编辑：汪　敏　李学敏
封面设计：一克米工作室
封面制作：曾　程
责任校对：焦桂荣
责任印制：樊启鹏

出版发行：中国铁道出版社有限公司（100054，北京市西城区右安门西街 8 号）
网　　址：https://www.tdpress.com/51eds/
印　　刷：三河市兴博印务有限公司
版　　次：2021 年 9 月第 1 版　　　2024 年 8 月第 4 次印刷
开　　本：787 mm×1 092 mm　1/16　印张：19.5　字数：458 千
书　　号：ISBN 978-7-113-28223-3
定　　价：49.80 元

前 言

随着信息技术的快速发展，计算机在现代化办公中的应用不断普及，熟悉并掌握计算机信息处理技术的基本知识和技能已经成为当今社会每个人适应本职工作的基本素质之一，是适应社会发展的必备条件之一，也是各企业考核员工的标准之一。本书就是以目前计算机办公中常用的应用软件Office 2016为基础进行相关教学的一本教材，侧重于培养学生实际操作能力。

本书按照《全国计算机等级考试一级计算机基础及MS Office应用考试大纲（2021年版）》编写，以训练学生的计算机实践能力为出发点，书中采用的操作示例是办公软件应用必须掌握的技能，体现了计算机等级考试的操作考核要求，力求使广大读者通过本书的学习，不仅掌握计算机操作技能，而且能够准确地把握计算机一级等级考试的要求和特点，从而可以轻松地通过考试获取计算机等级证书。

本书内容包括：计算机基础知识、计算机系统、Word 2016的使用、Excel 2016的使用、PowerPoint 2016的使用。每章都列举了大量的实例，操作步骤详细，条理清晰，实用性强。每章还配有习题，帮助读者巩固和掌握所学的内容，提高个人的操作技能和综合应用能力。书中所需素材请在中国铁道出版社有限公司网站（http://www.tdpress.com/51eds/）下载。

本书由樊为民、陆道明任主编，居玮、王辉任副主编，王琦、单桂军主审。本书具体编写分工如下：第1章由樊为民编写，第2章由陆道明编写，第3章由居玮编写，第4章和第5章由王辉编写。本书在编写、定稿过程中得到王琦、单桂军两位教授的关心、支持和帮助，在此表示衷心的感谢。

由于时间仓促、编者水平有限，书中难免存在不妥和疏漏之处，殷切希望广大读者批评指正。在使用过程中如有疑问，请发电子邮件至466496298@qq.com。

编 者

2021年6月

目 录

第1章
计算机基础知识

　　电子数字计算机是 20 世纪重大科技发明之一，在人类科学发展的历史上，还没有哪门学科像计算机科学这样发展得如此迅速，并对人类的生活、学习和工作产生如此巨大的影响，计算机已成为人类生产生活中不可缺少的工具。

　　计算机是现代一种用于高速计算的电子计算机器，既可以进行数值计算，又可以进行逻辑计算，还具有存储记忆功能。是能够按照程序运行，自动、高速处理海量数据的现代化智能电子设备，由硬件系统和软件系统组成。随着计算机信息技术快速发展，熟悉并掌握计算机信息处理技术的基本知识和技能已经成为当今社会学生适应社会发展的基本素质。本章首先讲解计算机的基础知识，为后继章节的学习打下坚实的基础。通过本章的学习，应掌握下列内容。

　　（1）了解计算机的发展简史、特点、分类及其应用领域。

　　（2）掌握计算机中数据、字符和汉字的编码。

　　（3）了解多媒体技术的基础知识。

　　（4）掌握计算机病毒的概念和防治。

1.1　计算机的发展

　　在人类文明发展的历史长河中，计算工具经历了从简单到复杂、从低级到高级的发展过程。如绳结、算筹、算盘、计算尺、手摇机械计算机、电动机械计算机、电子计算机等，它们在不同的历史时期发挥了各自的作用，而且也孕育了电子计算机的设计思想和雏形。

1.1.1　计算机简介

　　第二次世界大战期间，美国军方为了解决计算大量军用数据难题，成立了由宾夕法尼亚大学莫奇利和埃克特领导的研究小组，开始研制世界上第一台电子计算机，经过三年紧张工作，第一台电子计算机 ENIAC 终于于 1946 年 2 月 15 日问世了。ENIAC 共使用 18 000 个电子管，另外还包含继电器、电阻器、电容器等电子器件，长 30.48 m，占地面积约 170 m^2，重达 30 t，耗电量 150 kW,每秒执行 5 000 次加法或 400 次乘法,其运算速度是机械式继电器计算机的 1 000 倍、手工计算的 20 万倍。

理论拓展

ENIAC 被认为是世界上第一台现代意义上的计算机,但是英国人直到今天依然认为第一台可编程电子计算机是 Colossus,在英国布莱切利园由 Alan Turing 在第二次世界大战期间发明,用于解读恩尼格玛(Enigma)代码。

ENIAC 虽然可以提高计算速度,但它本身存在两大缺点:一是没有存储器;二是使用布线板进行控制,费时费力。1945 年,冯·诺依曼所在的 ENIAC 机研制小组发表了一个全新的存储程序通用电子计算机方案——EDVAC,具体地介绍了制造电子计算机和程序设计的新思想。

冯·诺依曼提出了二进制思想与程序内存思想,他的理论要点是:数字计算机的数制采用二进制;计算机应该按照程序顺序执行。冯·诺依曼的这个理论称为冯·诺依曼体系结构。从 ENIAC 到当前最先进的计算机都采用的是冯·诺依曼体系结构。所以冯·诺依曼是当之无愧的数字计算机之父。

例 1　1946 年,首台电子数字计算机 ENIAC 问世后,冯·诺依曼在研制 EDVAC 计算机时,提出两个重要的改进,它们是(　　　)。

A. 引入 CPU 和内存储器的概念　　　　B. 采用机器语言和十六进制

C. 采用二进制和存储程序控制的概念　　D. 采用 ASCII 编码系统

解:和 ENIAC 相比,EDVAC 的重大改进主要有两方面:一是把十进制改成二进制,这可以充分发挥电子元件高速运算的优越性;二是把程序和数据一起存储在计算机内,这样就可以使全部运算成为真正的自动过程。答案为 C。

ENIAC 计算机虽然有许多明显的不足,它的功能也远不及现在的一台微型计算机,但它的诞生宣告了电子计算机时代的到来。在随后的几十年中,计算机的发展突飞猛进,体积越来越小、功能越来越强、价格越来越低、应用越来越广泛。

从第一台电子计算机诞生至今的 70 多年中,计算机技术以前所未有的速度迅猛发展。一般根据计算机主机所采用的物理器件,将计算机的发展分为如下几个阶段,如表 1-1 所示。

表 1-1　计算机的发展

年代 部件	第一阶段 (1946—1958)	第二阶段 (1958—1964)	第三阶段 (1964—1972)	第四阶段 (1972 至今)
主机电子器件	电子管	晶体管	中小规模集成电路	大规模、超大规模集成电路
内存	汞延迟线	磁芯存储器	半导体存储器	半导体存储器
外存储器	穿孔卡片、纸带	磁带	磁带、磁盘	磁盘、磁带、光盘等大容量存储器
处理速度(每秒指令数)	几千条	几万至几十万条	几十万至几百万条	上千亿至万亿条

第一代计算机是电子管计算机(1946—1958),软件方面采用的是机器语言、汇编语言。应用领域以军事和科学计算为主。特点是体积大、功耗高、可靠性差、速度慢(一般为每秒数千次至数万次)、价格昂贵,但为以后的计算机发展奠定了基础。

第二代晶体管计算机（1958—1964），与第一代计算机相比，晶体管计算机体积小、成本低、功能强、可靠性高。与此同时，计算机软件也有了较大的发展，出现了监控程序并发展成为后来的操作系统，高级程序设计语言 Basic、FORTRAN 和 COBOL 的推出使编写程序的工作变得更为方便并实现了程序兼容，同时使计算机工作的效率大大提高。除了科学计算机外，计算机还用于数据处理和事务处理。IBM1700 系列机是第二代计算机的代表。

第三代计算机的软件方面出现了分时操作系统以及结构化、规模化程序设计方法。特点是速度更快（一般为每秒数百万次至数千万次），而且可靠性有了显著提高，价格进一步下降，产品走向了通用化、系列化和标准化等。应用领域开始进入文字处理和图形图像处理领域。IBM360 系列是最早采用集成电路的通用计算机，也是影响最大的第三代计算机。

第四代计算机的重量和耗电量进一步减少，计算机性能价格比基本上以每 18 个月翻一番的速度上升，符合著名的摩尔定律。操作系统向虚拟操作系统发展，各种应用软件产品丰富多彩，大大扩展了计算机的应用领域。IBM4300 系列、3080 系列、3090 系列和 9000 系列是这一时期的主流产品。

由于集成电路技术的发展和微处理器的出现，计算机发展速度之快，大大超出人们的预料，工业界已不再沿用"第×代计算机"的说法。人们正在研究开发智能化的计算机系统，它以知识处理为核心，可以模拟或部分替代人的智能活动，具有自然的人机通信能力。

1.1.2　计算机的特点、应用和分类

1. 计算机的特点

1）运算速度快

计算机的运算速度已从最初的每秒几千次发展到现在的每秒上百亿次。因此，计算机可以完成许多以前人工无法完成的定量分析工作。

2）计算精度高

一般的计算机均能达到 15 位有效数字，但在理论上计算机的精度不受任何限制，只要通过一定的技术手段便可以实现任何精度要求。

3）存储能力强

能够存储数据和程序，并能将处理或计算结果保存起来，这是计算机最本质的特点之一。在计算机中有一个部件叫作存储器，用于承担记忆职能，存储器的容量越大，计算机能"记忆"的信息量就越大。

4）具有逻辑判断能力

计算机不仅具有计算能力，还具有逻辑判断能力。有了这种能力，才能使计算机更巧妙地完成各种计算任务，进行各种过程控制和各类数据处理任务，以及完成决策支持功能。

5）高度自动化能力

计算机具有自动执行程序的能力。将设计好的程序输入计算机，一旦向计算机发出命令，它就能自动按规定的步骤完成指定任务。

6）网络与通信功能

计算机技术发展到今天，不仅可将一个个城市的计算机连成一个网络，而且能将一个个国家的计算机连在一个计算机网络上。目前最大、应用范围最广的"国际互联网"（Internet）连接了全世界200多个国家和地区数亿台的各种计算机。在网上的所有计算机用户可共享网上资料、交流信息、互相学习，将世界变成了"地球村"，极大地改变了人类交流的方式和信息获取的途径。

2. 计算机的应用

随着计算机技术的发展，计算机的应用已迅速渗透到人类社会的各个方面。从科学研究、工农业生产、军事技术、文化教育到家庭生活，计算机都成了必不可少的现代化工具。下面将其应用领域归纳为几大类：

1）科学计算

科学计算是指计算机用于完成科学研究和工程技术中所提出的数学问题的计算，又称为数值计算。科学研究和工程设计中经常遇到各种各样的数学问题，并且计算量很大。这些计算正是计算机的长处，利用计算机进行计算，速度快、精度高，可以大大缩短计算周期，节省人力和物力。另外，计算机的逻辑判断能力和强大的运行能力又给许多学科提供了新的研究方法。

2）信息处理

现代社会是信息化社会，信息、物质和能量已被列为人类社会的三大支柱。现在，计算机大部分都用于信息处理。信息处理包括对信息的收集、分类、整理、加工、存储、传递等工作，其结果是为管理和决策提供有用的信息。目前，信息处理已广泛地应用于办公自动化。

3）实时控制

实时控制系统是指能够及时收集、检测数据，进行快速处理并自动控制被处理的对象操作的计算机系统。这个系统的核心是计算机控制整个处理过程，包括从数据输入到输出控制的整个过程。计算机实时控制不但是一个控制手段的改变，更重要的是它的适应性大大提高，它可以通过参数设定、改变处理流程实现不同过程的控制，有助于提高生产质量和生产效率。

4）计算机辅助

计算机辅助是计算机应用的一个非常广泛的领域。几乎所有过去由人进行的具有设计性质的过程都可以让计算机帮助实现部分或全部工作。计算机辅助主要有：计算机辅助设计（CAD）、计算机辅助制造（CAM）、计算机辅助教育（CAI）、计算机辅助技术（CAT）、计算机仿真模拟等。计算机模拟和仿真是计算机辅助的重要方面。

5）网络与通信

将一个建筑物内的计算机和世界各地的计算机通过网络连接起来，就可以形成一个巨大的计算机网络系统，做到资源共享、相互通信。计算机网络应用所涉及的主要技术是网络互联技术、路由技术、数据通信技术，以及信息浏览技术和网络安全技术等。计算机通信几乎就是现代通信的代名词，其发展势头已经超过传统通信。基于计算机网络的电子商务已成为人类日常生活中不可或缺的组成部分，而"云计算"（Cloud Computing）技术的出现也标志着计算机网络应用已经进入了成熟阶段。

6）人工智能

计算机可以模拟人类的某些智力活动。利用计算机可以进行图像和物体的识别，模拟人的学习过程和探索过程。如机器翻译、智能机器人等，都是利用计算机模拟人类的智力活动。人工智能是计算机科学发展以来一直处于前沿的研究领域，其主要研究内容包括自然语言理解、专家系统、机器人以及定理自动证明等。

7）多媒体应用

多媒体技术是指人和计算机交互地进行多种媒介信息的捕捉、传输、转换、编辑、存储、管理，并由计算机综合处理为表格、文字、图形、动画、音频、视频等视听信息有机结合的表现形式。多媒体技术拓宽了计算机的应用领域，使计算机广泛应用于商业、服务业、教育、广告宣传、文化娱乐、家庭等方面。同时，多媒体技术与人工智能技术的有机结合还促进了虚拟现实（VR）、虚拟制造（VM）技术的发展。

8）嵌入式系统

并不是所有计算机都是通用的。有许多特殊的计算机用于不同的设备中，包括大量的消费电子产品和工业制造系统，都是把处理器芯片嵌入其中，完成特定的处理任务。这些系统称为嵌入式系统。如数码相机、数码摄像机以及高档电动玩具等都使用了不同功能的处理器。

3. 计算机的分类

计算机种类很多，可以从不同的角度对计算机进行分类。按照计算机原理分类，可分为数字式电子计算机、模拟式电子计算机和混合式电子计算机。按照计算机用途分类，可分为通用计算机和专用计算机。按计算机内部逻辑结构进行分类，可分为8位、16位、32位、64位计算机。按照计算机性能分类，可分为巨型机、大型机、小型机、个人计算机、嵌入式计算机五类。

1）巨型机

巨型机又称超级计算机，是指具有极高处理速度的高性能计算机，它的速度可达到每秒数十万亿次以上。巨型机采用大规模并行处理的体系结构，由数以百计、千计、万计的CPU共同完成系统软件和应用软件运行任务，它具有极强的处理能力，主要用于解决诸如气象、太空、能源等尖端科学研究和战略武器研制中的复杂计算。

2）大型机

大型计算机指运算速度快、存储容量大，有丰富的系统软件和应用软件，并且允许相当多的用户同时使用的计算机。大型机的结构比巨型机简单，价格也比巨型机便宜，因此使用的范围比巨型机更普遍，是事务处理、商业处理、信息管理、大型数据库和数据通信的主要支柱，因此也称大型计算机是企业级服务器。

3）小型机

小型机规模和运算速度比大型机要差，但仍能支持十几个用户同时使用。小型机具有体积小、价格低、性价比高等优点，适合中小企业、事业单位用于工业控制、数据采集、分析计算、企业管理以及科学计算等，也可作为巨型机或大型机的辅助机，因此也称小型计算机是部门级服务器。

4）个人计算机

供单个用户使用的微型机一般称为个人计算机或 PC，是目前用得最多的一种微型计算机。个人计算机分为台式机和笔记本计算机两大类。台式机主要在家庭和办公中使用，而笔记本计算机由于体积小、重量轻、性能优异，应用很广泛。近两年，平板式计算机和 5G 智能手机的发展很快，出货量远远超过传统个人计算机。

5）嵌入式计算机

嵌入式计算机是把运算器、控制器、存储器、输入/输出控制、接口电路全都集成在一块芯片上，这样的超大规模集成电路称为"单片计算机"或"嵌入式计算机"。它一般由嵌入式微处理器、外围硬件设备、嵌入式操作系统以及用户的应用程序等四个部分组成。它是计算机市场中增长最快的领域，也是种类繁多、形态多种多样的计算机系统。嵌入式系统几乎包括了生活中的所有电器设备，如平板计算机、计算器、电视机顶盒、手机、数字电视、多媒体播放器、工业自动化仪表与医疗仪器等。例如，全球市场份额最大的是英国 ARM 公司的 ARM 处理器，现在大部分手机和平板计算机使用的都是采用 ARM 技术的微处理器（包括苹果公司的 iPad）。

💡 提示

工作站是在某个特殊的领域使用的高性能微机系统，专门用于处理某类特殊事物的独立计算机类型。

服务器是一种在网络环境下为多个用户提供服务的共享设备，如文件服务器、通信服务器、打印服务器等。一般来说，巨型机和大型机可以作为企业级服务器，专用的服务器可作为部门级服务器，一般的 PC 也可以作为工作组服务器或打印服务器。由于需要大量服务器，一些计算机厂家专门设计制造了称为"服务器"的一类计算机产品，取代了传统的小型计算机。其特点是：存储容量大、存取速度快、网络通信功能强、可靠性好。

1.1.3 计算科学研究与应用

最初的计算机，只是为了军事上大数据量计算的需要，而如今的计算机已远远超出了"计算的机器"这样狭义的概念。下面简要介绍人工智能、网格计算、中间件技术、云计算、大数据、物联网、区块链等方面的发展。

1. 人工智能

人工智能的主要内容是研究如何让计算机来完成过去只有人才能做的智能的工作，核心目标是赋予计算机人脑一样的智能。人工智能让计算机有更接近人类的思维和智能，实现人机交互，让计算机能够听懂人们说话，看懂人们的表情，能够进行人脑思维。

⏳ 理论拓展 阿尔法围棋

阿尔法围棋（AlphaGo）是第一个击败人类职业围棋选手、第一个战胜围棋世界冠军的人工智能机器人，由谷歌旗下 DeepMind 公司戴密斯·哈萨比斯领衔的团队开发，其主要工作原理是"深度学习"。

2016 年 3 月，阿尔法围棋与围棋世界冠军、职业九段棋手李世石进行围棋人机大战，以 4

比 1 的总比分获胜；2016 年末 2017 年初，该程序在中国棋类网站上以"大师"（Master）为注册账号与中日韩数十位围棋高手进行快棋对决，连续 60 局无一败绩；2017 年 5 月，在中国乌镇围棋峰会上，它与当时排名世界第一的世界围棋冠军柯洁对战，以 3 比 0 的总比分获胜。围棋界公认，阿尔法围棋的棋力已经超过人类职业围棋顶尖水平，在 GoRatings 网站公布的世界职业围棋排名中，其等级分曾超过人类排名第一的棋手柯洁。

2017 年 5 月 27 日，在柯洁与阿尔法围棋的人机大战之后，阿尔法围棋团队宣布阿尔法围棋将不再参加围棋比赛。2017 年 10 月 18 日，DeepMind 团队公布了最强版阿尔法围棋，代号 AlphaGo Zero。

2. 网格计算

网格计算是专门针对复杂科学计算的新型计算模式。这种计算模式是利用互联网把分散在不同地理位置的计算机组织成一个"虚拟的超级计算机"，其中每一台参与计算的计算机就是一个"结点"，而整个计算是由成千上万个"结点"组成的"一张网格"，所以这种计算方式称为网格计算。这样组织起来的"虚拟的超级计算机"有两个优势：一是数据处理能力超强；二是能充分利用网上的闲置处理能力。网格计算技术是一场计算革命，它将全世界的计算机联合起来协同工作，它被人们视为 21 世纪的新型网络基础架构。

网格计算包括任务管理、任务调度和资源管理，是网格计算的三要素。网格计算技术的主要特点是：

（1）能够提供资源共享，实现应用程序的互连互通。网格与计算机网络不同，计算机网络实现的是一种硬件的连通，而网格能实现应用层面的连通。

（2）协同工作。很多网格结点可以共同处理一个项目。

（3）基于国际的开放技术标准。

（4）网格可以提供动态的服务，能够适应变化。

概念辨析　网格计算和云计算的异同

观点一：网格计算主要关注如何把一个任务分配到它所需要的资源上，一个大的计算任务可以被分成多个小任务，然后被分配到这些服务器上运行；而云计算则强调把资源动态地从硬件基础架构上产生出来，以适应工作任务的需要，云计算可以支持网格计算，也可以支持非网格计算。

观点二：网格计算与云计算主要有三点区别：

第一、网格主要是通过聚合式分布的资源，通过虚拟组织提供高层次的服务，而云计算资源相对集中，通常以数据中心的形式提供对底层资源的共享使用，而不强调虚拟组织的观念。

第二、网格聚合资源的主要目的是支持挑战性的应用，主要面向教育和科学计算，而云计算一开始就是用来支持广泛的企业计算、Web 应用等。

第三、网格用中间件屏蔽异构性，而云计算承认异构，用提供服务的机制来解决异构性的问题。

3. 中间件技术

中间件是位于各种平台（硬件和操作系统）和各种应用之间的通用服务。中间件的作用主要是为各种应用程序抽象出通用的公共部分，以降低应用开发的复杂程度。中间件屏蔽了底层操作系统的复杂性，使程序开发人员面对一个简单而统一的开发环境，减少程序设计的复杂性，将注意力集中在自己的业务上，不必再为程序在不同系统软件上的移植而重复工作，从而大大减少了技术上的负担。

在中间件诞生之前，企业多采用传统的客户机/服务器（C/S）模式，通常是一台计算机作为客户机，运行应用程序，另外一台计算机作为服务器，运行服务器软件，以提供各种不同的服务。这种模式的缺点是系统拓展性差。到了 20 世纪 90 年代初，出现了一种新的思想：在客户机和服务器之间增加一组服务，这种服务（应用服务器）就是中间件，如图 1-1 所示。

随着 Internet 的发展，一种基于 Web 数据库的中间件技术开始得到广泛应用，如图 1-2 所示。在这种模式中，浏览器若要访问数据库，则将请求发送给 Web 服务器，再被转移给中间件，最后发送到数据库系统，得到结果后通过中间件、Web 服务器返回给浏览器。中间件可以采用 ASP、JSP 或 PHP 等技术。

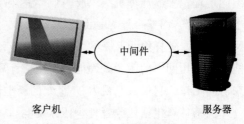

图1-1　中间件技术

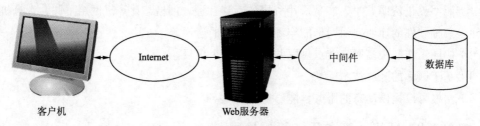

图1-2　一种基于Web数据库的中间件

目前，中间件技术已经发展成为企业应用的主流技术，并形成各种不同类别，如交易中间件、消息中间件、专有系统中间件、面向对象中间件、数据存取中间件、远程调用中间件等。

理论拓展　中间件技术的应用：B/S 模式的数据库访问

B/S 三层模式实质上是中间增加了 Web 服务器的 C/S 模式，共分三层，每层功能如下：

① 第一层是客户层，配置浏览器，它起应用表现层作用。

② 中间层是业务逻辑层（应用层），Web 服务器专门为浏览器做"收发工作"和本地静态数据（包括网页、文件系统）的查询，而动态数据由应用服务器运行动态网页所包括的应用程序而生成，再由 Web 服务器返回给浏览器。当应用程序中嵌有 SQL 查询语句时，就将 DB 访问任务作为一种"查询请求"委托 DB 服务器执行。

③ 第三层是数据库服务器层，专门接收使用 SQL 语言描述的查询请求，访问数据库并将查询结果（二维表）返回给中间层。

> ⓘ **提示**
>
> ODBC/JDBC 是中间层与数据库服务器层的标准接口（API），通过这个接口向数据库服务器提出访问要求，可以连接多个不同的 DB 服务器。

4. 云计算

云计算是基于互联网相关服务的增加、使用和交付模式，通常涉及通过互联网来提供动态易扩展且经常是虚拟化的资源。云是网络、互联网的一种比喻说法。过去往往用云来表示电信网，后来也用来表示互联网和底层基础设施的抽象。因此，云计算甚至可以让你体验每秒 10 万亿次的运算能力，拥有这么强大的计算能力可以模拟核爆炸、预测气候变化和市场发展趋势。用户通过计算机、笔记本式计算机、手机等方式接入数据中心，按自己的需求进行运算。

对云计算的定义有多种说法。对于到底什么是云计算，现阶段广为接受的是美国国家标准与技术研究院（NIST）定义：云计算是一种按使用量付费的模式，这种模式提供可用的、便捷的、按需的网络访问，进入可配置的计算资源共享池（资源包括网络、服务器、存储、应用软件、服务），这些资源能够被快速提供，只需投入很少的管理工作，或与服务供应商进行很少的交互。

使用云计算时，数据在云端，不怕丢失，不必备份，可以进行任意点的恢复；软件在云端，不必下载就可以自动升级；在任何时间、任意地点、任何设备登录后就可以进行计算服务。

云计算的特点是：超大规模、虚拟化、高可靠性、通用性、高可扩展性、按需服务、廉价等。

1.1.4 未来计算机的发展趋势

1. 计算机的发展方向

计算机发展迅猛，对人类产生了巨大的影响，新一代计算机将向巨型化、微型化、网络化、智能化等方向发展。

1）巨型化

巨型化是指计算机的运算速度更高、存储容量更大、功能更强。目前正在研制的巨型计算机其运算速度可达每秒百万亿次。

2）微型化

微型计算机已进入仪器、仪表、家用电器等小型仪器设备中，同时也作为工业控制过程的心脏，使仪器设备实现"智能化"。随着微电子技术的进一步发展，笔记本型、掌上型等微型计算机必将以更优的性能价格比受到人们的欢迎。

3）网络化

随着计算机应用的深入，特别是家用计算机越来越普及，一方面希望众多用户能共享信息资源，另一方面也希望各计算机之间能互相传递信息进行通信。计算机网络是现代通信技术与计算机技术相结合的产物。计算机网络已在现代企业的管理中发挥着越来越重要的作用，如银行系统、商业系统、交通运输系统等。

4）智能化

计算机人工智能的研究建立在现代科学基础之上。智能化是计算机发展的一个重要方向，新一代计算机，将可以模拟人的感觉行为和思维过程，进行"看""听""说""想""做"，具有逻辑推理、学习与证明的能力。

理论拓展　疫情爆发以来，机器人在助力疫情防控方面的作用

新冠肺炎疫情防控期间，AI 派上了大用场。方脑袋、圆脑袋、高个子、短身材，这些"大白、小白"们 7×24 小时，活跃在火车站、高速入口、医院，甚至方舱的抗疫防护现场，"战"能送药监控、报警查房，"休"可卖萌逗乐、带操领舞。身负 AI、IoT 等高超武艺，干着暖心的差事，它们就是抗疫中的机器人。

由上海市公共卫生临床中心和依图医疗合作开发的业界首个胸部 CT 新型冠状病毒肺炎智能评价系统正式上线，在 2～3 s 内就能完成全肺定量分析，极大提升了精准定量分析的效率。

为助力海外输入人员疫情防控工作，旷视科技为小汤山医院捐赠的 10 多套 AI 设备已在医院出入口、内部隔离区等多个位置投入使用，为医护人员、后勤人员等提供无接触式人脸识别验证。

2. 未来新一代的计算机

计算机的核心部件是芯片，芯片制造技术的不断进步是推动计算机技术发展的动力。然而，硅基芯片制造技术的发展不是无限的，随着晶体管的尺寸接近纳米级，不仅芯片发热等副作用逐渐显现，电子的运行也难以控制，晶体管将不再可靠。下一代计算机无论是从体系结构、工作原理，还是器件及制造技术，都应该进行变革。目前有可能的技术至少有四种：纳米技术、光技术、生物技术和量子技术。用这些技术研究新一代计算机就成为世界各国研究的焦点。

理论拓展　硅基和 C 基芯片

芯片领域有这样一个著名的定律——摩尔定律。其大致内容是：当价格不变时，集成电路上可容纳的元器件的数目，约每隔 18～24 个月便会增加一倍，性能也将提升 40%。因此，直至今日，芯片技术已发展至 5 nm 工艺，甚至，据媒体报道，台积电已经在 2 nm 工艺的研发上有了重大突破。可以说，芯片的发展日新月异。

2020 年的世界人工智能大会云端峰会"人工智能芯片创新主题论坛"上，华东理工大学副校长、中国工程院院士钱锋表示，尽管我国集成电路正处于高速、蓬勃发展时期，但是除了产业链上下游封装测试以外，我国集成电路其他环节均与世界先进水平存在较大差距。国内芯片的供应链存在"断链"风险。

不仅如此，中国芯片还存在供需失衡的情况，需求量大，但是供给不足。由于国内的芯片行业起步晚，EDA 软件、光刻机等技术和器材还受制于人。国内的芯片制造规格和产出远远小于需求，使得中国需要在海外市场大量订购芯片。除了这些，国内的芯片发展还有发展滞后、投入不足；资源配置不对等；人才不足；长期处在行业的中下游链等问题。

中国芯片的每一个突破，都需要几代人的不断努力，也许未来的发展道路会历经险阻，但水滴能穿石，星星点点也能汇成无垠的星海。只要坚持下去，中国芯片未来的发展道路会越走越宽！

在美国芯片制裁的大背景下，碳基芯片将取代硅基芯片的呼声愈演愈烈。2020年5月26日，中国科学院院士彭练矛和张志勇教授率碳基纳米管晶体研究团队，经历近20年的艰苦研发，一举突破了碳基半导体设备制造的瓶颈，制造出高纯半导体阵列的碳纳米管材料——碳晶体管，在全球范围内率先实现碳基芯片制造技术的突破。碳基芯片再一次成为全球热点。但是现在就说碳基芯片取代硅基芯片还为时尚早。目前，硅基芯片拥有完整的产业链，生态环境良好，若要实现替代，就必须全球跟进，难度可想而知。若能够加快实现碳基芯片的产业化，将为中国芯片突破西方封锁提供前所未有的助力。

1）模糊计算机

模糊计算机是建立在模糊数学基础上的计算机。模糊计算机除具有一般计算机的功能外，还具有学习、思考、判断和对话的能力，可以立即辨识外界物体的形状和特征，甚至可帮助人类从事复杂的脑力劳动。模糊计算机能用于地震灾情判断、疾病医疗诊断、发酵工程控制、海空导航巡视等多个方面。

2）生物计算机

生物计算机最大的特点是采用了生物芯片，它出生物工程技术产生的蛋白质分子构成。在这种芯片中，信息以波的形式传播，运算速度比当今最新一代计算机快10万倍，能量消耗仅相当于普通计算机的十分之一，并且拥有巨大的存储能力。由于蛋白质分子能够自我组合，再生新的微型电路，使得生物计算机具有生物体的一些特点，如能发挥生物本身的调节机能自动修复芯片发生的故障，还能模仿人脑的思考机制。

3）光子计算机

光子计算机，就是一种用光信号进行数字运算、信息存储和处理的新型计算机。与电子相比，光子具有许多独特的优点：它的速度永远等于光速、具有电子所不具备的频率及偏振特征，从而大大提高了传载信息的能力。此外，光信号传输根本不需要导线，即使在光线交汇时也不会互相干扰、互相影响。

4）超导计算机

1911年，昂尼斯发现纯汞在4.2K低温下电阻变为零的超导现象，超导线圈中的电流可以无损耗地流动。计算机诞生之后，超导技术的发展使科学家们想到用超导材料来替代半导体制造计算机。

5）量子计算机

量子计算机的目的是为了解决计算机中的能耗问题，其概念源于对可逆计算机的研究。量子计算机是遵循着独一无二的量子动力学规律，是一种信息处理的新模式。在量子计算机中，用"量子位"来代替传统电子计算机的二进制位。二进制位只能用"0"和"1"两个状态表示信息，而量子位则用粒子的量子力学状态来表示信息，两个状态可以在一个"量子位"中并存。量子位既可以用于表示二进制位的"0"和"1"，也可以用这两个状态的组合来表示信息。正因为如此，量子计算机被认为可以进行传统电子计算机无法完成的复杂计算，其运算速度将是传统电子计算机无法比拟的。

1.1.5　信息技术

信息技术（Information Technology，IT）指的是用来扩展人的信息器官功能，协助人们更有效地进行信息处理的一类技术。信息技术是当今社会最主要、发展最快的技术。

1．现代信息技术的内容

信息技术包含三个层次的内容：信息基础技术、信息系统技术和信息应用技术。

1）信息基础技术

信息基础技术主要包括新材料、新能源和新器件的开发和制造技术。近年来，对信息技术影响最大的是微电子和光电子技术。

微电子技术是随着集成电路，尤其是超大型规模集成电路而发展起来的一门新的技术。其发展的理论基础是 19 世纪末到 20 世纪 30 年代期间建立起来的现代物理学。

微电子技术包括系统电路设计、器件物理、工艺技术、材料制备、自动测试以及封装、组装等一系列专门的技术，微电子技术是微电子学中的各项工艺技术的总和。

光电子技术经过与其相关技术相互交叉渗透之后，其技术和应用取得了飞速发展，在社会信息化中起着越来越重要的作用。光电子技术研究热点是在光通信领域，这对全球的信息高速公路的建设以及国家经济和科技持续发展起着举足轻重的推动作用。国内外正掀起一股光子学和光子产业的热潮。

2）信息系统技术

信息系统技术是指有关信息的获取、传输、处理、控制的设备和系统的技术。感测技术、通信技术、计算机与智能技术和控制技术是它的核心和支撑技术。

感测技术，包括传感技术和测量技术，也包括遥感、遥测技术等。它使人们能更好地从外部世界获得各种有用的信息。

通信技术，传递、交换和分配信息，消除或克服空间上的限制，使人们能更有效地利用信息资源。

计算（处理）与存储技术，包括硬件、软件技术和人工智能技术，使人们能更好地加工和再生的信息。

控制与显示技术，是根据输入的指令（决策信息）对外部事物的运动状态实施干预，即信息施效。

3）信息应用技术

信息应用技术是针对各种实用目的，如信息管理、信息控制的信息决策而发展起来的具体技术，如企业生产自动化、办公自动化、家庭自动化、人工智能和互联网技术等。它们是信息技术开发的根本目的所在。信息技术在社会的各个领域得到广泛的应用，显示出强大的生命力。

2．现代信息技术的发展趋势

展望未来，在社会生产力发展、人类认识和实践活动的推动下，信息技术将得到更深、更广、更快的发展，其发展趋势可以概括为数字化、多媒体化、高速度、网络化、宽频带和智能化等。

1）数字化

当信息被数字化并经由数字网络流通时，一个拥有无数可能性的全新世界便由此揭开序幕。大量信息可以被压缩，并以光速进行传输，数字传输的品质又比模拟传输的品质要好得多。许多种信息形态能够被结合、被创造，如多媒体文件。无论在世界的任何地方，都可以立即存储和取用信息。新的数字产品也将被制造出来，有些小巧得可以放进你的口袋里，有些则足以对商业和个人生活的各层面都造成重大影响。

2）多媒体化

随着未来信息技术的发展，多媒体技术将文字、声音、图形、图像、视频等信息媒体与计算机集成在一起，使计算机的应用由单纯的文字处理进入文、图、声、影集成处理。随着数字化技术的发展和成熟，以上每一种媒体都将被数字化并容纳进多媒体的集合里，系统将信息整合在人们的日常生活中，以接近于人类的工作方式和思考方式来设计与操作。

3）高速度、网络化、宽频带

目前，几乎所有的国家都在进行最新一代的信息基础设施建设，即建设宽频信息高速公路。尽管今日的 Internet 已经能够传输多媒体信息，但仍然被认为是一条带宽度低的网络路径，被形象地称为一条花园小径。下一代的 Internet 技术的传输速率将达到 2.4 GB/s。实现宽频的多媒体网络是未来信息技术的发展趋势之一。

4）智能化

随着未来信息技术向着智能化的方向发展，在超媒体的世界里，"软件代理"可以替人们在网络上漫游。"软件代理"不再需要浏览器，它本身就是信息的寻找器，它能够收集任何可能想要在网络上获取的信息。

1.2　信息的表示与存储

1.2.1　数据与信息

数据（Data）是事实或观察的结果，是对客观事物的逻辑归纳，是用于表示客观事物的未经加工的原始素材。数据可以是连续的值，比如声音、图像，称为模拟数据；也可以是离散的，如符号、文字，称为数字数据。

信息就是对客观事物的反映，从本质上看信息是对社会、自然界的事物特征、现象、本质及规律的描述。

计算机科学中的信息一般是认为用计算机处理的有意义的内容或消息，以数据的形式出现，如数值、文字、图形、图像、音频和视频等。

数据与信息的区别：数据处理之后产生的结果为信息，信息具有针对性、时效性。

理论拓展 **数据与信息的辨析**

数据 1、3、5、7、9、11、13、15，它是一组数据，如果对它进行分析便可以得出它是一组等差数列，我们可以比较容易地知道后面的数字，那么它便是一条信息。它是有用的数据。

而数据 1、3、2、4、5、1、41，它不能告诉任何东西，故它不是信息。

1.2.2 计算机中的数据

ENIAC 是一台十进制的计算机，它采用十个真空管来表示一位十进制数。冯·诺依曼在研制 IAS 时，感觉这种十进制的表示和实现方式十分麻烦，故提出了二进制的表示方法，从此改变了整个计算机的发展历史。

二进制只有"0"和"1"两个数码。相对十进制而言，用二进制表示不但运算简单、易于物理实现、通用性强，更重要的优点是所占用的空间和所消耗的能量小得多，机器可靠性高。

理论拓展 **计算机等数字信息处理系统中存储信息的方法**

（1）寄存器

一种称为触发器的双稳态电路有两个稳定状态，可分别用来表示 0 和 1，在输入信号的作用下，它可以记录 1 个比特。一组（8 个或 16 个）触发器可以存储 1 组比特，它们称为"寄存器"。计算机的中央处理器中就有几十个甚至上百个寄存器。

（2）半导体存储器

另一种存储二进位信息的方法是使用电容器。当电容的两极被加上电压，电容将被充电，电压撤销以后，充电状态仍会保持一段时间。这样，电容的充电和未充电状态就可以分别表示 0 和 1。现代微电子技术已经可以在一块半导体芯片上集成数以亿计的微小的电容，它们构成了可存储大量二进位信息的半导体存储器。计算机的主存就使用半导体存储器芯片来记录信息。

（3）磁盘

通过磁头的作用，磁盘表面磁性材料粒子可以有两种不同的磁化状态。这样，两种不同的状态可以分别表示 0 和 1。

（4）光盘

光盘是通过"刻"在光盘片光滑表面上的微小凹坑来记录二进位信息。

计算机内部均用二进制来表示各种信息，但计算机与外部交往仍采用人们熟悉和便于阅读的形式，如十进制数据、文字显示以及图形描述等。其间的转换，则由计算机系统的硬件和软件来实现，转换过程如图 1-3 所示。

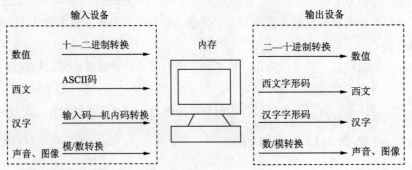

图1-3 各类数据在计算机中的转换过程

1.2.3 计算机中数据的单位

计算机中信息的最小单位是比特（位），存储容量的基本单位是字节。8 个二进制位称为 1 个字节，此外还有 KB、MB、GB、TB 等。

"比特"是英文"bit"的音译，它是 binary digit 的缩写，中文意译为"二进位数字"或"二进位"。在不会引起混淆时也可以简称为"位"。比特是数字信息量的计量单位，二进制数的一位包含的信息就是 1 比特。比特只有两种状态（取值）：它或者是数字 0，或者是数字 1。

比特是计算机和其他所有数字系统处理、存储和传输信息的最小单位，一般用小写的字母"b"表示。但是，比特这个单位太小了。每个西文字符需要用 8 个比特表示，每个汉字至少需要用 16 个比特才能表示，而图像和声音则需更多比特才能表示。因此，另一种稍大些的数字信息的计量单位是"字节"（Byte），它用大写字母"B"表示，每个字节包含 8 个比特（注意，小写的 b 表示一个比特）。经常使用的单位有：

千字节（kilobyte，KB），1 KB=2^{10}字节=1 024 B

兆字节（megabyte，MB），1 MB=2^{20}字节=1 024 KB

吉字节（gigabyte，GB），1 GB=2^{30}字节=1 024 MB（千兆字节）

太字节（terabyte，TB），1 TB=2^{40}字节=1 024 GB（兆兆字节）

理论拓展 比 TB 更大的单位有哪些呢？

比 TB 大的存储单位依次是：PB、EB、ZB、YB。其换算关系为：1 024 TB=1 PB、1 024 PB=1 EB、1 024 EB=1 ZB、1 024 ZB=1 YB。

1.2.4 进位计数制及其转换

数的进位制称为数制。日常生活中人们使用的都是十进制数，但计算机使用的是二进制数，程序员还使用八进制和十六进制数。二进制数、八进制数和十六进制数怎样表示？其数值如何计算？不同进制之间又是如何转换呢？

1. 进位计数制

多位数值中每一位的构成方法以及从低位到高位的进位规则称为进位计数制（简称数制）。

如果采用 R 个基本符号（如 0，1，2，…，$R-1$）表示数值，则称 R 数制，R 称该数制的基数（Radix），而数制中固定的基本符号称为"数码"。处于不同位置的数码代表的值不同，与它所在位置的"权"值有关。任意一个 R 进制数 D 均可展开为：

$$(D)_R = \sum_{i=-m}^{n-1} k_i \times R^i$$

其中 R 为计数的基数；k_i 为第 i 位的系数，可以为 0，1，2，…，$R-1$ 中的任何一个；R^i 称为第 i 位的权。表 1-2 给出了计算机中常用的几种进位计数制。

表 1-2 计算机中常用的几种进位计数制的表示

进 制 位	基 数	基 本 符 号	权	形 式 表 示
二进制	2	0，1	2^i	B
八进制	8	0，1，2，3，4，5，6，7	8^i	O

续表

进 制 位	基　　数	基 本 符 号	权	形 式 表 示
十进制	10	0,1,2,3,4,5,6,7,8,9	10^i	D
十六进制	16	0,1,2,3,4,5,6,7,8,9,A,B,C,D,E,F	16^i	H

表 1-2 中，十六进制的数字符号除了十进制中的 10 个字符以外，还使用了 6 个英文字母：A，B，C，D，E，F，它们分别等于十进制的 10，11，12，13，14，15。

在数字电路和计算机中，可以用括号加数制基数下标的方法表示不同数制的数，如 $(25)_{10}$、$(1101.101)_2$、$(7F.5B9)_{16}$、$(377)_8$，或者表示为 $(25)_D$、$(1101.101)_B$、$(7F.5B9)_H$、$(377)_O$。

表 1-3 是十进制数 0 ~ 15 与等值二进制、八进制、十六进制数的对照表。

表 1-3　不同进制数的对照表

十 进 制	二 进 制	八 进 制	十 六 进 制
0	0000	00	0
1	0001	01	1
2	0010	02	2
3	0011	03	3
4	0100	04	4
5	0101	05	5
6	0110	06	6
7	0111	07	7
8	1000	10	8
9	1001	11	9
10	1010	12	A
11	1011	13	B
12	1100	14	C
13	1101	15	D
14	1110	16	E
15	1111	17	F

可以看出，采用不同的数制表示同一个数时，基数越大，则使用的位数越少。比如十进制数 14，需要 4 位二进制数来表示，而只需要 2 位八进制数来表示，只需要 1 位十六进制数来表示——这也是为什么在程序的书写中一般采用八进制数或十六进制数表示数据的原因。在数制中有一个规则，就是 N 进制一定遵循"逢 N 进一"的进位规则，如十进制就是"逢十进一"，二进制就是"逢二进一"。

2. R 进制转换为十进制

在人们熟悉的十进制系统中，9657 还可以表示成如下的多项形式：

$$(9657)_D=9\times10^3+6\times10^2+5\times10^1+7\times10^0$$

上式中的 10^3、10^2、10^1、10^0 是各位数值的权。可以看出，个位、十位、百位和千位上的数字只有乘上它们的权值，才能真正表示它的实际数值。

例如：

$$（11111111.1）_B=1 \times 2^7+1 \times 2^6+1 \times 2^5+1 \times 2^4+1 \times 2^3+1 \times 2^2+1 \times 2^1+1 \times 2^0$$
$$+1 \times 2^{-1}=（255.5）_D$$

$$（506.2）_O=5 \times 8^2+0 \times 8^1+6 \times 8^0+2 \times 8^{-1}=（326.25）_D$$

$$（B.2A）_H=11 \times 16^0+2 \times 16^{-1}+10 \times 16^{-2}=（11.1640625）_D$$

3. 十进制转换为 R 进制

将十进制数转换为 R 进制数时，可将此数分成整数与小数两部分分别进行转换，然后再拼接起来即可。

将一个十进制整数转换成 R 进制数可以采用"除 R 取余"法，即将十进制整数连续地除以 R 取余数，直到商为 0，余数从下到上排列，首次取得的余数排在最右边，这种方法也称为逆序取余法。

小数部分转换成 R 进制数采用"乘 R 取整"法，即将十进制小数不断乘以 R 取整数，直到小数部分为 0 或达到要求的精度为止（当小数部分永远不会达到 0 时）；所得的整数从小数点之后自上往下排列，取有效精度，首次取得的整数排在最左边。这种方法也称为顺序取整法。

例 2 将十进制数 225.8125 转换成二进制数。

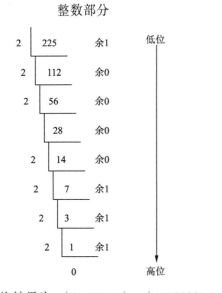

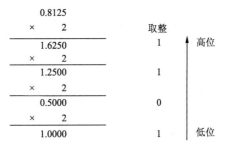

转换结果为：$（225.8125）_D=（11100001.1101）_B$。

例 3 将十进制数 225.8125 转化成八进制数。

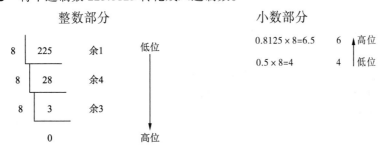

转换结果为：（225.8125）_D=（341.64）_O。

例 4　将十进制数 225.8125 转化成十六进制数。

整数部分　　　　　　　　　　　　　　　　小数部分

转换结果为：（225.8125）_D=（E1.D）_H

4. 二、八、十六进制数转换

二进制数非常适合计算机内部数据的表示和运算，但书写起来位数比较长，如表示一个十进制数 2048，写成等值的二进制就需 12 位，很不方便，也不直观。而八进制数和十六进制数比等值的二进制数的长度短得多，而且它们之间转换也非常方便。因此在书写程序和数据用到二进制数的地方，往往采用八进制数或十六进制数的形式。

由于二进制、八进制和十六进制之间存在特殊关系：$8^1=2^3$、$16^1=2^4$，即 1 位八进制数相当于 3 位二进制数，1 位十六进制数相当于 4 位二进制数，因此转换方法就比较容易。

根据这种对应关系，二进制数转换成八进制数时，以小数点为中心向左右两边分组，每 3 位为一组，两头不足 3 位补 0 即可。同样，二进制数转换成十六进制数只需要每 4 位为一组进行分组分别进行转换即可。

例 5　将二进制数（10101011.110101）_B转换成八进制数。

（010 101 011. 110 101）_B=（253.65）_O（整数高位补 0）
　 2　 5　 3　 6　 5

例 6　将二进制数（10101011.110101）_B转换成十六进制数。

（1010 1011.1101 0100）_B=（AB.D4）_H（小数低位补 0）
　 A　 B　 D　 4

同样，将八（十六）进制数转换成二进制数，只要将 1 位转换为 3（4）位即可。例如：

（2731.62）_O=（010 111 011 001. 110 010）_B
　　　　　　　 2　 7　 3　 1　 6　 2

（2D5C.74）_H=（0010 1101 0101 1100. 0111 0100）_B
　　　　　　 2　 D　 5　 C　 7　 4

注意：整数前的高位 0 和小数后的低位 0 可以不写，例如（010 111 011 001. 110 010）_B可以写为（10 111 011 001. 110 01）_B。

例 7　将十进制数 $7 \times 64 + 4 \times 8 + 4$ 转换成十六进制数。

$7 \times 64 + 4 \times 8 + 4$ 可以写成 $7 \times 8^2 + 4 \times 8^1 + 4 \times 8^0$，显然这是八进制数 744 的十进制数表示形式，八进制数 744 的二进制数表示形式为：（744）_O=（111 100 100）_B，最后将二进制数表示成十六进制数形式（0001 1110 0100）_B=（1E4）_H。

5．二进制数的运算

二进制数的运算分为算术运算和逻辑运算两种。最简单的算术运算是加法和减法。

1）算术运算

一位二进制数的加、减法运算规则如图 1-4 所示。

被加数	加数	进位	和		被减数	减数	借位	差
0	0	0	0		0	0	0	0
0	1	0	1		0	1	1	1
1	0	0	1		1	0	0	1
1	1	1	0		1	1	0	0

（a）加法规则　　　　　　　　　　　（b）减法规则

图1-4　一位二进制数的加减法运算规则

两个多位二进制数的加、减法运算必须由低位到高位逐位进行，必须考虑低位向高位的进（借）位，例如：

$$
\begin{array}{r}
1011 \\
+\ \ 0111 \\
\hline
10010
\end{array}
\qquad
\begin{array}{r}
1011 \\
-\ \ 0111 \\
\hline
0100
\end{array}
$$

2）逻辑运算

对于二进制信息的处理（如加、减、乘、除等）都要使用到逻辑代数。逻辑代数中最基本的逻辑运算有三种：逻辑加（也称"或"运算，用符号"OR"、"∨"或"+"表示）、逻辑乘（也称"与"运算，用符号"AND"、"∧"或"·"表示）以及取反运算（也称"非"运算，用符号"NOT"或"−"表示）。它们的运算规则如下：

逻辑加的运算规则如表 1-4 所示。

表 1-4　逻辑加的运算规则

A	B	A∨B
0	0	0
0	1	1
A	B	A∨B
1	0	1
1	1	1

逻辑乘的运算规则如表 1-5 所示。

表 1-5　逻辑乘的运算规则

A	B	A∧B
0	0	0
0	1	0
1	0	0
1	1	1

取反运算最简单，"0"取反后是"1"，"1"取反后是"0"，如表 1-6 所示。

表 1-6 取反的运算规则

A	NOT A
0	1
1	0

需要注意的是，算术运算是会发生进位和借位的，而两个多位二进制数的逻辑运算则是按位独立进行逻辑运算，每一位都不受其他位的影响，没有进位和借位，运算结果也就不会产生溢出。例如：

$$\begin{array}{r} 0011 \\ \lor\ 0111 \\ \hline 0111 \end{array} \qquad \begin{array}{r} 0011 \\ \land\ 0111 \\ \hline 0011 \end{array}$$

6. 数值信息在计算机中的表示

计算机中的数值信息分成整数和实数两大类。整数不使用小数点，或者说小数点始终隐含在个位数的右面，所以整数也叫作"定点数"。计算机中的整数分为两类：有符号整数（也称为带符号位的整数）和无符号整数（也称为不带符号位的整数）。它们可以用 8 位、16 位、32 位甚至更多位数来表示。

1）无符号整数

无符号整数一定是非负数，一般用来表示地址、索引等。它们可以是 8 位、16 位、32 位甚至更多位数。n 个二进制位表示的十进制数范围为 $0\sim2^n-1$，例如，8 个二进制位表示的正整数取值范围是 $0\sim255$（2^8-1），16 个二进制位表示的正整数取值范围是 $0\sim65\,535$（$2^{16}-1$）。

2）带符号整数

带符号整数可以表示正数也可以表示负数，用最高位来代表符号位。如果最高位为 1，表明这是一个负数，如果最高位为 0，表明这是一个正数，其余各位用来表示数值的大小。n 个二进制位表示的十进制数范围为 $-2^{n-1}+1\sim2^{n-1}-1$，例如，8 个二进制位表示的正整数取值范围是 $-127\sim127$（$-2^7+1\sim2^7-1$），16 个二进制位表示的正整数取值范围是 $-32\,767\sim32\,767$（$-2^{15}+1\sim12^{15}-1$）。

例 8 十进制整数 128 使用带符号整数表示时，在 PC 中使用＿＿＿＿个二进位表示最合适。

    A. 4   B. 8   C. 16   D. 32

8 个二进制位表示的正整数取值范围是 $-127\sim127$，而 128 超出了 8 位带符号整数的取值范围，四个选项中只有选用 16 位比较合适。

3）原码

原码是带符号整数的表示法，即最高位为符号位，"0"表示正，"1"表示负，其余位表示数值的大小。它虽然与人们日常使用的方法比较一致，但是由于加法运算和减法运算的规则不统一，需要分别使用不同的逻辑电路来完成，增加了 CPU 的成本。为此，数值为负的整数在计算机中不采用"原码"而采用"补码"的方法进行表示。

例9 求十进制整数+127 和-127 的 8 位二进制原码表示。

$+127_原 = 01111111$ $-127_原 = 11111111$

理论拓展 补码*

正数的补码与其原码相同；负数使用补码表示时，符号位也是"1"，但绝对值部分的表示却是对原码的每一位取反后再在末位加 1 所得到的结果。例如：

$-127_原 = 11111111$ 原码

$-127_反 = 10000000$ 反码

$-127_补 = 10000001$ 补码

需要注意的是，采用 n 位原码表示正数 0 时，有"1000…00"和"0000…00"两种表示形式。而在 n 位补码表示法中它仅表示为"0000…00"，而"1000…00"却被用来表示整数 -2^{n-1}。正因为如此，相同位数的二进制补码可表示的数的个数比原码多一个。也就是说，n 个二进制位补码表示的十进制数范围为 $-2^{n-1} \sim 2^{n-1}-1$。例如 8 个二进制位补码表示的取值范围是 $-128 \sim 127$（$-2^7 \sim 2^7-1$），16 个二进制位补码表示的取值范围是 $-32\,768 \sim 32\,767$（$-2^{15} \sim 12^{15}-1$）。

（1）若 10000000 是采用补码表示的一个带符号整数，该整数的十进制数值为_____。

       A. 128   B. -127   C. -128   D. 0

在 8 位补码表示法中"10000000"被用来表示负整数 -128（-2^7），所以本题选 C。

（2）在 8 位计算机系统中，用补码表示的整数 $(10101100)_2$ 对应的十进制数是_____。

       A. -44   B. -82   C. -83   D. -84

已知某负整数的补码表示，求其原码，仍然可以使用"取反加一法"：

$(10101100)_2$ 补码

$(11010011)_2$ 伪反码

$(11010100)_2$ 原码

最高位是符号位，1 表示负数，其余各位表示数值的大小。

$(11010100)_2 = -(2^6+2^4+2^2) = -84$，所以本题选 D。

（3）若 X 的补码为 10011000，Y 的补码为 00110011，则 $X_补 + Y_补$ 的原码对应的十进制数值是_____。

$X_补 + Y_补 = 10011000 + 00110011 = 11001011$

       10011000

+   00110011

       11001011

11001011 补码

10110100 伪反码

10110101 原码

最高位是符号位，1 表示负数，其余各位表示数值的大小。

$(10110101)_2 = -(2^5+2^4+2^2+1) = -53$，所以 $X_补 + Y_补$ 的原码对应的十进制数值是 -53。

ℹ️ **提示**

　　正整数的原码、反码、补码的编码都是相同的，只有负整数才有原码、反码、补码的区别。采用补码表示负整数，可以统一使用加法器完成补码加、减运算，并且统一了 0 的补码表示。

　　4）实数的表示

　　实数通常是既有整数部分又有小数部分的数，整数和纯小数只是实数的特例。例如，56.625，–3789，0.01234 等都是实数。

　　任何一个实数都可以表示成一个乘幂和一个纯小数的乘积。例如：

　　$56.625=(0.56625) \times 10^2$

　　$-3789=(-0.3789) \times 10^4$

　　$0.01234=(0.1234) \times 10^{-1}$

　　其中，乘幂中的指数部分用来指出实数中小数点的位置，括号括出的是一个纯小数。二进制数的情况完全相同，例如：

　　$10101.01=(0.1010101) \times 2^{101}$

　　$0.000101=(0.101) \times 2^{-11}$

　　可见，任意一个实数在计算机内部都可以用"指数"（称为"阶码"，是一个整数）和"尾数"（是一个纯小数）来表示，这种用指数和尾数来表示实数的方法称为"浮点表示法"。例如，IEEE754 标准的 32 位浮点数的格式是：

符号位 s（1 位）	偏移阶码 e（8 位）	尾数 f（$b_1b_2b_3 \cdots b_{23}$）（23 位）

ℹ️ **提示**

　　一般来说，浮点数的位数越多，可表示的数的范围越大，精度也最高。相同长度的浮点数和定点数，浮点数可表示的数的范围要比定点数大。

1.2.5　字符的编码

　　日常使用的书面文字由一系列称为"字符"（Character）的书写符号所构成。常用字符的集合叫作"字符集"。字符集中的每一个字符在计算机中各有一个代码（即字符的二进位表示），它们互相区别，构成了该字符集的代码表，简称码表。

1. 西文字符的编码

　　西文字符集由拉丁字母、数字、标点符号及一些特殊符号所组成。目前计算机中使用得最广泛的西文字符集及其编码是 ASCII 字符集和 ASCII 码，即美国标准信息交换码。它已被国际标准化组织（ISO）批准为国际标准，在全世界通用。ASCII 码有 7 位码和 8 位码两种版本。国际通用的是 7 位 ASCII 码，用 7 位二进制数表示一个字符的编码，共有 $2^7=128$ 个不同的编码值，相应可以表示 128 个不同字符的编码，如表 1–7 所示。

表 1-7 7位 ASCII 码表

符 b6b5b4 号 b3b2b1b0	000	001	010	011	100	101	110	111
0000	NUL	DLE	SP	0	@	P	'	p
0001	SOH	DC1	!	1	A	Q	a	q
0010	STX	DC2	"	2	B	R	b	r
0011	EXT	DC3	#	3	C	S	c	s
0100	EOT	DC4	$	4	D	T	d	t
0101	ENQ	NAK	%	5	E	U	e	u
0110	ACK	SYN	&	6	F	V	f	v
0111	BEL	ETB	'	7	G	W	g	w
1000	BS	CAN	(	8	H	X	h	x
1001	HT	EM	)	9	I	Y	i	y
1010	LF	SUB	*	:	J	Z	j	z
1011	VI	ESC	+	;	K	[	k	{
1100	FF	FS	,	<	L	\	l	|
1101	CR	GS	-	=	M	]	m	}
1110	SO	RS	.	>	N	↑	n	~
1111	SI	US	/	?	O	_	o	DEL

从 ASCII 码表中看出：有 34 个非图形字符（又称为控制字符）。例如：

SP （Space）	编码是 0100000	空格
CR（Carriage Return）	编码是 0001101	回车
DEL（Delete）	编码是 1111111	删除
BS（Back Space）	编码是 0001000	退格

其余 94 个可打印字符，也称为图形字符。从 ASCII 字符编码表可以看出，数值 0 的 ASCII 码值为（00110000）$_B$，十进制值为（48）$_D$，十六进制值为（30）$_H$。大写字母 A 的 ASCII 码值为（01000001）$_B$，十进制值为（65）$_D$，十六进制值为（41）$_H$。小写字母 a 的 ASCII 码值为（01100001）$_B$，十进制值为（97）$_D$，十六进制值为（61）$_H$。由此可以推断，相同字母的大小写 ASCII 码值相差十进制值为 32$_D$，十六进制值为 20$_H$。

ⓘ 提示

标准 ASCII 码是 7 位的编码，但由于字节是计算机中最基本的存储和处理单位，一般仍使用一个字节来存放一个 ASCII 码。此时，每个字节中多余出来的一位（最高位）在计算机内部通常保持为"0"，而在数据传输时可用作奇偶校验位。

例 10 根据 ASCII 码值的大小，下列表达式中，正确的是_____。

A. "a"<"A"<"9" B. "A"<"a"<"9"

C. "9"<"a"<"A" D. "9"<"A"<"a"

由 ASCII 字符编码表可以看出，ASCII 码值由小到大排列顺序为数字、大写字母、小写字母。所以本题的答案应选 D。

例 11 在 ASCII 编码中，字母 A 的 ASCII 编码为 41$_H$，那么字母 f 的 ASCII 编码为_____。

A. 46$_H$ B. 66$_H$ C. 67$_H$ D. 78$_H$

由 ASCII 字符编码表可以看出，相同字母的大小写 ASCII 码值相差十六进制值为 20H。大写字母 A 的 ASCII 编码为 41H，则小写字母 a 的 ASCII 编码为 61H，小写字母 f 在小写字母 a 其后的第 5 个位置，所以小写字母 f 的 ASCII 码值为 61+5=66H，本题的答案应选 B。

2. 汉字的编码

ASCII 码只对英文字母、数字和标点符号进行了编码。为了使计算机能够处理、显示、打印、交换汉字字符，同样也需要对汉字进行编码。

1）GB 2312 汉字编码字符集

《信息交换用汉字编码字符集》是由中国国家标准总局 1980 年发布，1981 年 5 月 1 日开始实施的一套国家标准，标准号是 GB 2312—1980。

GB 2312 编码适用于汉字处理、汉字通信等系统之间的信息交换，通行于中国，新加坡等地也采用此编码。中国几乎所有的中文系统和国际化的软件都支持 GB 2312。

GB 2312 标准共收录 6 763 个汉字，其中一级汉字 3 755 个，二级汉字 3 008 个；同时，GB 2312 收录了包括拉丁字母、希腊字母、日文平假名及片假名字母、俄语西里尔字母在内的 682 个全角字符。

整个字符集分成 94 个区，每区有 94 个位。每个区位上只有一个字符，因此可用所在的区和位对汉字进行编码，称为区位码。

01 ~ 09 区为特殊符号。

16 ~ 55 区为一级汉字，按拼音排序。

56 ~ 87 区为二级汉字，按部首/笔画排序。

10 ~ 15 区及 88 ~ 94 区则没有编码。

举例来说，"啊"字是 GB 2312 之中的第一个汉字，它的区位码就是 1601。

2）GBK 汉字内码扩充规范

GBK 全称《汉字内码扩展规范》（Chinese Internal Code Specification），中华人民共和国全国信息技术标准化技术委员会 1995 年 12 月 1 日制订，国家技术监督局标准化司、电子工业部科技与质量监督司 1995 年 12 月 15 日联合以技术监督局标准司函 1995 229 号文件的形式，将它确定为技术规范指导性文件。这一版的 GBK 规范为 1.0 版。

GBK 编码，是在 GB 2312—1980 标准基础上的内码扩展规范，使用了双字节编码方案，其编码范围从 8140 至 FEFE（剔除 xx7F），共 23 940 个码位，共收录了 21 003 个汉字，完全兼容 GB 2312—80 标准，支持国际标准 ISO/IEC 10646—1 和国家标准 GB 13000—1 中的全部中日韩汉字，并包含了 BIG5 编码中的所有汉字。目前，中文版的 Windows XP、Win 7 等都支持 GBK 编码方案。

GBK 汉字内码扩充规范（1995），在 GB 2312—1980 基础上，增加了 1 万多汉字（包括繁体字）和符号，共有 21 003 个汉字和 883 个图形符号，与 GB 2312 保持向下兼容，也使用双字节表示，第 1 字节最高位必须为"1"，第 2 个字节的最高位为"1"或"0"。

3）GB 18030

国家标准 GB 18030—2005《信息技术中文编码字符集》是我国继 GB 2312—1980 和 GBK 之后最重要的汉字编码标准，是我国计算机系统必须遵循的基础性标准之一。GB 18030 有两个版本：GB 18030—2000 和 GB 18030—2005。GB 18030—2000 是 GBK 的取代版本，它的主要特点是在 GBK 基础上增加了 CJK 统一汉字扩充 A 的汉字。GB 18030—2005 的主要特点是在 GB 18030—2000 基础上增加了 CJK 统一汉字扩充 B 的汉字。

2000 年发布的 GB 18030—2000，全名是《信息技术 汉字编码字符集 基本集的扩充》。GB 18030—2000 仅规定了常用非汉字符号和 27 533 个汉字（包括部首）的编码。

GB 18030—2000 是全文强制性标准，市场上销售的产品必须符合。2005 年发布的 GB 18030—2005 在 GB 18030—2000 的基础上增加了 42 711 个汉字和多种我国少数民族文字的编码，增加的这些内容是推荐性的。原 GB 18030—2000 中的内容是强制性的，市场上销售的产品必须符合。故 GB 18030—2005 为部分强制性标准，自发布之日起代替 GB 18030—2000。GB 18030—2005 的单字节编码部分、双字节编码部分和四字节编码部分的 CJK 统一汉字扩充 A（即 0x8139EE39—0x82358738）部分为强制性。

4）UCS/Unicode

国际标准 ISO 10646 定义了通用字符集（Universal Character Set, UCS），UCS 是所有其他字符集标准的一个超集。它保证与其他字符集是双向兼容的，就是说，如果将任何文本字符串翻译到 UCS 格式，然后再翻译回原编码，不会丢失任何信息。UCS 的工业标准是 Unicode。

Unicode（统一码、万国码、单一码）是一种在计算机上使用的字符编码。Unicode 是为了解决传统的字符编码方案的局限而产生的，它为每种语言中的每个字符设定了统一并且唯一的二进制编码，以满足跨语言、跨平台进行文本转换、处理的要求。1990 年开始研发，1994 年正式公布。UCS/ Unicode 的实际表现形式为 UTF–8/UTF–16/UTF–32 编码。

3. 汉字的处理过程

从汉字编码的角度看，计算机对汉字信息的处理过程实际上是各种汉字编码间的转换过程。这些编码主要包括：汉字输入码、汉字内码、汉字地址码、汉字字形码等。这一系列的汉字编码及转换、汉字信息处理中的各编码及流程如图 1-5 所示。

图1-5 汉字信息处理系统

1）汉字输入码

为将汉字输入计算机而编制的代码称为汉字输入码，也称外码，是利用计算机标准键盘按键的不同排列组合来对汉字的输入进行编码。目前常用的输入法大致有：音码、形码、语音、手写输入或扫描输入等。实际上，区位码也是一种输入法，其最大的优点是一字一码的无重码输入法，最大的缺点是难以记忆。

可以想象，对于同一个汉字，不同的输入法有不同的输入码。这种不同的输入码通过输入字典转换统一到标准的国标码之下。

理论拓展　键盘输入方法

QQ五笔输入法（简称QQ五笔）是腾讯公司继QQ拼音输入法之后，推出的一款界面清爽，功能强大的五笔输入法软件。QQ五笔吸取了QQ拼音的优点和经验，结合五笔输入的特点，专注于易用性、稳定性和兼容性，实现各输入风格的平滑切换，同时引入分类词库、网络同步、皮肤等个性化功能。让五笔用户感觉更流畅、打字效率更高，界面也更漂亮、更容易享受书写的乐趣。QQ五笔输入法应用了王永民教授研发的86版五笔编码。QQ五笔输入法支持五笔、拼音随心选，即五笔拼音混合输入、纯五笔、纯拼音，让输入更方便。

在计算机输入文字的时候，常遇到不认识的生僻字，在用拼音输入的情况下，不知道怎么书写。在看书的时候，遇到不认识的生僻字，在无字典的情况下，怎么输入到计算机里查阅呢。下面介绍一下怎么用计算机进行手写输入：

在计算机中下载搜狗输入法并安装，单击搜狗输入法工具栏最右边工具箱，选择"手写输入"程序，如图1-6所示。

在新出现的窗口内用鼠标进行书写，而且在系统所认为字的右方会有字的读音，单击确定的字就会输入到光标所在的地方，这样就可以用计算机进行手写输入了。对于生僻字或异体字，手写输入字形，搜狗输入法自动寻找相应的字，并给出读音，非常方便实用，如图1-7所示。

图1-6　手写输入扩展功能

图1-7　手写输入实现

理论拓展　语音输入

语音输入是根据操作者的讲话，计算机识别成汉字的输入方法（又称声控输入）。它是用与主机相连的话筒读出汉字的语音。

计算机讯飞语音输入法 PC 最新版，类似现在最新 QQ 带的语音输入软件。讯飞输入法 PC 版最新版本除了完善功能体验外，还重点优化语音、手写、拼音三大输入方式，超凡的语音识别能力和特色的触摸板手写功能助讯飞输入法谱写新篇章。只要你的计算机有麦克风，对着麦克风说出自己想要"输入"的话语或者字词即可录入！其特点为：

（1）首款"云计算"智能语音输入法；

（2）语音流式识别，边说边识别；

（3）语音端点智能检测；

（4）调用强大的"科大讯飞"语音识别引擎；

（5）采用全球领先的智能语音技术。

2）汉字内码

汉字内码是为在计算机内部对汉字进行存储、处理的汉字代码，它应能满足存储、处理传输的要求。当一个汉字输入计算机后转换为内码，然后才能在机器内传输、处理。汉字码的形式也有多种多样。目前，对应于国标码，一个汉字的内码用 2 个字节存储，并把每个字节的最高二进制位置"1"作为汉字内码的标识，以免与单字节的 ASCII 码产生歧义。如果用十六进制来表述，就是把汉字国标码的每个字节上加一个 80H（即二进制数 10000000）。所以，汉字的国标码与其内码有下列关系：

汉字的内码=汉字的国标码+8080H

由此看出：英文字符的机内编码是 7 位 ASCII 码，一个字节的最高位为 0。每个西文字符的 ASCII 码值均小于 128。为了与 ASCII 码兼容，汉字用两个字节来存储，区位码再分别加上 20H，就成为汉字的国标码。在计算机内部为了能够区分是汉字还是 ASCII 码，将国标码每个字节的最高位由 0 变为 1（也就是说机内码的每个字节都大于 128），变换后的国标码称为汉字的内码。

下面举例说明区位码、国标码与机内码的转换关系。

（1）区位码先转换成十六进制数表示。

（2）（区位码的十六进制表示）+ 2020$_H$ = 国标码。

（3）国标码 + 8080$_H$ = 机内码。

举例：以汉字"大"为例，"大"字的区位码为 2083。

解：① 区号为 20，位号为 83。

② 将区位号 2083 分别转换为十六进制表示为 1453$_H$。

③ 1453$_H$ + 2020$_H$ = 3473$_H$，得到国标码 3473$_H$。

④ 3473$_H$ + 8080$_H$ = B4F3$_H$，得到机内码为 B4F3$_H$。

也可以用区位码十六进制表示直接加上 A0A0$_H$，直接得到机内码。以上题为例：

1453$_H$+ A0A0$_H$=B4F3$_H$，直接转换为汉字的机内码。

例 12 若中文 Windows 环境下西文使用标准 ASCII 码，汉字采用 GB 2312 编码，设有一段简单文本的内容为 CB F5 D0 B4 50 43 CA C7 D6 B8，则在这段文本中，含有_____。

A．2 个汉字和 1 个西文字符　　　　　　B．4 个汉字和 2 个西文字符

C．8 个汉字和 2 个西文字符　　　　　D．4 个汉字和 1 个西文字符

CB F5D0 B450 43CA C7D6 B8．本题判断的依据是连续两个字节的最高位均为大于等于 A 的值，则为一个汉字，否则为两个西文字符。CB F5　C 和 F 均大于等于 A，所以为一个汉字。同理 D0 B4、CA C7 和 D6 B8 均为一个汉字。50 43　5 和 4 均小于 A，所以为两个西文字符。本题正确答案为 B。

4．汉字字形码

经过计算机处理的汉字信息，如果要显示或打印出来阅读，则必须将汉字内码转换成人可读的方块汉字。汉字字形码又称汉字字模，用于汉字在显示屏或打印机输出。汉字字形通常有两种表示方式：点阵和矢量表示方式。

用点阵表示字形时，汉字字形码指的就是这个汉字字形点阵的代码。根据输出汉字的要求不同，点阵的多少也不同。简易型汉字为 16×16 点阵，普通型汉字为 24×24 点阵，提高型汉字为 32×32 点阵、48×48 点阵等。例如，一个 16×16 点阵的汉字，需要 16×16/8=32 个字节来存放。将一个字符集中的所有汉字的字形信息使用这种方法保存，就形成点阵字库。用点阵字形描述汉字重绘速度快，但放大后有锯齿，所以多用来显示窗口菜单等小字形内容。

汉字的点阵字形编码仅用于构造汉字的字库。一般对应不同的字体（如宋体、楷体、黑体）有不同的字库，字库中存储了每个汉字的点阵代码。输出汉字时，先根据汉字内码从字库中提取汉字的字形数据，然后根据字形数据显示和打印出汉字。

理论拓展 HZK16 汉字：16×16 点阵字库的使用及示例程序

HZK16 字库是符合 GB 2312 国家标准的 16×16 点阵字库，HZK16 的 GB 2312—1980 支持的汉字有 6 763 个，符号 682 个。其中一级汉字有 3 755 个，按拼音排列，二级汉字有 3 008 个，按偏旁部首排列。

在一些应用场合根本用不到这么多汉字字模，所以在应用时就可以只提取部分字体作为己用。HZK16 字库里的 16×16 汉字一共需要 256 个点来显示，也就是说需要 32 个字节才能达到显示一个普通汉字的目的。图 1-8 所示，汉字"中"的 16×16 点阵示意图。

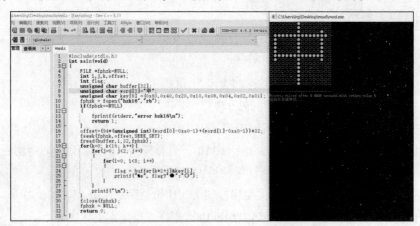

图1-8　汉字"中"的16×16点阵示意图

矢量表示以数学方法记录了字符笔画的轮廓，这种描述方法的优点是放大之后笔画光滑、无锯齿状失真，真正做到所见即所得，缺点是生成时需要大量计算，显示速度较慢。目前广泛使用的矢量字库有 True Type 字库（简称 TT）。

5. 汉字地址码

汉字地址码是指汉字库（这里主要指字形的点阵式字模库）中存储汉字字形信息的逻辑地址码。需要向输出设备输出汉字时，必须通过地址码对汉字库进行访问。汉字库中，字形信息都是按一定顺序（大多数按标准汉字交换码中汉字的排列顺序）连续存放在存储介质中，所以汉字地址码也大多是连续有序的，而且与汉字内码间有着简单的对应关系，以简化汉字内码到汉字地址码的转换。

理论拓展 汉字地址码计算

一个 GB 2312 汉字是由两个字节编码的，范围为 0xA1A1~0xFEFE。A1~A9 为符号区，B0~F7 为汉字区。每一个区有 94 个字符。

下面以汉字"我"为例，介绍如何在 HZK16 文件中找到它对应的 32 个字节的字模数据。

一个汉字占两个字节，这两个中前一个字节为该汉字的区号，后一个字节为该字的位号。其中，每个区记录 94 个汉字，位号为该字在该区中的位置。所以要找到"我"在 16 库中的位置就必须得到它的区码和位码。

区码：汉字的第一个字节–0xA0，因为汉字编码是从 0xA0 区开始的，所以文件最前面就是从 0xA0 区开始，要算出相对区码。

位码：汉字的第二个字节–0xA0。

这样可以得到汉字在 HZK16 中的绝对偏移位置：offset = （94×（区码–1）+（位码–1））×32。

解释：

区码减 1 是因为数组是以 0 为开始而区号位号是以 1 为开始的，最后乘以 32 是因为汉字库应从该位置起的 32 字节信息记录该字的字模信息（前面提到一个汉字要有 32 个字节显示）。

1.3　多媒体技术简介

多媒体技术是一门跨学科的综合技术，它使得高效而方便地处理文字、声音、图像和视频等多种媒体信息成为可能。不断发展的网络技术又促进了多媒体技术在教育培训、多媒体通信、游戏娱乐等领域的应用。

1.3.1　多媒体的特征

在日常生活中，媒体（Medium）是指文字、声音、图像、动画和视频等内容。多媒体技术是指能够同时对两种或两种以上的媒体进行采集、操作、编辑、存储等综合处理的技术。多媒体技术集声音、图像、文字于一体，集电视录像、光盘存储、电子印刷和计算机通信技术之大成，将把人类引入更加直观、更加自然、更加广阔的信息领域。

一般可将媒体分为感觉媒体、表示媒体、表现媒体、存储媒体和传输媒体。

理论拓展　媒体分类

1. 感觉媒体

感觉媒体指的是能直接作用于人们的感觉器官，从而能使人产生直接感觉的媒体。如文字、数据、声音、图形、图像等。在多媒体计算机技术中，媒体一般指的是感觉媒体。

2. 表示媒体

表示媒体指的是为了传输感觉媒体而人为研究出来的媒体，借助于此种媒体，能有效地存储感觉媒体或将感觉媒体从一个地方传送到另一个地方，如语言编码、电报码、条形码等。

3. 表现媒体

表现媒体指的是用于通信中使电信号和感觉媒体之间产生转换用的媒体，如输入、输出设备，包括键盘、鼠标器、显示器、打印机等。

4. 存储媒体

存储媒体是指存储二进制信息的物理载体，这种载体具有表现两种相反物理状态的能力，如纸张、磁带、磁盘、光盘等。

5. 传输媒体

传输媒体指的用于传输某种媒体的物理媒体，如双绞线、电缆、光纤等。

多媒体技术具有交互性、集成性、多样性、实时性、非线性等特征，这也是它区别于传统计算机系统的显著特征。

1. 交互性

人们日常通过看电视、读报纸等形式单向地、被动地接收信息，而不能够双向地、主动地编辑、处理这些媒体的信息。在多媒体系统中用户可以主动地编辑、处理各种信息，具有人—机交互功能。交互性是多媒体技术的关键特征，没有交互性的系统就不是多媒体系统。

2. 集成性

多媒体技术中集成了许多单一的技术，如图像处理技术、声音处理技术等。多媒体能够同时表示和处理多种信息，但对用户而言，它们是集成一体的。这种集成包括信息的统一获取、存储、组织和合成等方面。

3. 多样性

多媒体信息是多样化的，同时也指媒体输入、传播、再现和展示手段的多样化。多媒体技术使人们的思维不再局限于顺序、单调和狭小的范围。这些信息媒体包括文字、声音、图像、动画等，它扩大了计算机所能处理的信息空间，使计算机不再局限于处理数值、文本等，使人们能得心应手地处理更多种信息。

4. 实时性

实时性是指在多媒体系统中声音及活动的视频图像是强实时的。多媒体系统提供了对这些媒体实时处理和控制的能力。多媒体系统除了像一般计算机一样能够处理离散媒体，如文本、图像外，它的一个基本特征就是能够综合地处理带有时间关系的媒体，如音频、视频和动画，甚至是实况信息媒体。

5. 非线性

多媒体技术的非线性特点将改变人们传统循序性的读/写模式。以往人们读/写大都采用章、节、页的框架，循序渐进地获取知识，而多媒体技术将借助超文本链接的方法，把内容以一种更灵活、更具变化的方式呈现给读者。

1.3.2 媒体的数字化

1. 声音

声音（Sound）是由物体振动产生的声波，是通过介质（空气或固体、液体）传播并能被人或动物听觉器官所感知的波动现象。最初发出振动（震动）的物体称为声源。声音以波的形式振动（震动）传播。计算机能够处理、存储和传输声音的前提是声音的数字化，数字声音的数据量较大，对存储和传输声音的要求较高。

1）声音的数字化

计算机处理的声音类型包括两类：

话音或语音（Speech）：专指人的说话声音，带宽仅为 300 ~ 3 400 Hz。

全频带声音：如音乐声、风雨声、汽车声等，其带宽可达到 20 Hz ~ 20 kHz。

模拟声音的数字化过程包括三个步骤：

（1）取样：取样的目的是把时间上连续的信号转换成时间上离散的信号。根据奈奎斯特采样定理，为了使声音信号不失真，取样频率至少要高于声音信号本身最高频率的两倍。因此，语音信号的取样频率一般为 8 kHz，音乐信号的取样频率应在 40 kHz 以上。

（2）量化：量化是把每个样本从模拟量转换成为数字量（8 位或 16 位整数表示）。通常量化位数也称为量化精度。量化精度越高，声音的保真度越好；量化精度越低，声音的保真度越差。

（3）编码：经过取样和量化以后的数据，还必须进行数据压缩，并按某种格式进行数据组织，方便声音数据的处理、存储和传输。

理论拓展 波形声音的主要参数

数字波形声音是使用二进位表示的一种串行比特流，其数据按时间顺序进行组织，文件扩展名为 ".wav"。波形声音的主要参数包括：取样频率、量化位数、声道数目、使用的压缩编码方法以及比特率（bit rate）。比特率，简称码率，它指的是每秒的数据量（b/s）。数字声音未压缩前，其计算公式为：

波形声音的码率＝取样频率×量化位数×声道数

压缩后的码率＝未压缩前的码率/压缩倍数

声音的数据量＝码率×声音的持续时间

常用数字声音的主要参数及码率如表 1-8 所示。

表 1-8　常用数字声音的主要参数及码率

声 音 类 型	声音信号带宽/Hz	取样频率/kHz	量化位数/bits	声 道 数	未压缩时的码率
数字语音	300～3 400	8	8	1	64 kbit/s
CD 立体声	20～20 000	44.1	16	2	1411.2 kbit/s

例 13　取样频率为 44.1 kHz、量化精度为 16 位、持续时间为两分钟的双声道声音，未压缩时，数据量是＿＿＿＿MB。（小数点保留 2 位）

声音的数据量 = 码率×声音的持续时间

= 取样频率×量化位数×声道数×声音的持续时间

= 44.1 kHz × 16 b × 2 × 120 s/（8 × 1024）≈ 20.67 MB

2）声音文件格式

波形声音经过数字化之后数据量很大，特别是全频带声音。以 CD 盘片上所存储的立体声高保真的全频带数字音乐为例，1 小时的数据量约为 635 MB。为了降低存储成本和提高通信效率（降低传输带宽），对数字波形声音进行数据压缩是十分必要的。因为声音中包含有大量冗余信息；人耳灵敏度有限，允许有一定失真而不易察觉，所以声音压缩是有可能的。

按照不同的应用要求，波形声音的压缩编码方案很多，文件格式也不相同。表 1-9 列举了目前主要波形声音的文件类型、编码及主要应用。

表 1-9　主要波形声音的文件类型、编码及主要应用

音频格式	文件扩展名	编码类型	效　果	开　发　者	主 要 应 用
WAV	.wav	未压缩	声音达到 CD 品质	微软公司	支持多种取样频率和量化位数，获得广泛支持
FLAC	.flac	无损压缩	压缩比为 2:1 左右	Xiph.Org 基金会	高品质数字音乐
APE	.ape	无损压缩	压缩比为 2:1 左右	Matthew T. Ashland	高品质数字音乐
M4A	.m4a	无损压缩	压缩比为 2:1 左右	苹果公司	QuickTime，Real Player
MP3	.mp3	有损压缩	MPEG-1 audio 层 3 压缩比为 8:1～12:1	ISO	因特网，MP3 音乐
WMA	.wma	有损压缩	压缩比高于 MP3 使用数字版权保护	微软公司	因特网，音乐
AC3	.ac3	有损压缩	压缩比可调，支持 5.1、7.1 声道	美国 Dolby 公司	DVD，数字电视，家庭影院等
AAC	.aac	有损压缩	压缩比可调，支持 5.1、7.1 声道	ISO MPEG-2/MPEG-4	DVD，数字电视，家庭影院等

WAV 是 Microsoft Windows 的标准数字音频文件，是 Windows 平台通用的音频格式。WAV 文件没有经过压缩处理，因此数据量较大，不利于声音文件的存储和传输。

FLAC、APE 和 M4A 均采用了无损压缩，数据量比 WAV 文件小一半，可音质却相同。

MP3 音乐就是一种采用 MPEG-1 audio 层 3 编码的高质量数字音乐，它能以 8~12 倍左右的压缩比降低高保真数字声音的存储量，使一张普通 CD 光盘上可以存储大约 100 首 MP3 歌曲。

WMA 是微软公司开发的声音文件格式，采用有损压缩以减少数据流量，但保持音质的效果，生成的文件大小只有对应 MP3 文件的一半。WMA 在文件中增加了数字版权保护的措施，防止

非法下载和拷贝。

MIDI（Musical Instrument Digital Interface，乐器数字接口），是数字音乐/电子合成乐器的统一国际标准，可以模拟多种乐器的声音。MIDI 文件就是 MIDI 格式的文件，在 MIDI 文件中存储的是一些指令。把这些指令发送给声卡，由声卡按照指令将声音合成出来。

常见的文件声音格式还包括：VQF 格式、DVD Audio 格式、MD（MiniDisc）格式、RealAudio格式、Liquid Audio 格式、VOC 文件格式、AU 格式、OGG 格式、AIFF 格式等。

理论拓展

由于声音文件格式的差异，很多不同格式的声音文件有时会打不开，因此要进行声音格式的转换。比较常用的工具有格式工厂和酷狗音乐。

2. 图像

图像是多媒体中最基本、最重要的数据，图像有黑白图像、灰度图像、彩色图像、摄影图像等。静止的图像称为静态图像；活动的图像称为动态图像。静态图像根据其在计算机中生成的原理不同，分为矢量图形和位图图像两种。动态图像又分为视频和动画。习惯上将通过摄像机拍摄得到的动态图像称为视频，而用计算机或绘画的方法生成的动态图像称为动画。

1）静态图像的数字化

静态图像是多媒体信息中不可或缺的一类内容，在对静态图像进行处理之前，需要先对静态图像进行数字化，数字化后的数据还需要进行压缩存储，静态图像数字化的设备有扫描仪、图像采集卡、数码相机等。静态图像获取过程的核心是模拟信号的数字化，它的处理步骤分为四步：

（1）扫描。将图像的画面分成 $M \times N$ 个网格，每个网格称为一个取样点，用亮度值来表示。这样，一幅模拟图像可转换为 $M \times N$ 个取样点组成的一个阵列。

（2）分色。将彩色图像的取样点的颜色分解成 3 个基色（如 R、G、B 三基色），如果不是彩色图像（即灰度图像或黑白图像），则每一个取样点只有一个亮度值。

（3）取样。测量每个取样点的每个分量（基色）的亮度值。

（4）量化。对取样点的每个分量进行 A/D 转换，把模拟量的亮度值使用数字量（一般是 8 位至 12 位的正整数）来表示。

通过以上步骤获取的数字图像通常被称为取样图像，又简称为"图像"。

提示

3 位二进制数可以表示 $2^3=8$ 种不同的颜色，因此 8 色图的颜色深度是 3。真彩色图的颜色深度是 24，可以表示 $2^{24}=16\,777\,412$ 种颜色。

2）动态图像的数字化

人眼看到的一幅图像消失后，还将在视网膜上滞留几毫秒，动态图像正是根据这样的原理而产生的。动态图像是将静态图像以每秒 n 幅的速度播放，当 $n \geqslant 25$ 时，显示在人眼中的就是连续的画面。

理论拓展　视频信号数字化

模拟信号通常在时间和数值上都是连续的。从信息理论的角度来看，模拟信号中包含的信息数量是无限的。数字化是将信息内容减少到一种合理层次的方法，它通过保留所考虑的信号的某些代表值而做到这一点。它从两个方面来完成这个工作，即在时间和幅度上取样。这就涉及到视频信号的扫描、取样、量化和编码。与模拟视频相比，数字视频具有以下优点：计算机可直接编辑处理、复制不失真、再现性好、节省频率资源等。

视频采集卡（Video Capture Card）又称视频卡，用以将模拟摄像机、录像机、电视机输出的视频信号等输出的视频数据或者视频和音频的混合数据输入计算机，并转换成计算机可辨别的数字数据，存储在计算机中，成为可编辑处理的视频数据文件。按照其用途可以分为广播级视频采集卡、专业级视频采集卡、民用级视频采集卡。

3）点阵图和矢量图

计算机中处理的图像一般分为两种：一种是通过专业输入设备（扫描仪、数码相机）捕捉实际画面产生的图像，也称为取样图像、点阵图像或位图图像，简称图像（Image）；另一种是用计算机绘制合成的图像，也称为矢量图形（Vector Graphics），简称图形（Graphics）。

4）常用图像文件格式

图像是一种广泛使用的数字媒体，图像文件格式较多。表1-10列出目前常用的几种图像文件格式。

表1-10　主要图像文件类型及典型应用

图像名称	压缩编码方法	性　质	典型应用	开发公司（组织）
BMP	不压缩	无损	Windows应用程序	Microsoft
GIF	LZW	无损	因特网	CompuServe
TIF	RLE，LZW（字典编码）	无损	桌面出版	Aldus，Adobe
PNG	LZ77派生的压缩算法	无损	因特网等	W3C
JPEG	DCT（离散余弦变换），Huffman编码	大多为有损	因特网，数码相机等	ISO/IEC
JPEG 2000	小波变换，算术编码	无损，有损	因特网，数码相机等	ISO/IEC

理论拓展

（1）BMP图像：微软公司在Windows操作系统下使用的一种标准图像文件格式，一个文件存放一幅图像，可以使用行程长度编码（RLC）进行无损压缩，也可不压缩。不压缩的BMP文件是一种通用的图像文件格式，几乎所有Windows应用软件都能支持。

（2）GIF：目前因特网上广泛使用的一种图像文件格式，它的颜色数目较少（不超过256色），文件特别小，适合网络传输。由于颜色数目有限，GIF适用于插图、剪贴画等色彩数目不多的应用场合。GIF格式能够支持透明背景，具有在屏幕上渐进显示的功能。尤为突出的是，它可以将许多张图像保存在同一个文件中，显示时按预先规定的时间间隔逐一进行显示，从而形成动画的效果，因而在网页制作中大量使用。

（3）TIF：该图像文件格式大量使用于扫描仪和桌面出版，能支持多种压缩方法和多种不同类型的图像，有许多图像图形应用软件支持这种文件格式。

（4）PNG：其设计目的是试图替代 GIF 和 TIF 文件格式，同时增加一些 GIF 文件格式所不具备的特性。PNG 的名称来源于"可移植网络图形格式（Portable Network Graphic Format，PNG）"，也有一个非官方解释"PNG's Not GIF"，是一种位图文件（Bitmap File）存储格式，读作"ping"。PNG 用来存储灰度图像时，灰度图像的深度可多到 16 位；存储彩色图像时，彩色图像的深度可多到 48 位，并且还可存储多到 16 位的 α 通道数据。PNG 使用从 LZ77 派生的无损数据压缩算法，一般应用于 Java 程序、网页或 S60 程序中，原因是它压缩比高、生成文件体积小。

（5）JPEG：常见的一种图像格式，它由联合照片专家组（Joint Photographic Experts Group）开发并命名为"ISO 10918-1"，JPEG 仅仅是一种俗称而已。

（6）JPEG 2000：基于小波变换的图像压缩标准，由 Joint Photographic Experts Group 组织创建和维护。JPEG 2000 通常被认为是未来取代 JPEG（基于离散余弦变换）的下一代图像压缩标准。

5）常用视频文件格式

数字视频的数据量大得惊人，1 min 的数字电视图像未压缩时其数据量可超过 1 GB，对存储、传输和处理都有很大的困难。视频信息的每个画面内部有很多信息冗余，相邻画面的内容有高度的连贯性，人眼的视觉灵敏度有限，允许画面有一定失真，所以数字视频的数据可以压缩几十到几百倍。目前流行的数字视频编码国际标准和应用如表 1-11 所示。

表 1-11 数字视频编码国际标准和应用

名 称	图 像 格 式	压缩后的码率	主 要 应 用
MPEG-1	360×288	大约 1.2 Mb/its ~1.5 Mb/its	适用于 VCD、数码相机、数字摄像机等
H.261	360×288 或 180×144	Px64 kb/its （P=1、2 时，只支持 180×144 格式；P≥6 时，可支持 360×288 格式）	应用于视频通信，如可视电话、会议电视等
MPEG-2 （MP@ML）	720×576	5 Mb/its ~15 Mb/its	用途最广，如 DVD、卫星电视直播、数字有线电视等
MPEG-2 高清格式	1 440×1 152 1 920×1 152	80 Mb/its ~100 Mb/its	高清晰度电视（HDTV）领域
MPEG-4 ASP	分辨率较低的视频格式	与 MPEG-1，MPEG-2 相当，但最低可达到 64 kb/its	在低分辨率低码率领域应用，如监控、IPTV、手机、MP4 播放器等
MPEG-4 AVC	多种不同的视频格式	采用多种新技术，编码效率比 MPEG-4ASP 显著减少	已在多种领域应用，如 HDTV、蓝光盘、IPTV、XBOX、iPhone 等

理论拓展

1. AVI 格式

AVI（Audio Video Interleaved，音频视频交错）格式是将语音和影像同步组合在一起的文件格式。它于 1992 年被 Microsoft 公司推出，随 Windows 3.1 一起被人们所认识和熟知。它对视频文件采用了一种有损压缩方式，压缩比较高，因此尽管画面质量不是太好，但其应用范围仍然非常广泛。AVI 支持 256 色和 RLE 压缩。AVI 信息主要应用在多媒体光盘上，用来保存电视、电影等各种影像信息。其缺点是体积过于庞大，而且压缩标准不统一，最普遍的现象就是高版本 Windows 媒体播放器播放不了采用早期编码编辑的 AVI 格式视频，而低版本 Windows 媒体播放器又播放不了采用最新编码编辑的 AVI 格式视频。

2. MOV 格式

MOV 即 QuickTime 影片格式，它是 Apple 公司开发的音频、视频文件格式，用于存储常用数字媒体类型，如音频和视频。当选择 QuickTime（*.mov）作为"保存类型"时，将保存为.mov 文件。

QuickTime 用于保存音频和视频信息，现在它被包括 Apple Mac OS，甚至 Windows 7/10 在内的所有主流计算机平台支持。

3. MPEG 格式

MPEG（Moving Picture Group，运动图像专家组）格式是运动图像压缩算法的国际标准，它采用了有损压缩方法，从而减少运动图像中的冗余信息。目前 MPEG 格式有三个压缩标准，分别是 MPEG-1、MPEG-2、MPEG-4，另外 MPEG-7 和 MPEG-21 也制订完毕，它们主要解决视频内容的描述、检索，不同标准之间的兼容性、版权保护等方面的问题。

① MPEG-1：制定于 1992 年，它是针对 1.5 Mbit/s 以下数据传输速率的运动图像及其伴音而设计的国际标准。它也是通常所见到的 VCD 光盘的制作格式。这种视频格式的文件扩展名包括".mpg"".mpe"".mpeg"及 VCD 光盘中的".dat"文件等。

② MPEG-2：制定于 1994 年，设计目标为高级工业标准的图像质量以及更高的传输速率。这种格式主要应用在 DVD/SVCD 的制作方面，同时在一些 HDTV（High Definition TV，高清晰电视）和高质量视频编辑、处理中被应用。这种视频格式的文件扩展名包括".mpg"".mpe"".mpeg"".m2v"及 DVD 光盘上的".vob"文件。

③ MPEG-4：制定于 1998 年，MPEG-4 是为了播放流式媒体而专门设计的，它可利用很窄的带宽，通过帧重建技术来压缩和传输数据，以求使用最少的数据获得最佳的图像质量。MPEG-4 最有吸引力的地方在于它能够生成接近于 DVD 画质的小体积视频文件。这种视频格式的文件包括".asf"、".mov"、".divx"和".avi"等。

4. ASF 格式

ASF（Advanced Streaming Format，高级串流格式），是 Microsoft 为 Windows 98 所开发的串流多媒体文件格式。ASF 是微软公司 Windows Media 的核心。这是一种包含音频、视频、图像以及控制命令脚本的数据格式。

ASF 是一个开放标准，它能依靠多种协议在多种网络环境下支持数据的传送。ASF 文件的内容既可以是我们熟悉的普通文件，也可以是一个由编码设备实时生成的连续的数据流，所以 ASF 既可以传送人们事先录制好的节目，也可以传送实时产生的节目。

5. WMV 格式

WMV 是微软推出的一种流媒体格式，它是"同门"ASF 格式的升级延伸。在同等视频质量下，WMV 格式的体积非常小，因此很适合在网上播放和传输。WMV 格式的主要优点包括：本地或网络回放、可扩充的媒体类型、部门下载、流的优先级化、多语言支持、环境独立性、丰富的流间关系及扩展性。

6. RM 格式

RealNetworks 公司所制定的音频视频压缩规范称为 RealMedia，用户可以使用 RealPlayer 或 RealOnePlayer 对符合 RealMedia 技术规范的网络音频/视频资源进行实况转播，并且 RealMedia 可以根据不同的网络传输速率制定出不同的压缩比率，从而实现在低速率的网络上进行影像数据实时传送和播放。

这种格式的另一个特点是用户使用 RealPlayer 或 RealOnePlayer 播放器可以在不下载音频/视频内容的条件下实现在线播放。另外，RM 作为目前主流网络视频格式，它还可以通过其 Real Server 服务器将其他格式的视频转换成 RM 视频并由 RealServer 服务器负责对外发布和播放。RM 和 ASF 格式可以说各有千秋，通常 RM 视频更柔和一些，而 ASF 视频则相对清晰一些。

7. RMVB 格式

RMVB 是一种由 RM 格式延伸出的新视频格式，它的先进之处在于打破了 RM 格式平均压缩采样的方式，在保证平均压缩比的基础上合理利用比特率资源，静止和动作场面少的画面场景采用较低的编码速率，这样可以留出更多的带宽空间，而这些带宽会在出现快速运动的画面场景时被利用。这样在保证了静止画面质量的前提下，大幅地提高了运动图像的画面质量，从而在图像质量和文件大小之间达到平衡。

RMVB 格式在相同压缩品质的情况下，文件较小，而且还具有内置字幕和无须外挂插件支持等独特优点。

8. FLV 格式

FLV 是 Flash Video 的简称，FLV 流媒体格式是随着 Flash MX 的推出发展而来的视频格式。由于它形成的文件极小、加载速度极快，使得网络观看视频文件成为可能，它的出现有效地解决了视频文件导入 Flash 后，使导出的 SWF 文件体积庞大，不能在网络上很好的使用等问题。

在互联网上提供 FLV 视频的有两类网站：一种是专门的视频分享网站，如美国的 YouTube 网站等；另一种是门户网站提供了视频播客的板块，提供了自己的视频频道，如新浪视频播客等，也是使用 FLV 格式的视频。此外，百度也推出了关于视频搜索的功能，里面搜索出来的视频基本都采用了流行的 FLV 格式。

1.3.3　多媒体数据压缩

多媒体信息数字化之后，其数据量往往非常庞大。为了存储、处理和传输多媒体信息，人们考虑采用压缩的方法来减少数据量。通常是将原始数据压缩后存放在磁盘上或是以压缩形式来传输，仅当用到它时才把数据解压缩以还原，以此来满足实际的需要。

1. 无损压缩

数据压缩可以分为两种类型：无损压缩和有损压缩。无损压缩是利用数据的统计冗余进行压缩，又称可逆编码，其原理是统计被压缩数据中重复数据的出现次数来进行编码。无损压缩能够确保解压后的数据不失真，是对原始对象的完整复制。

无损压缩的主要特点是压缩比较低，一般为 2:1～5:1，通常广泛应用于文本数据、程序以及重要图形和图像（如指纹图像、医学图像）的压缩。如压缩软件 WinZip、WinRAR 就是基于无损压缩原理设计的，因此可用来压缩任何类型的文件。但由于压缩比的限制，所以仅使用无损压缩技术不可能解决多媒体信息存储和传输的所有问题。常用的无损压缩算法包括行程编码、哈夫曼编码（Huffman）、算术编码、LZW 编码等。

1）行程编码

仅存储一个像素值以及具有相同颜色的像素数目的图像数据编码方式称为行程编码，常用RLE 表示。该压缩编码技术相当直观和经济，运算也相当简单，因此解压缩速度很快。RLE 压缩编码尤其适用于计算机生成的图形图像，对减少存储容量很有效果。

2）熵编码

编码过程中按熵原理不丢失任何信息的编码。信息熵为信源的平均信息量（不确定性的度量）。常见的熵编码有：LZW 编码、香农（Shannon）编码、哈夫曼（Huffman）编码和算术编码（Arithmetic Coding）。

3）算术编码

在给定符号集和符号概率的情况下，算术编码可以给出接近最优的编码结果。使用算术编码的压缩算法通常先要对输入符号的概率进行估计，然后再编码。这个估计越准，编码结果就越接近最优的结果。

JPEG 标准：第一个针对静止图像压缩的国际标准。JPEG 标准制定了两种基本的压缩编码方案：以离散余弦变换为基础的有损压缩编码方案和以预测技术为基础的无损压缩编码方案。

MPEG 标准：规定了声音数据和电视图像数据的编码和解码过程、声音和数据之间的同步等问题。MPEG-1 和 MPEG-2 是数字电视标准，其内容包括 MPEG 电视图像、MPEG 声音及 MPEG系统等内容。MPEG-4 是在异种结构网络中能够具有很强的交互功能并且能够高度可靠地工作。MPEG-7 是多媒体内容描述接口标准，其应用领域包括数字图书馆、多媒体创作等。

2. 有损压缩

有损压缩是利用了人类对图像或声波中的某些频率成分不敏感的特性，允许压缩过程中损失一定的信息；虽然不能完全恢复原始数据，但是所损失的部分对理解原始图像的影响缩小，却换来了大得多的压缩比。有损压缩广泛应用于语音、图像和视频数据的压缩。有损压缩的优点就是在有些情况下能够获得比任何已知无损方法小得多的文件，同时又能满足系统的需要。当用户得到有损压缩文件的时候，譬如为了节省下载时间，解压文件与原始文件在数据位的层面上看可能会大相径庭，但是对于多数实用目的来说，人耳或者人眼并不能分辨出二者之间的区别。

评价图像数据压缩技术的主要指标如下：

（1）压缩比：图像压缩前后所需的信息存储量之比。

（2）压缩算法的复杂程度：利用不同的编码方式，实现对图像的数据压缩。

（3）重建图像的质量：压缩前后图像存在的误差大小，用来衡量图像的失真性。仅有损压缩存在一定的失真。典型的有损压缩编码方法有预测编码、变换编码、基于模型编码、分形编码及矢量量化码等。

1）预测编码

预测编码是数据压缩理论的一个重要分支。根据离散信号之间存在一定相关性特点，利用前面的一个或多个信号对下一个信号进行预测，然后对实际值和预测值的差（预测误差）进行编码。如果预测比较准确，那么误差信号就会很小，就可以用较少的码位进行编码，以达到数据压缩的目的。

理论拓展 预测编码中常用的编码方法

差分脉冲调制预测（Differential Pulse Code Modulation，DPCM）：差值脉冲编码调制是利用信号的相关性找出可以反映信号变化特征的一个差值量进行编码。

自适应差分脉冲调制预测（Adaptive Differential Pulse Code Modulation，ADPCM）：借助预测器将原来对原始信号的编码转换成对预测误差的编码。在预测比较准确时，预测误差的动态范围会远小于原始信号序列的动态范围，所以对预测误差的编码所需的比特数会大大减少，这是预测编码获得数据压缩结果的原因。

2）变换编码

变换编码不是直接对空域图像信号进行编码，而是首先将空域图像信号映射变换到另一个正交矢量空间（变换域或频域），产生一批变换系数，然后对这些变换系数进行编码处理。变换编码是一种间接编码方法，其中关键问题是在时域或空域描述时，数据之间相关性大，数据冗余度大，经过变换在变换域中描述，数据相关性大大减少，数据冗余量减少，参数独立，数据量少，这样再进行量化，编码就能得到较大的压缩比。

典型的准最佳变换有离散余弦变换、离散傅里叶变换、沃尔什–哈达玛变换等。其中，最常用的是离散余弦变换。

3）基于模型编码

基于模型编码的基本思想是：利用图像分析模块提取紧凑和必要的描述信息，得到一些数据量不大的模型参数；在接收端，利用图像综合模块重建原始图像，是对图像信息的合成过程。

4）分形编码

分形图像编码的思想最早由 Barnsley 和 Sloan 引入，将原始图像表示为图像空间中一系列压缩映射的吸引子。在此基础上，Jacquin 设计了第一个实用的基于方块分割的分形图像编码器，他首先将原始图像分割为值域子块和定义域子块，对于每一个值域子块，寻找一个定义域子块和仿射变换（包括几何变换、对比度放缩和亮度平移），使变换后的定义域子块最佳逼近值域子块。随后 Fisher 等提出了四象限树编码方案，采用有效的分类技术，极大地提高了编码性能。随着几十种新算法和改进方案的问世，分形图像编码目前已形成了三个主要发展方向：加快分形的编解码速度、提高分形编码质量、分形序列图像编码。

5）矢量量化编码

矢量量化（Vector Quantization，VQ）是 20 世纪 70 年代后期新发展起来的一种有效的有损压缩技术，其理论基础是香农的速率失真理论。矢量量化的基本原理是用码书中与输入矢量最匹配的码字的索引代替输入矢量进行传输与存储，而解码时仅需要简单地查表操作。其突出优点是压缩比大、解码简单且能够很好地保留信号的细节。矢量量化在图像压缩领域中的应用非常广阔，如卫星遥感照片的压缩与实时传输、数字电视与 DVD 的视频压缩、医学图像的压缩与存储以及图像识别等。因此矢量量化已经成为图像压缩编码的重要技术之一。

▌ 1.4 计算机病毒及其防治

《计算机与人脑》是美国科学家冯·诺依曼创作的电子计算机学著作，1958 年首次出版。《计算机与人脑》从数学的角度解析了计算机与人脑神经系统的关系。第一部分探讨计算机系统的原理与应用，将计算机分为两大类："模拟"计算机与"数字"计算机。第二部分是对计算机与人类神经系统的比较分析，主要阐述计算机和人类神经系统这两类"自动机"之间的相似点与不同点。在本书中，详细论述了程序能够在内存中进行繁殖活动的理论。计算机病毒的出现和发展是计算机软件技术发展的必然结果。

1.4.1 计算机病毒的特征和分类

计算机病毒是人为制造的，有破坏性，又有传染性和潜伏性的，是对计算机信息或系统起破坏作用的程序。它不是独立存在的，而是隐蔽在其他可执行的程序之中。计算机中病毒后，轻则影响机器运行速度，重则死机、系统破坏；因此，病毒给用户带来很大的损失，通常情况下，我们称这种具有破坏作用的程序为计算机病毒。

1. 计算机病毒的特点

计算机病毒一般具有寄生性、破坏性、传染性、潜伏性和隐蔽性等特点。

1）寄生性

计算机病毒具有寄生性特点。计算机病毒需要在宿主中寄生才能生存，才能更好地发挥其功能，破坏宿主的正常机能。通常情况下，计算机病毒都是在其他正常程序或数据中寄生，在此基础上利用一定媒介实现传播，在宿主计算机实际运行过程中，一旦达到某种设置条件，计算机病毒就会被激活，随着程序的启动，计算机病毒会对宿主计算机文件进行不断修改，使其破坏作用得以发挥。

2）破坏性

病毒入侵计算机，往往具有极大的破坏性，能够破坏数据信息，甚至造成大面积的计算机瘫痪，对计算机用户造成较大损失。如常见的木马、蠕虫等计算机病毒，可以大范围入侵计算机，为计算机带来安全隐患。

3）传染性

计算机病毒的一大特征是传染性，能够通过 U 盘、网络等途径入侵计算机。在入侵之后，往往可以实现病毒扩散，感染计算机，进而造成大面积瘫痪等事故。随着网络信息技术的不断发展，在短时间之内，病毒能够实现较大范围的恶意入侵。因此，在计算机病毒的安全防御中，如何面对快速的病毒传染，成为有效防御病毒的重要基础，也是构建防御体系的关键。

4）潜伏性

计算机病毒潜伏性是指计算机病毒可以依附于其他媒体寄生的能力，侵入后的病毒潜伏到条件成熟才发作，会使计算机变慢。

5）隐蔽性

计算机病毒不易被发现，这是由于计算机病毒具有较强的隐蔽性，其往往以隐含文件或程序代码的方式存在，在普通的病毒查杀中，难以实现及时有效的查杀。病毒伪装成正常程序，计算机病毒扫描难以发现。并且，一些病毒被设计成病毒修复程序，诱导用户使用，进而实现病毒植入，入侵计算机。因此，计算机病毒的隐蔽性，使得计算机安全防范处于被动状态，造成严重的安全隐患。

计算机病毒被公认为数据安全的头号大敌，从 1987 年，计算机病毒受到世界范围内的普遍重视，我国也于 1989 年首次发现计算机病毒。目前，新型病毒正向更具破坏性、更加隐秘、感染率更高、传播速度更快等方向发展。因此，必须深入学习计算机病毒的基本常识，加强对计算机病毒的防范。

2. 计算机病毒的分类

计算机病毒是编制者在计算机程序中插入的破坏计算机功能或者数据的代码，能影响计算机使用、能自我复制的一组计算机指令或者程序代码。常见的病毒种类如下：

1）系统病毒

系统病毒的前缀为 Win32、PE、Win95、W32、W95 等。这些病毒共有的特性是可以感染 Windows 操作系统的*.exe 和*.dll 文件，并通过这些文件进行传播，如 CIH 病毒。

2）蠕虫病毒

蠕虫病毒的前缀是 Worm。这种病毒的共有特性是通过网络或者系统漏洞进行传播，很大部分的蠕虫病毒都有向外发送带毒邮件，阻塞网络的特性，如冲击波（阻塞网络），小邮差（发带毒邮件）等。

3）木马病毒、黑客病毒

木马病毒的前缀是 Trojan，黑客病毒前缀名一般为 Hack。木马病毒的共有特性是通过网络或者系统漏洞进入用户的系统并隐藏，然后向外界泄露用户的信息，而黑客病毒则有一个可视的界面，能对用户的计算机进行远程控制。木马、黑客病毒往往是成对出现的，即木马病毒负责侵入用户的计算机，而黑客病毒则会通过该木马病毒来进行控制。现在这两种类型都越来越趋向于整合了。一般的木马，如 QQ 消息尾巴木马 Trojan.QQ3344，还有大家可能遇见比较多的针对网络游戏的木马病毒如 Trojan.LMir.PSW.60。这里补充一点，病毒名中有 PSW 或者 PWD 之类的，一般都表示这个病毒有盗取密码的功能，如网络枭雄（Hack.Nether.Client）等。

4）脚本病毒

脚本病毒的前缀是 Script。脚本病毒的共有特性是使用脚本语言编写，通过网页进行传播，如红色代码（Script.Redlof）。脚本病毒还会有如下前缀：VBS、JS（表明是何种脚本编写的），如欢乐时光等。

5）宏病毒

其实宏病毒也是脚本病毒的一种，由于它的特殊性，因此在这里单独算成一类。宏病毒的前缀是：Macro，第二前缀是：Word、Word 97、Excel、Excel 97（也许还有别的）其中之一。凡是只感染 Word 97 及以前版本 Word 文档的病毒采用 Word 97 做为第二前缀，格式是：Macro.Word 97。凡是只感染 Word 97 以后版本 Word 文档的病毒采用 Word 做为第二前缀，格式是：Macro.Word；凡是只感染 Excel 97 及以前版本 Excel 文档的病毒采用 Excel 97 做为第二前缀，格式是：Macro.Excel 97；凡是只感染 Excel 97 以后版本 Excel 文档的病毒采用 Excel 做为第二前缀，格式是：Macro.Excel，依此类推。该类病毒的公有特性是能感染 Office 系列文档，然后通过 Office 通用模板进行传播，如著名的美丽莎（Macro.Melissa）。

6）后门病毒

后门病毒的前缀是 Backdoor。该类病毒的共有特性是通过网络传播，给系统开后门，给用户计算机带来安全隐患，如 IRC 后门 Backdoor.IRCBot。

7）病毒种植程序病毒

这类病毒的共有特性是运行时会从体内释放出一个或几个新的病毒到系统目录下，由释放出来的新病毒产生破坏，如冰河播种者（Dropper.BingHe2.2C）、MSN 射手（Dropper.Worm.Smibag）等。

8）破坏性程序病毒

破坏性程序病毒的前缀是 Harm。这类病毒的共有特性是本身具有好看的图标来诱惑用户点击，当用户点击这类病毒时，病毒便会直接对用户计算机产生破坏，如格式化 C 盘（Harm.formatC.f）、杀手命令（Harm.CommanD.Killer）等。

9）玩笑病毒

玩笑病毒的前缀是 Joke。又称恶作剧病毒。这类病毒的共有特性是本身具有好看的图标来诱惑用户点击，当用户点击这类病毒时，病毒会做出各种破坏操作来吓唬用户，其实病毒并没有对用户计算机进行任何破坏，如女鬼（Joke.Girlghost）病毒。

10）捆绑机病毒

捆绑机病毒的前缀是 Binder。这类病毒的共有特性是病毒作者会使用特定的捆绑程序将病毒与一些应用程序如 QQ、IE 捆绑起来，表面上看是一个正常的文件，当用户运行这些捆绑病毒时，会表面上运行这些应用程序，然后隐藏运行捆绑在一起的病毒，从而给用户造成危害，如捆绑 QQ（Binder.QQPass.QQBin）、系统杀手（Binder.killsys）等。

计算机病毒根据破坏性可分类为良性病毒、恶性病毒、极恶性病毒、灾难性病毒；根据病毒传染渠道划分为驻留型病毒、非驻留型病毒；根据算法划分为伴随型病毒、"蠕虫"型病毒、寄生型病毒。

3. 计算机感染病毒的常见症状

计算机感染了病毒后症状很多，其中以下 25 种症状最为常见：

（1）信息系统运行速度明显减慢；

（2）平时运行正常的计算机突然经常性无缘无故地死机；

（3）文件长度发生变化；

（4）磁盘空间迅速减少；

（5）系统无法正常启动；

（6）丢失文件或文件损坏；

（7）屏幕上出现异常显示；

（8）计算机的喇叭出现异常声响；

（9）网络驱动器卷或共享目录无法调用；

（10）系统不识别硬盘；

（11）对存储系统异常访问；

（12）键盘输入异常；

（13）文件的日期、时间、属性等发生变化；

（14）文件无法正确读取、复制或打开；

（15）命令执行出现错误；

（16）虚假报警；

（17）换当前盘，有些病毒会将当前盘切换到 C 盘；

（18）时钟倒转，有些病毒会将系统时间倒转，逆向计时；

（19）以前能正常运行的软件经常发生内存不足的错误甚至死机；

（20）系统异常重新启动；

（21）打印和通信发生异常；

（22）异常要求用户输入密码；

（23）Word 或 Excel 提示执行"宏"；

（24）不应驻留内存的程序驻留内存；

（25）自动链接到一些陌生的网站。

4. 计算机病毒的清除

如果计算机操作时发现计算机有异常情况，进行杀毒时，应先备份重要的数据文件，即使这些文件已经带毒，万一杀毒失败后，还有机会将计算机恢复原貌，然后再使用其他杀毒软件对数据文件进行修复。很多病毒都可以通过网络中的共享文件进行传播，所以计算机一旦遭受病毒感染应首先断开网络，再进行漏洞的修补以及病毒的检测和清除，从而避免病毒大范围传播，造成更严重的危害。有些病毒发作以后，会破坏 Windows 的一些关键文件，导致无法在 Windows 下运行杀毒软件进行病毒的清除，所以应该制作一张 DOS 环境下的杀毒软盘，作为应对措施进行杀毒。有些病毒针对 Windows 操作系统的漏洞，杀毒完成后，应及时给系统打上补丁，防止重复感染。

计算机病毒的危害很大，检测与消除计算机病毒最常用的方法是使用专门的杀毒软件，目前常用的国内杀毒软件有金山毒霸、瑞星、360 杀毒等。尽管杀毒软件的版本不断升级，病毒库不断更新，但是杀毒软件的开发与更新总是要稍微滞后于新病毒的出现，所以还是会出现检测不出某些病毒的情况。

1.4.2　计算机病毒的预防

为确保计算机系统万无一失，应做好病毒预防工作。

（1）不使用来历不明的程序和数据。

（2）不轻易打开来历不明的电子邮件，特别是附件。

（3）及时修补操作系统及其捆绑软件的漏洞。

（4）确保系统的安装盘和重要的数据盘处于"写保护"状态。

（5）在机器上安装杀毒软件（包括病毒防火墙软件），使启动程序运行、接收邮件和下载Web文档时自动检测与拦截病毒等。

（6）经常和及时地做好系统及关键数据的备份工作。

（7）浏览网页、下载文件选择正确的网站。

（8）有效管理系统内建账户、密码、权限管理等。

（9）禁用远程功能，关闭不需要的服务。

（10）修改浏览器安全设置。

习　题

选择题

1. 按电子计算机传统的分代方法，第一代至第四代计算机依次是（　　　）。

　　A. 机械计算机，电子管计算机，晶体管计算机，集成电路计算机

　　B. 晶体管计算机，集成电路计算机，大规模集成电路计算机，光器件计算机

　　C. 电子管计算机，晶体管计算机，小、中规模集成电路计算机，大规模和超大规模集成电路计算机

　　D. 手摇机械计算机，电动机械计算机，电子管计算机，晶体管计算机

2. 世界上公认的第一台电子计算机诞生的年代是（　　　）。

　　A. 20世纪30年代　　　　　　　　　　B. 20世纪40年代

　　C. 20世纪80年代　　　　　　　　　　D. 20世纪90年代

3. 关于世界上第一台电子计算机ENIAC的叙述，下列错误的是（　　　）。

　　A. ENIAC是1946年在美国诞生的

　　B. 它主要采用电子管和继电器

　　C. 它是首次采用存储程序和程序控制自动工作的电子计算机

　　D. 研制它的主要目的是用来计算弹道

4. 电子计算机最早的应用领域是（　　　）。

　　A. 数据处理　　　　B. 科学计算　　　　C. 工业控制　　　　D. 文字处理

5. 目前，许多消费电子产品（数码相机、数字电视机等）中都使用了不同功能的微处理器来完成特定的处理任务，计算机的这种应用属于（　　　）。

　　A. 科学计算　　　　B. 实时控制　　　　C. 嵌入式系统　　　　D. 辅助设计

6. 下列有关信息和数据的说法中，错误的是（　　　）。

    A. 数据是信息的载体

    B. 数值、文字、语言、图形、图像等都是不同形式的数据

    C. 数据处理之后产生的结果为信息，信息有意义，数据没有

    D. 数据具有针对性、时效性

7. 字长是 CPU 的主要技术性能指标之一，它表示的是（　　　）。

    A. CPU 计算结果的有效数字长度　　 B. CPU 一次能处理二进制数据的位数

    C. CPU 能表示的最大的有效数字位数　　D. CPU 能表示的十进制整数的位数

8. 20 GB 的硬盘表示容量约为（　　　）。

    A. 20 亿个字节　　　　　　　　　　　　B. 20 亿个二进制位

    C. 200 亿个字节　　　　　　　　　　　D. 200 亿个二进制位

9. 假设某台式计算机的内存储器容量为 128 MB，硬盘容量为 10 GB。硬盘的容量是内存容量的（　　　）。

    A. 40 倍　　　　　　B. 60 倍　　　　　　C. 80 倍　　　　　　D. 100 倍

10. 微机的字长是 4 个字节，这意味着（　　　）。

    A. 能处理的最大数值为 4 位十进制数 9999

    B. 能处理的字符串最多由 4 个字符组成

    C. 在 CPU 中作为一个整体加以传送处理的为 32 位二进制代码

    D. 在 CPU 中运算的最大结果为 2 的 32 次方

11. 在计算机内部用来传送、存储、加工处理的数据或指令所采用的形式是（　　　）。

    A. 十进制码　　　　B. 二进制码　　　C. 八进制码　　　D. 十六进制码

12. 如果删除一个非零无符号二进制整数后的 2 个 0，则此数的值为原数的（　　　）。

    A. 4 倍　　　　　　B. 2 倍　　　　　　C. 1/2　　　　　　D. 1/4

13. 在一个非零无符号二进制整数之后添加一个 0，则此数的值为原数的（　　　）。

    A. 4 倍　　　　　　B. 2 倍　　　　　　C. 1/2　　　　　　D. 1/4

14. 设任意一个十进制整数为 D，转换成二进制数为 B。根据数制的概念，下列叙述中正确的是（　　　）。

    A. 数字 B 的位数<数字 D 的位数　　　B. 数字 B 的位数≤数字 D 的位数

    C. 数字 B 的位数≥数字 D 的位数　　　D. 数字 B 的位数>数字 D 的位数

15. 一个字长为 6 位的无符号二进制数能表示的十进制数值范围是（　　　）。

    A. 0～64　　　　　　B. 1～64　　　　　C. 1～63　　　　　D. 0～63

16. 十进制数 29 转换成无符号二进制数等于（　　　）。

    A. 00011111　　　　B. 00011101　　　C. 00011001　　　D. 00011011

17. 无符号二进制整数 111110 转换成十进制数是（　　　）。

    A. 62　　　　　　　B. 60　　　　　　　C. 58　　　　　　D. 56

18. 下列关于 ASCII 编码的叙述中，正确的是（　　　）。

    A. 一个字符的标准 ASCII 码占一个字节，其最高二进制位总为 1

    B. 所有大写英文字母的 ASCII 码值都小于小写英文字母'a'的 ASCII 码值

    C. 所有大写英文字母的 ASCII 码值都大于小写英文字母'a'的 ASCII 码值

    D. 标准 ASCII 码表有 256 个不同的字符编码

19. 在标准 ASCII 码表中，数字码、小写英文字母和大写英文字母的前后次序是（　　　）。

    A. 数字、小写英文字母、大写英文字母

    B. 小写英文字母、大写英文字母、数字

    C. 数字、大写英文字母、小写英文字母

    D. 大写英文字母、小写英文字母、数字

20. 在标准 ASCII 码表中，英文字母 a 和 A 的码值之差的十进制值是（　　　）。

    A. 20　　　　　　　B. 32　　　　　　　C. -20　　　　　　　D. -32

21. 在下列字符中，其 ASCII 码值最小的一个是（　　　）。

    A. 空格字符　　　　B. 0　　　　　　　C. A　　　　　　　D. a

22. 在下列字符中，其 ASCII 码值最大的一个是（　　　）。

    A. 空格字符　　　　B. 9　　　　　　　C. Z　　　　　　　D. a

23. 已知英文字母 m 的 ASCII 码值为 6DH，那么字母 q 的 ASCII 码值是（　　　）。

    A. 70H　　　　　　B. 71H　　　　　　C. 72H　　　　　　D. 6FH

24. 在标准 ASCII 码值中，已知英文字母 A 的 ASCII 码是 01000001，英文字母 D 的 ASCII 码是（　　　）。

    A. 01000011　　　　B. 01000100　　　　C. 01000101　　　　D. 01000110

25. 一个汉字的国标码需用 2 字节存储，其每个字节的最高二进制位的值分别为（　　　）。

    A. 0，0　　　　　　B. 1，0　　　　　　C. 0，1　　　　　　D. 1，1

26. 下列 4 个 4 位十进制数中，属于正确的汉字区位码的是（　　　）。

    A. 5601　　　　　　B. 9596　　　　　　C. 9678　　　　　　D. 8799

27. 在计算机中，对汉字进行传输、处理和存储时使用汉字的（　　　）。

    A. 字形码　　　　　B. 国标码　　　　　C. 输入码　　　　　D. 机内码

28. 存储 1 024 个 24×24 点阵的汉字字形码需要的字节数是（　　　）。

    A. 720 B　　　　　B. 72 KB　　　　　C. 7 000 B　　　　　D. 7 200 B

29. 区位码输入法的最大优点是（　　　）。

    A. 只用数码输入，方法简单、容易记忆

    B. 易记、易用

    C. 一字一码，无重码

    D. 编码有规律，不易忘记

30. 以 .txt 为扩展名的文件通常是（　　　）。

    A. 文本文件　　　　　　　　　　　B. 音频信号文件

    C. 图像文件　　　　　　　　　　　D. 视频信号文件

31. JPEG 是一个用于数字信号压缩的国际标准，其压缩对象是（　　　）。

    A. 文本   B. 音频信号   C. 静态图像   D. 视频信号

32. 显示器的分辨率为 1 024×768，若能同时显示 256 种颜色，则显示存储器的容量至少为（   ）。

    A. 192 KB   B. 384 KB   C. 768 KB   D. 1 536 KB

33. 对声音波形采样时，采样频率越高，声音文件的数据量（   ）。

    A. 越小   B. 越大   C. 不变   D. 无法确定

34. 若对音频信号以 10 kHz 采样率、16 位量化精度进行数字化，则每分钟的双声道数字化声音信号产生的数据量约为（   ）。

    A. 1.2 MB   B. 1.6 MB   C. 2.4 MB   D. 4.8 MB

35. 以 avi 为扩展名的文件通常是（   ）。

    A. 文本文件   B. 音频信号文件

    C. 图像文件   D. 视频信号文件

36. 下列选项不属于"计算机安全设置"的是（   ）。

    A. 定期备份重要数据   B. 不下载来路不明的软件及程序

    C. 停掉 Guest 账号   D. 安装杀（防）毒软件

37. 为了防止信息被别人窃取，可以设置开机密码，下列密码设置最安全的是（   ）。

    A. 12345678   B. nd@YZ@g1   C. NDYZ   D. Yingzhong

38. 计算机安全是指计算机资产安全，即（   ）。

    A. 计算机信息系统资源不受自然有害因素的威胁和危害

    B. 信息资源不受自然和人为有害因素的威胁和危害

    C. 计算机硬件系统不受人为有害因素的威胁和危害

    D. 计算机信息系统资源和信息资源不受自然和人为有害因素的威胁和危害

39. 计算机病毒是指"能够侵入计算机系统并在计算机系统中潜伏、传播，破坏系统正常工作的一种具有繁殖能力的（   ）。"

    A. 流行性感冒病毒   B. 特殊小程序

    C. 特殊微生物   D. 源程序

40. 下列关于计算机病毒的叙述中，正确的是（   ）。

    A. 反病毒软件可以查杀任何种类的病毒

    B. 计算机病毒是一种被破坏了的程序

    C. 反病毒软件必须随着新病毒的出现而升级，提高查、杀病毒的功能

    D. 感染过计算机病毒的计算机具有对该病毒的免疫性

41. 随着 Internet 的发展，越来越多的计算机感染病毒的可能途径之一是（   ）。

    A. 从键盘上输入数据

    B. 通过电源线

    C. 所使用的光盘表面不清洁

    D. 通过 Internet 的 E-mail，附着在电子邮件的信息中

42. 通常所说的"宏病毒"感染的文件类型是（　　）。

    A. COM   B. DOC   C. EXE   D. TXT

43. 当计算机病毒发作时，主要造成的破坏是（　　）。

    A. 对磁盘片的物理损坏

    B. 对磁盘驱动器的损坏

    C. 对 CPU 的损坏

    D. 对存储在硬盘上的程序、数据甚至系统的破坏

44. 计算机病毒（　　）。

    A. 不会对计算机操作人员造成身体损害

    B. 会导致所有计算机操作人员感染致病

    C. 会导致部分计算机操作人员感染致病

    D. 会导致部分计算机操作人员感染病毒，但不会致病

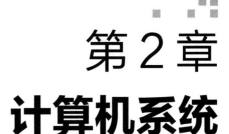

第 2 章
计算机系统

计算机是能按照人的要求接收和存储信息、自动进行数据处理和计算，并输出结果的机器系统。一个完整的计算机系统由计算机硬件系统及软件系统两大部分构成。硬件系统是指计算机系统中的实际装置，是构成计算机看得见、摸得着的物理部件，它是计算机的"躯壳"；软件系统是指计算机所需的各种程序及有关资料，它是计算机的"灵魂"。通过本章学习，应掌握以下内容：

（1）掌握计算硬件系统的组成、功能和工作原理。

（2）掌握计算机软件系统的组成和功能、系统软件和应用软件的概念和作用。

（3）了解计算机的性能和主要技术指标。

（4）掌握操作系统的概念和功能。

（5）熟练掌握 Windows 7 的基本操作。

（6）掌握网络、因特网的基本概念。

（7）熟练掌握因特网的简单应用。

2.1 计算机的硬件系统

硬件是计算机的物质基础，没有硬件就不能称其为计算机。没有安装任何计算机软件的计算机系统称为裸机，裸机几乎无法完成工作。

尽管各种计算机在性能、用途和规模上有所不同，但其基本结构都遵循冯•诺依曼体系结构，人们称符合这种设计的计算机是冯•诺依曼计算机。它由存储、运算、控制、输入和输出五个部分组成，通过总线连接，其体系结构如图 2-1 所示。其中，CPU（运算器和控制器）与内存储器、总线等构成了计算机的"主机"部分，而输入设备、输出设备和外存储器被称为外围设备，简称"外设"。

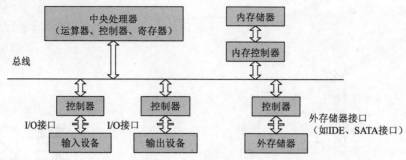

图2-1　计算机系统组成

2.1.1　运算器

运算器是 CPU 的智能部件，不但能够执行加、减、乘、除等算术运算，也能进行与、或、非等逻辑运算，所以运算器也称为算术逻辑单元（ALU）。运算器处理的数据来自内存储器，处理后的结果数据通常送回内存储器。为了提高运算速度和处理能力，运算器中通常包含多个 ALU，有的负责实现定点数运算，有的负责实现浮点数运算。例如，从通用寄存器 A、通用寄存器 B 分别取数，送入算术逻辑单元进行运算，结果存入通用寄存器 C 中，如图 2-2 所示。

运算器的性能是衡量整个计算机性能的重要指标。与运算器相关的性能指标包括计算机的字长和运算速度。

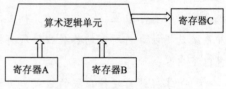

图2-2　运算器处理示意图

字长：指参与运算的数据的基本位数，即一次能同时处理的二进制数据的位数。它决定了寄存器、运算器和数据总线的位数，因而直接影响到硬件的价格。字长标志着计算精度。字长越长，能处理的数的范围越大，运算精度越高，处理速度越快。目前普遍使用的 Intel 和 AMD 系列的微处理器都是 64 位字长。

运算速度：计算机的主要指标之一。计算机执行不同的运算和操作所需的时间可能不同，因而对运算速度存在不同的计算方法。一般常用平均速度，即在单位时间内平均能执行的指令条数来表示，如某计算机运算速度为 100 万次/秒，就是指该机在一秒内能平均执行 100 万条指令（即 1 MIPS）。有时也采用加权平均法（即根据每种指令的执行时间以及该指令占全部操作的百分比进行计算）求得的等效速度表示。

ⓘ 提示

度量 CPU 运算速度性能的指标有：MIPS（百万条指令/秒）、MFLOPS（百万条浮点指令/秒）、TFLOPS（万亿条浮点指令/秒）。

2.1.2　控制器

控制器是计算机的心脏，由它指挥各个部件自动、协调地工作。指令计数器用来存放 CPU 正在执行的指令地址，CPU 根据此地址从主存储器中读取相应的指令，然后指令计数器更新地址指向下一条指令，顺序执行直到程序执行完毕。指令寄存器用来存放将要执行的指令。指令译码器用来对指令进行翻译,控制运算器的操作,记录 CPU 的状态信息。

控制器的基本功能是根据指令计数器中指定的地址从内存取出一条指令,对指令进行译码,再由操作控制部件有序地控制各部件完成操作码规定的功能。控制器也记录操作中各部件的状态,使计算机能有条不紊地自动完成程序规定的任务。控制器工作示意图如图 2-3 所示。

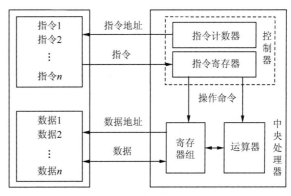

图2-3 控制器工作示意图

提示

控制器由指令寄存器、指令译码器、指令计数器和操作控制器等组成。指令寄存器用来保存当前正在或即将执行的指令代码;指令译码器用来解析和识别指令寄存器中存放指令的性质和操作方法;操作控制器则根据指令译码器的译码结果,产生在指令执行过程中所需的控制信号和时序信号;指令计数器保存下一条要执行的指令地址,保证程序自动、高速地运行。

1. 机器指令

在计算机内,机器指令是构成程序的基本单位。机器指令是一种采用二进制表示的,让计算机执行某种操作的命令。一台计算机能运行的所有指令的集合称为计算机的指令系统。一条机器指令一般由两部分组成:操作码和操作数地址,如图 2-4 所示。

1)操作码

操作码是指明指令操作性质的命令码。CPU 每次从内存取出一条指令,指令中的操作码就告诉 CPU 应执行

操作码	操作数地址

图2-4 指令的格式

什么性质的操作,如算术运算、逻辑运算、存数、取数、转移等。

每条指令都要求它的操作码必须是独一无二的组合。指令系统中的每一条指令都有一个确定的操作码,并且每一条指令只与一个操作码相对应。指令不同,其操作码也不同。

2)操作数地址

操作数地址用来描述该指令的操作对象。在地址中可以直接给出操作数本身,也可以指出操作数在存储器中的地址或寄存器地址,或表示操作数在存储器中的间接地址等。

一条指令中的操作数地址不一定只有一个。随着指令功能的不同,操作数地址可能是两个或多个。例如,加减法运算,一般要求有两个操作数地址。但若再考虑操作运算结果的存放地址,就需要有 3 个地址。

2. 机器指令的执行

机器指令的执行可分为三个阶段:取指令→分析指令→执行指令。

(1)取指令。根据指令计数器指定的地址从内存取出一条指令存放到指令寄存器。

（2）分析指令。存放在指令寄存器中的指令经过指令译码电路翻译，确定指令执行的操作和操作数的地址。

（3）执行指令。根据操作数的地址取出操作数，执行相应的指令，并将结果保存到数据寄存器或内存，如果需要还可以将结果保存到外存长期存放。

控制器和运算器是计算机的核心部件，合称为中央处理器，在微型计算机中也称为微处理器。

ⓘ 提示

主频，又称时钟频率，单位是 GHz，用来表示 CPU 的运算、处理数据的速度。主频=外频×倍频系数。一般来说，主频越高，速度越快。目前大多数 PC 的主频在 1 GHz~4 GHz 之间。主频达到 4 GHz 已经接近极限了，进一步提高主频会导致芯片功耗过大，散热问题难以解决，所以 CPU 的发展方向改为多核技术。

3. 机器指令的兼容性

每一种类型的 CPU 都有自己的指令系统。因此，某一类计算机的程序代码未必能够在其他计算机上执行，这就是所谓的计算机"兼容性"问题。比如，目前个人计算机中使用最广泛的CPU 是 Intel 公司和 AMD 公司的产品，由于两者的内部设计相似，指令系统几乎一致，因此这些个人计算机是相互兼容的。而 Apple 公司生产的 Macintosh（简称 Mac）计算机，其 CPU 采用IBM 公司的 PowerPC，与 Intel 公司和 AMD 公司处理器结构不同，指令系统大相径庭，因此无法与采用 Intel 公司和 AMD 公司 CPU 的个人计算机兼容。

同一公司生产的产品，随着技术的发展和新产品的推出，它们的指令系统也是有区别的。比如 Intel 公司的产品发展经历了 8088、80286、80386、80486、Pentium……Pentium 4、PentiumD、Core 2、Core i3、Core i5、Core i7、Core i9，每种新处理器包含的指令数目和种类越来越多，为了解决兼容性问题，通常采用"向下兼容"的原则，即在新处理器保留老处理器的所有指令，同时扩充功能更强的新指令。通过这样的扩充，使得新处理器的机器可以执行在它之前的所有老机器上的程序，但老机器就不能保证一定可以运行新机器上所有新开发的程序。例如，Pentium4 的机器可以执行 Pentium 机器中的所有的程序，反之则不然。

ⓘ 提示

智能手机和平板计算机采用的是英国 ARM 公司的微处理器，和 PC 的指令系统有很大区别，因此 PC 上的程序代码和智能手机、平板计算机的相互不兼容。随着计算机技术的迅猛发展，跨平台和设备的操作系统会为我们的生活带来更多的便利。Windows 10 将是该公司有史以来最全面的平台，即 Windows 10 将为小至手机，大至云平台的所有设备提供一个统一的平台，并辅以通用的应用市场。

2.1.3 存储器

存储器是计算机系统内最主要的记忆设备。计算机内的所有信息都存储在存储器中，为了解决存储器的容量、速度、价格三者之间的矛盾，计算机的存储体系采用多级结构，各存储器相互取长补短，协调工作，使得计算机的性能价格比得到最大限度的优化，如图 2-5 所示。

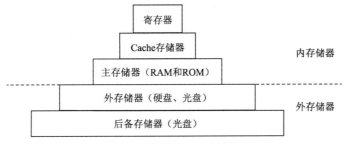

图2-5　存储器的层次结构

存储器的速度由快到慢的顺序是：寄存器、Cache 存储器、主存储器、外存储器、后备存储器。容量由小到大的顺序是：寄存器、Cache 存储器、主存储器、外存储器、后备存储器。

通常存储器可分为两大类：主存储器（简称内存或主存）和辅助存储器（简称外存或辅存）。主存储器能直接和运算器、控制器交换信息，它的存取时间短，容量不够大。由于主存储器通常与运算器、控制器组成主机，所以也称为内存储器。辅助存储器不直接和运算器、控制器交换信息，而是作为主存的补充和后援，它的存取时间长，容量极大。由于辅助存储器通常以外设的形式独立于主机存在，所以也称为外存储器。表 2-1 是内存和外存的对比情况。

表2-1　内存和外存的对比情况

项　目	内　存　储　器	外　存　储　器
存取速度	很快	较慢
存储容量	较小（因单位成本较高）	很大（因单位成本较低）
性质	断电后信息消失	断电后信息保持
用途	存放已经启动运行的程序和立即处理的数据	长期存放计算机系统中几乎所有的信息
与 CPU 关系	CPU 所处理的指令及数据直接从内存中取出	程序及数据必须先送入内存后才能被 CPU 使用

1. 内存

内存储器的存取单位是字节。主存储器的存储容量就是所包含的存储单元的总数，现在一般采用 GB 作为记量单位。每个存储单元都有地址，CPU 按地址对内存进行访问。

例 1　地址线数目是 36 位的 CPU，它可支持的最大物理存储空间为_____GB。

地址线宽度为 36 位，则可访问的主存最大容量为 2^{36} 个字节。2^{36} B=2^{6}*×2^{30} B=64 GB，可访问的主存最大容量为 64 GB。注意：1 GB=2^{30} B。

例 2　内存储器的容量为 512 MB 时，若首地址的十六进制表示为：0000 0000$_H$，则末地址的十六进制表示为_____$_H$。

512 MB=2^{29} B，则末地址的二进制表示为 29 个 1，根据二进制和十六进制数的转换规则，（1111）$_B$=（F）$_H$，所以末地址的十六进制表示为（1FFFFFFF）$_H$。

内存储器按功能可分为随机存取存储器（RAM）和只读存储器（ROM）两大类。

1）随机存取存储器

一般计算机内存容量指 RAM 容量。RAM 有两个特点：第一是可读/写性；第二是易失性，即电源断开，RAM 中的内容丢失。RAM 又可分为静态随机存储器（SRAM）和动态随机存储器（DRAM）。

（1）DRAM（动态随机存取存储器），它具有结构简单、功耗低、集成度高和生产成本低等特点，主要应用于计算机的主存储器，如内存储器和显示内存。

（2）SRAM（静态随机存取存储器），其结构相对较复杂，速度快但生产成本高，多用于高速小容量存储器中，如高速缓冲存储器 Cache。

过去一段时间使用的 SDRAM、DDR SDRAM、DDR2 SDRAM 内存已无法满足高速数据的要求，现在通常使用的是 DDR3 SDRAM、DDR4 SDRAM 内存。DDR 采用 2 位预取的工作方式，数据传输频率可以达到存储器时钟频率的 2 倍。DDR2 采用 4 位预取的工作方式，数据传输频率可以达到存储器时钟频率的 4 倍。DDR3 采用 8 位预取的工作方式，数据传输频率可以达到存储器时钟频率的 8 倍。DDR4 采用 16 位预取的工作方式，数据传输频率可以达到存储器时钟频率的 16 倍。

例 3　某 DDR3 内存条，存储器时钟频率为 200 MHz，其存储器带宽可达到多少 GB/s？

DDR3 内存条，存储器时钟频率为 200 MHz，则存储器总线时钟频率为 200 × 8=1 600 MHz，存储器数据通路的宽度为 64 位，存储器带宽（MB/s）=工作频率 × 内存总线位数/8，所以存储器带宽=1 600 × 64/8=12.8 GB/s。

2）只读存储器

存储内容由厂家事先确定，一般用来存放自检程序、配置信息等；通常只能读出而不能写入，断电后信息不会丢失，常用的只读存储器有 PROM 和 EPROM 等。几种常用 ROM 简介如下：

（1）不可在线改写内容的 ROM，如掩模 ROM、PROM 和 EPROM。

掩模 ROM 由生产厂家在制造芯片时采用掩模工艺将信息固化在芯片中，出厂后其存储的数据不能更改，只能读出。这种 ROM 在制造时，生产厂家利用掩模（Mask）技术把信息写入存储器中，使用时用户无法更改，适宜大批量生产。

可编程只读存储器 PROM，是可由用户一次性写入信息的只读存储器，是在掩模 ROM 的基础上发展而来的。PROM 的缺点是用户只能写入一次数据，一经写入就不能再更改。

光擦除可编程只读存储器 EPROM。一般是将芯片置于紫外线下照射 15~20 分钟左右，以擦除其中的内容，然后用专用的设备（EPROM 写入器）将信息重新写入，一旦写入则相对固定。在闪速存储器大量应用之前，EPROM 常用于软件开发过程中。

电擦除可编程（EEPROM）的主要特点是能在应用系统中进行在线改写，并能在断电的情况下保存结果。

（2）Flash ROM（闪存）。它结合了 RAM 和 ROM 的长处，不但可以对信息进行改写，而且不会因断电而丢失数据，同时可以快速读取数据。目前，Flash ROM 除了可用于存储主板的 BIOS 程序，还常用于存储卡、U 盘及固态硬盘。

3）高速缓冲存储器

高速缓存（Cache）是位于 CPU 与内存之间的临时存储器，它的容量比内存小得多，但是传输速度却比内存要快得多。高速缓存主要是为了解决 CPU 运算速度与内存读/写速度不匹配的矛盾。

理论拓展 局部性原理

在计算机科学中，访问局部性，也称为局部性原理，是取决于存储器访问模式频繁访问相同值或相关存储位置的现象的术语。访问局部性有两种基本类型——时间和空间局部性。时间局部性是指在相对较小的持续时间内对特定数据和/或资源的重用。空间局部性是指在相对靠近的存储位置内使用数据元素。当数据元素被线性地排列和访问时，如遍历一维数组中的元素，发生顺序局部性，即空间局部性的特殊情况。

内存读写速度制约了 CPU 执行指令的效率。高速缓存是位于 CPU 与内存之间的临时存储器，采用速度极快的 SRAM 芯片直接制作在 CPU 内部。通常，Cache 的容量越大，级数越多，CPU 的性能发挥越好。目前，大多数 CPU 上集成了一级缓存（L1 Cache）、二级缓存（L2 Cache）以及三级缓存（L3 Cache）。CPU 执行指令需要从存储器读取数据时，数据搜索的顺序是：L1 Cache、L2 Cache、L3 Cache、DRAM。目前，主流微机 CPU 芯片都集成了 3 级 Cache，每个 CPU 通常含有多核，每个核有自己独立的 L1 和 L2 Cache，共享 L3 Cache。

4）内存储器的性能指标

内存储器的主要性能指标有存储容量、存取速度和访问时间等。

（1）存储容量：一个存储器包含的存储单元总数。目前常用的 DDR4 内存存储容量一般为 8 GB 或 16 GB。

（2）存取速度：一般用存取时间来表示。存取时间是指从 CPU 送出内存单元的地址码开始，到主存读出数据并送到 CPU（或者是把 CPU 数据写入主存）所需要的时间。半导体存储器的存取周期一般为几纳秒。

（3）接口类型。它根据内存金手指上导电触片的数量来划分。

（4）带宽。它指理想状态下在 1 秒内所能传输的最大数据量。

（5）电压。电压小对内存储器的稳定工作有利。

2. 外存

外存，主要用来存储大量暂时不参加运算或处理的数据和程序，是主存的后备和补充，它一般容量大，但存取速度相对较低。常用的外存主要有硬盘、光盘、优盘、USB 移动硬盘等。

1）硬盘

作为存储设备中的重要一员，硬盘起着极其重要的作用。大多数的数据都是通过硬盘来存储，这种大规模采用硬盘来记录数据的现象甚至被人们戏称为"基于磁介质的文明"。但是，自从 IBM 于 1956 年 9 月向世界展示了第一台磁盘存储系统 IBM350 之后，硬盘的温彻斯特（Winchester）结构一直没有改变。硬盘存储器由磁盘盘片（存储介质）、主轴与主轴电机、移动臂、磁头和控制电路等组成，它们全部密封在一个盒状装置内。硬盘具有容量大、存取速度快等优点，操作系统、可运行的程序文件和用户的数据文件一般都保存在硬盘上。

内部结构：一个硬盘内部包含多个盘片，这些盘片被安装在一个同心轴上，每个盘片有上下两个盘面，每个盘面被划分为磁道和扇区。磁盘的读/写物理单位是按扇区进行读/写。硬盘的每个盘面有一个读/写磁头，所有磁头保持同步工作状态，即在任何时刻所有的磁头都保持在不同盘面的同一磁道。硬盘读/写数据时，磁头与磁盘表面始终保持一个很小的间隙，实现非接触式读/写。维持这种微小的间隙，靠的不是驱动器的控制电路，而是硬盘高速旋转时带动的气流，由于磁头很轻，硬盘旋转时，气流使磁头漂浮在磁盘表面。硬盘内部结构如图2-6所示，它将盘片、磁头、电机驱动部件乃至读/写电路等做成一个不可随意拆卸的整体并密封起来，所以，硬盘的防尘性能好、可靠性高，对环境要求不高。

硬盘容量：磁盘盘片由铝合金或玻璃材料制作而成，通过盘片上下两面涂覆的磁性材料的磁化状态来记录信息。盘片表面由外向里分成许多同心圆，每个圆称为一个磁道，盘片上一般有几千个磁道，每条磁道还要分成几千个扇区，每个扇区的容量一般为512字节或4 KB（容量超过2 TB的硬盘），盘片上下两面各有一个磁头，可双面记录信息，如图2-7所示。

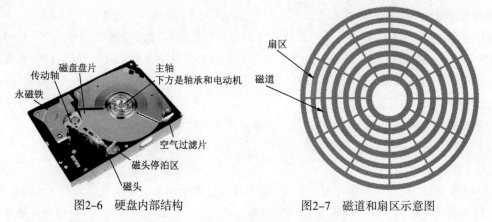

图2-6　硬盘内部结构　　　　　　图2-7　磁道和扇区示意图

磁盘容量=磁头数×磁道（柱面）数×每道扇区数×每扇区字节数

例4 硬盘的存储容量是衡量其性能的重要指标。假设一个硬盘有2个碟片，每个碟有两面，每个面有10 000个磁道，每个磁道有1 000个扇区，每个扇区的容量为512字节，则该磁盘的存储容量标称为（　　）GB。

容量=每个磁道扇区数（1 000）×扇区容量（512）×磁道数（10 000）×面数（2）×盘片数（2）=20 480 000 000字节。字节转化为KB除以1 024，转化为MB再除以1 000，再除以1 000转化为GB，所以是20 GB。

硬盘与主机的接口：

不同的硬盘接口决定着硬盘与计算机之间的连接速度，在整个系统中，硬盘接口的优劣直接影响着程序运行的快慢和系统性能的好坏。PC以前使用的是IDE接口，也称为并行ATA接口，现在则使用SATA接口。SATA接口使用串行传输机制，缩减了线缆数目，利于散热，传输速度也有很大的提升。还有一种连接移动硬盘的eSATA接口，是SATA接口的外置形式。SCSI接口具有热插拔、带宽大、CPU占用率低等优点。

ATA和SATA接口主要应用于个人计算机中，SCSI接口主要应用于中、高端服务器和高档工作站中。

⏳(理论拓展) E-SATA 接口

E-SATA 是一种外置的 SATA 规范，通俗地说，它是通过特殊设计的接口能够很方便地与普通 SATA 硬盘相连，但使用的依然是主板的 SATA2 总线资源，因此速度上不会受到 PCI 等传统总线带宽的束缚。理论传输速度远远超过主流 USB2.0 和 IEEE1394 等外部传输技术的速度。

SATA 发展的 3 个阶段。

第一阶段：硬盘接口变革时期。所有的 SATA 在原有的 ATA 传统硬盘的基础上，通过增加桥接芯片来支持 SATA 接口，属于过渡产品，传输速度还保持在 100 MB/s 的水平。

第二阶段：新旧接口并存时期。随着串口技术的不断成熟，串口的传输速度已经达到了 150 MB/s，并且在硬盘的单碟容量上有了新的突破，最大单碟容量达到 80 GB。

第三阶段：SATA 成熟并占据市场主流。由于技术的不断发展，SATA 硬盘的成本不断降低，SATA 开始替代 ATA 占据市场中的主流。此时 SATA II 硬盘出现，并且 SATA II 组织进一步将 SATA 规范逐步完善，出现 SATA 300（300 MB/s）接口技术。最新的 SATA 标准数据传输速率已达 600 MB/s。

硬盘转速：内部电机主轴的旋转速度。转速决定硬盘的速度。常见的硬盘转速有三种，分别为 4 200 r/min、5 400 r/min 和 7 200 r/min。7 200 r/min 是台式机的首选。4 200 r/min 和 5 400 r/min 主要应用笔记本计算机。服务器使用的 SCSI 硬盘转速一般为 10 000 r/min，最高可达 15 000 r/min。

⏳(理论拓展) 平均等待时间的计算

假设硬盘的转速是 6 000 r/min，则该硬盘的平均等待时间为＿＿＿＿＿。

硬盘转速为 6 000 r/min，所以得出盘面转一圈的时间为：60 s×1 000/6 000=10 ms，所以平均等待时间为：10 ms/2=5 ms。

硬盘容量：硬盘作为计算机最主要的外部（辅助）存储器，其容量是第一性能指标。硬盘的容量通常以 GB（即千兆字节）为单位，现在硬盘的容量已经达到 TB 级。硬盘的盘片一般为 1 到 4 片，其存储容量是单片容量之和。常用的硬盘容量为 500 GB、750 GB、1 TB、2 TB 等。目前市场上最大的硬盘容量为 16 TB。

下面是希捷 Barracuda 2TB 7 200 转 64MB SATA3（ST2000DM001）参数：

适用类型：台式机。

硬盘尺寸：3.5 英寸。

硬盘容量：2 000 GB。

盘片数量：2 片。

单碟容量：1 000 GB。

磁头数量：4 个。

缓存：64 MB。

转速：7 200 rpm。

接口类型：SATA3.0。

接口速率 6 Gbit/s。

理论拓展 计算机硬盘维护方法

① 保持计算机工作环境清洁。必须防尘，环境潮湿、电压不稳定都可能导致硬盘损坏。

② 养成正确关机的习惯。关机时一定要注意面板上的硬盘指示灯是否还在闪烁，只有当硬盘指示灯停止闪烁、硬盘结束读/写后方可关机。

③ 正确移动硬盘，注意防震。移动硬盘时最好等待关机十几秒硬盘完全停转后再进行。在开机时硬盘高速转动，轻轻地震动都可能使碟片与读/写头相互摩擦而产生磁片坏轨或读/写头毁损。

④ 注意防高温、防潮、防电磁干扰。硬盘的工作状况、使用寿命与温度有很大的关系，硬盘使用中温度以 20℃～25℃为宜，机房内的湿度以 45%～65%为宜。另外，尽量不要使硬盘靠近强磁场，以免硬盘所记录的数据因磁化而损坏。

⑤ 要定期整理硬盘。定期整理硬盘可以提高速度，如果碎片积累过多不但访问效率下降，还可能损坏磁道。但也不要经常整理硬盘，这样也会有损硬盘寿命。

⑥ 注意预防病毒和特洛依木马程序。硬盘是计算机病毒攻击的重点目标，应注意利用最新的杀毒软件对病毒进行防范。要定期对硬盘进行杀毒，并注意对重要的数据进行保护和经常性的备份。建议平时不要随便运行来历不明的应用程序和打开邮件附件，运行前一定要先查病毒和木马。

⑦ 轻易不要低格。不要轻易进行硬盘的低级格式化操作，避免对盘片性能带来不必要的影响。

2）闪速存储器

闪速存储器（Flash Memory）是一类非易失性存储器 NVM（Non-Volatile Memory），即使在供电电源关闭后仍能保持片内信息；而诸如 DRAM、SRAM 这类易失性存储器，当供电电源关闭时，片内信息随即丢失。相对传统的 EEPROM 芯片，这种芯片可以用电气的方法快速地擦写。由于快擦写存储器不需要存储电容器，故其集成度更高，制造成本低于 DRAM。它使用方便，既具有 SRAM 读/写的灵活性和较快的访问速度，又具有 ROM 在断电后不可丢失信息的特点，所以快擦写存储器技术发展最迅速。

当前的计算机都配有 USB 接口，支持即插即用。用闪存制作的 U 盘在 Windows XP 以上的操作系统中无须驱动，使用非常方便。现在常用的 U 盘容量是 16 GB，更大容量的 U 盘如 128 GB、256 GB 市场也有销售，不过价格较贵。高档 U 盘具有写保护功能，可以避免病毒的入侵。U 盘可靠性好，可擦写次数达 100 万次左右，数据至少可保存 10 年。U 盘还可以模拟光驱和硬盘启动操作系统。

理论拓展 USB 接口的规格

USB 是通用串行总线式接口，是由 Compaq、DEC、IBM、Intel、Microsoft、NEC 等公司为简化 PC 与外设之间的互连而共同研究开发的一种标准化接口，USB 接口已经成为 U 盘、移动硬盘等移动存储工具的最主要的接口方式。USB 有三个规范，即 USB 1.1、USB 2.0 和 USB 3.0。

早期，USB 总线标准 1.1 版用于连接中低速的设备，它的传输速率是 12 Mbit/s，现在普遍使用的是 2.0 版、3.0 版，传输速率分别为 480 Mbit/s 和 5.0 Gbit/s。

USB 3.1 规范在 2013 年发布。新标准在接口方面没有什么改变，但它可以提供两倍于 USB 3.0 的传输速度（即 10 Gbit/s），同时还能向下兼容 USB 2.0。USB 3.2 是 USB-IF 组织新发布的标准，其正式推出的时间是 2017 年的 9 月份。从技术角度来看，USB 3.2 是对 USB 3.1 的改进和补充，核心变化就是数据传输速率提升到 20 Gbit/s，接口则沿用了 USB 3.1 时代起就确定的 Type-C 方案，不再支持 Type-A 和 Type-B 两种接口。

3）光盘

光存储技术的发展经历了 CD、DVD、BD 三个阶段。光盘由于成本较低、容量大、可靠性高，以前非常受欢迎。但是光盘存储器的读/写速度比硬盘慢，并且由于 U 盘的广泛使用，光盘的应用逐渐减少。

光盘通常分为两类，一类是只读型光盘；另一类是可记录型光盘。

只读型光盘是最早实用化的光盘，盘片是由厂家预先写入数据或程序，出厂后用户只能读取，不能写入和修改。这种产品主要用于电视唱片和数字音频唱片和影碟，可以获得高质量的图像和高保真度的音乐。一张 CD-ROM 光盘的容量大约是 650 MB，可存放 1 小时的立体声高保真音乐。而一张普通的 DVD-ROM 光盘，其容量要比 CD-ROM 光盘大的多，约为 4.7 GB。

只写一次光盘（CD-R）又称为写入后立即读出型光盘，可以由用户写入信息，写入后可以多次读出，不过只能写入一次，信息写入后不能修改。

可擦写式光盘（CD-RW/DVD-RW）是一种允许用户删除光盘上原有记录信息并允许用户接着在光盘的相同物理区域上记录新信息的媒体和记录系统。它是通过一种新的 CD-RW/DVD-RW 媒体使用"相变"技术实现的，这种技术允许激光借助于记录能量的变化将媒体物质从非晶态转化成结晶态。

CD-ROM 后继产品是 DVD-ROM。DVD-ROM 一般指 DVD（Digital Video Disc），又被称为高密度数字视频光盘。它是比 VCD 更新一代的产品。DVD 分别采用 MPEG-2 技术和 AC-3 标准对视频和音频信号进行压缩编码。它可以记录 135 分钟的图像画面。与 VCD 不同的是，它的图像清晰度可达 720 线。DVD 采用波光更短的红色激光，更有效的调制方式和更强的纠错方法，密度高，支持双面双层结构。DVD 容量提供相当于普通 CD 片 8～25 倍的存储容量，速度相应提高 9 位以上。

单面单层的蓝光光盘的容量可达 25 GB，是全高清影片的理想存储介质。蓝光光盘分为只读盘片（BD）、一次性可写盘片（BD-R）、可擦写盘片（BD-RE）等。蓝光光盘采用波长更短的蓝色激光进行读/写操作。

光盘容量：CD 光盘的容量一般不超过 700 MB；单面单层的 DVD 盘片容量为 4.7 GB，双面双层的 DVD 盘片容量为 17 GB；单面单层的蓝光盘片容量为 25 GB，双面单层容量为 50 GB。

倍速：衡量光盘驱动器传输速率的指标。光驱的单倍速率为 150 kbit/s，标称为 40X 倍速的光驱传输速率为 150 kbit/s×40=6 000 kbit/s。

使用光盘时应该注意不要将不清洁的光盘放入光驱；不要在光盘上贴标签，即使是在光盘的背面；不要在光盘工作时强行弹出光盘；不要曝晒光盘；不要用手或硬物触摸光盘的底面，接触和摩擦会破坏光盘表面的凹凸结构，造成数据的错误读取和丢失。

理论拓展　金盘

　　光盘的"脆弱"和"短命"都让许多朋友感到头痛，代表着"永恒"的黄金则是很好的选择，国外 Memorex 公司就发布了采用 24K 纯金制造的光盘，命名为 Pro Gold Achival Media 系列，包括 CD-R 和 DVD-R 光盘，盘片均覆盖了 24K 纯金涂层。金质涂层结合较好的防刮擦涂料可使这两种盘片的寿命分别达到 300 年和 100 年，是普通产品的 6 倍，并且将提供终生质保。

2.1.4　输入设备

　　输入/输出设备是计算机中必不可少的外围设备。通过输入设备可以实现向计算机发出指令和输入数据等操作。例如，用键盘输入，敲击键盘上的每个键都能产生相应的电信号，再由电路板转换成相应的二进制代码送入计算机。计算机常用的输入设备有键盘、鼠标器、扫描仪、数码相机等。

1. 键盘

　　键盘是计算机最常用也是最主要的输入设备。用户通过键盘可以将字母、数字、标点符号等输入计算机中，从而向计算机发出命令，输入中西文字和数据。

　　计算机键盘是由一组印有不同符号标记的按键组成，包括数字键、字母键、符号键、功能键及控制键等。每一个按键在计算机中都有它的唯一代码。当按下某个键时，键盘接口将该键的二进制代码送入计算机主机中，并将按键字符显示在显示器上。键盘的种类繁多，目前常见的键盘有 101 键、102 键、104 键、多媒体键盘、手写键盘、人体工程键盘、红外线遥感键盘、光标跟踪球的多功能键盘和无线键盘等。键盘接口规格有两种：PS/2 和 USB。表 2-2 是 PC 键盘中部分常用控制键的主要功能。

表 2-2　PC 键盘中部分常用控制键的主要功能

控制键名称	主 要 功 能
Alt	Alternate 的缩写，它与另一个（些）键一起按下时，将发出一个命令，其含义由应用程序决定
Break	经常用于终止或暂停一个 DOS 程序的执行
Ctrl	Control 的缩写，它与另一个（些）键一起按下时，将发出一个命令，其含义由应用程序决定
Delete	删除光标右侧的一个字符，或者删除一个（些）已选择的对象
Home	一般是把光标移动到行首
End	一般是把光标移动到行末
Esc	Escape 的缩写，经常用于退出一个程序或操作
F1～F12	共 12 个功能键，其功能由操作系统及运行的应用程序决定
Insert	输入字符时有覆盖方式和插入方式两种，【Insert】键用于在两种方式之间进行切换
Num Lock	数字小键盘可用作计算器键盘，也可用作光标控制键，由本键进行切换
Caps Lock	大小写锁定键。当 Caps Lock 灯亮时，按字母键可直接输入大写字母
Shift	换档键。也可用于中英文转换，左右各有一个【Shift】键

续表

控制键名称	主　要　功　能
Page Up	使光标向上移动若干行（向上翻页）
Page Down	使光标向下移动若干行（向下翻页）
Pause	临时性地挂起一个程序或命令
Print Screen	记录全部屏幕映像，将其复制到剪贴板中
Alt+Print Screen	记录屏幕中当前活动窗口的映像，将其复制到剪贴板中

PC 键盘有机械式按键和电容式按键两种。电容式键盘的优点是：击键声音小、无触点、不存在磨损和接触不良等优点，手感好，寿命长。无线键盘采用无线通信技术，它与计算机主机没有物理连接，而是通过在计算机上安装专用接收器，通过无线电波将输入信息传送给计算机，使用比较灵活方便。

目前流行的平板计算机和智能手机上使用的是"软键盘"（虚拟键盘），软键盘是通过软件在屏幕上模拟 ASCII 键盘的图像，手指轻触按键输入信息。常用的键盘有九键英文和全键盘英文，还支持全屏手写。

键盘上的字符分布是根据字符的使用频度确定的。人的十根手指的灵活程度是不一样的，灵活一点的手指分管使用频率较高的键位，反之，不太灵活的手指分管使用频率较低的键位。将键盘一分为二，左右手分管两边，分别按在基本键上，键位的指法分布如图 2-8 所示。

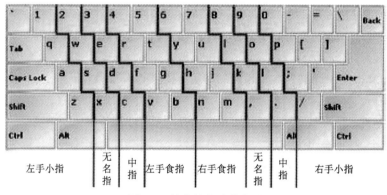

图2-8　键位的指法分布图

实践提高　键盘盲打的方法

主键盘被分为左右两部分，分别由左右手指操作，操作时十个手指有明确的分工，各尽其能。在主键盘的第二行字母键中有 8 个键：ASDF 键和 JKL；键，这 8 个键就是"基本键"。F、J 键上各有一个凸起的小圆点或是小横线或是圆圈，它的作用是用来标记基本键位置的。打字时，手指略弯曲，左手食指放在字母 F 键上，右手手指放在 J 键上，其他手指再按顺序放在相应的基本键上。但是 G 键和 H 键怎么办呢？在打 G 键用左手的食指向右移一个键位进行控制。而打 H 键的时候用右手的食指向左移一个键位进行控制。给这 8 个手指都安排了任务，那大拇指放在哪里呢？左手的大拇指和右手的大拇指都放在空格键上。打字时手指放在基本键位上，每个手指负责所在键位的列。左手的食指负责 F 列与 G 列。打上排和下排时，手要先在基准键上，打一个字母后要回到原位，再打另一个字母，不要看键盘，靠感觉摸，感觉一下这个键离基准键有多远，手要伸出去多远，感觉好了，自然会打到键位上。另外，上一排和下一排并不在一个中心线上，上一排向左偏半个键位，下一排向右偏半个键位。

2. 鼠标器

鼠标器（Mouse）简称鼠标，它能准确地控制屏幕上的鼠标箭头准备地定位在指定的位置处，并通过按键进行操作，目前已成为计算机必备的输入设备。

当用户移动鼠标器时，借助于机电或光学原理，鼠标移动的距离和方向（或 X 方向及 Y 方向的距离）将分别转换成脉冲信号输入计算机，计算机中运行的鼠标驱动程序把接收到的脉冲信号再转换成为鼠标器在水平方向和垂直方向的位移量，从而控制屏幕上鼠标箭头的运动。鼠标箭头的常见形状及含义如表 2-3 所示。

表 2-3　鼠标箭头的常见形状及含义

鼠 标 形 状	含　义	鼠 标 形 状	含　义
▸	正常选择	↕	垂直调整
I	文本选择	↔	水平调整
▸?	帮助选择	✛	移动
▸⌛	后台运行	⊘	不可用
⌛	忙	✎	手写
☝	链接选择	+	精确选择

鼠标器通常有两个按键和一个滚轮，两个按键分别称为左键和右键，按动按键后计算机进行什么操作，则由运行的软件决定。滚轮的作用是控制屏幕内容进行上下滚动，在浏览内容较长的网页时很有效。

常用的鼠标有：机械鼠标、光学机械鼠标、光电鼠标、无线鼠标。机械鼠标、光学机械鼠标由于种种原因，现已被淘汰。光电鼠标工作时发光二极管发射光线照亮鼠标底部的表面，同时微型摄像头以一定的时间间隔不断进行图像拍摄，通过数字信号处理器对图像进行分析处理，转换为鼠标器移动的距离和方向。由于光电鼠标的工作速度快，准确性和灵敏度高（分辨率可达 800 dpi），几乎没有机械磨损，很少需要维护，也不需要专用鼠标垫，目前占市场大部分份额。需要提醒的是：在非常平滑的平面上，光电鼠标的功能就不能实现，可以在非常平滑的平面上放一块专用鼠标垫来解决这一问题。最近几年，无线鼠标也已逐步流行，作用距离可达 10 m 左右。鼠标器与主机的接口主要有两种：PS/2 接口和 USB 接口。

为了节省空间，笔记本上使用指点杆、轨迹球以及触摸板等替代鼠标的功能。与鼠标器作用类似的设备还有操纵杆（Joystick）和触摸屏。操纵杆在飞行模拟、工业控制、技能培训和电子游戏等应用领域中很受用户欢迎。

实践提高 入门用户如何选择键鼠套装：罗技 G100 游戏套装

罗技 G100 游戏键鼠套装键盘表面宽大，面板采用雾状磨砂 PVC 材质制作，搭配有一个可拆卸手托，用户可根据自己的需要来使用。罗技 G100 游戏键鼠套装键盘背后使用了侧开合式支架，在激烈游戏时能提供很高的稳定性。罗技 G100 游戏键鼠套装键盘是一款具有防水功能的键盘，背后的 9 个导流孔可迅速排出用户不慎洒入的水或饮料。

罗技 G100 游戏键鼠套装键盘键位设置采用了标准的 104 键位，长回退与小回车的美式 键盘设计方式符合大部分人的使用习惯。键盘上 WASD 与方向键表面有银色涂层，醒目的金属效果方便用户快速识别。

罗技 G100 游戏键鼠套装键盘编辑区的最上一行编辑键被移动到了小键盘区域，而原来的空间则被 LED 指示灯占用，这样的设计起到了移动视觉重心的作用，使键盘看起来更加宽大。

罗技 G100 游戏键鼠套装鼠标为左右对称式人体工学设计，表面同样为磨砂材质，手感细腻柔和。这款鼠标采用流线型设计，手感可圈可点，适合各种手型的人使用。

罗技 G100 游戏键鼠套装鼠标左右按键采用一体式设计，按键声音清脆，键程适中，滚轮为黑色软质橡胶制作，在拨动时段落感明显。罗技 G100 游戏键鼠套装鼠标滚轮后方设计有一枚 DPI 快捷切换键，无需驱动即可瞬间对采样率进行调节，最高可达 2 500 dpi。

3. 其他输入设备

输入设备除了最常用的键盘、鼠标外，还有扫描仪、条形码阅读器、光学字符阅读器、触摸屏、语音输入和手写输入设备和图像输入设备（数码相机、数码摄像机）等。

1）扫描仪

扫描仪是一种通过捕获图像并将其转换成计算机可显示、编辑、储存和输出的数字化图像输入设备。它的应用范围很广泛，例如，将印刷文字扫描输入文字处理软件中，避免再重复打字；将传真文件扫描输入数据库软件或文字处理软件中储存；以及在多媒体中加入影像等。扫描仪按结构可以分为手持式扫描仪、平板式扫描仪、胶片专用扫描仪和滚筒式扫描仪。扫描仪的性能指标包括以下几个方面：

（1）光学分辨率。它是扫描仪最重要的性能指标之一，它直接决定了扫描仪扫描图像的清晰程度。扫描仪的分辨率通常用每英寸的点数，即 dpi 来表示。

（2）色彩位数。色彩位数越高越可以保证扫描仪反映的图像色彩与实物的真实色彩的一致，而且图像色彩会更加丰富。扫描仪的色彩位数值一般有 24 位、30 位、32 位、36 位、48 位等几种，分别可表示 2^{24}、2^{30}、2^{32}、2^{36}、2^{48} 种不同的颜色。使用时可根据应用需要选择黑白、灰度或彩色工作模式，并设置灰度级数或色彩的位数。

（3）扫描幅面，是指扫描仪可以扫描的最大尺寸范围，常见的扫描仪幅面有 A4、A3、A1、A0 等。

（4）接口类型。扫描仪的常见接口包括 SCSI、IEEE 1394 和 USB 接口，目前的家用扫描仪以 USB 接口居多。

理论拓展 三维扫描仪

三维扫描仪（3D Scanner）是一种科学仪器，用来侦测并分析现实世界中物体或环境的形状（几何构造）与外观数据（如颜色、表面反照率等性质）。搜集到的数据常被用来进行三维重建计算，在虚拟世界中创建实际物体的数字模型。这些模型具有相当广泛的用途，例如，工业设计、瑕疵检测、逆向工程、机器人导引、地貌测量、医学信息、生物信息、刑事鉴定、数字文物典藏、电影制片、游戏创作素材等都可见其应用。三维扫描仪的制作并非依赖单一技术，各种不同的重建技术都有其优缺点，成本与售价也有高低之分。目前并无一体通用之重建技术，仪器与方法往往受限于物体的表面特性。例如，光学技术不易处理闪亮（高反照率）、镜面或半透明的表面，而激光技术不适用于脆弱或易变质的表面。图2-9是国产华朗三维技术（深圳）有限公司 HOLON751 三维扫描仪的实物图。它具有三维摄影测量功能，扫描精度更高，技术水平优于同行业其他产品。可随身携带，可在室内和现场使用，适用于各种复杂场景。

图2-9　华朗三维技术（深圳）有限公司
HOLON751三维扫描仪的实物图

2）条形码阅读器

条形码是将宽度不等的多个黑条和空白，按照一定的编码规则排列，用以表达一组信息的图形标识符。常见的条形码是由反射率相差很大的黑条（简称条）和白条（简称空）排成的平行线图案。条形码可以标出物品的生产国、制造厂家、商品名称、生产日期、图书分类号、邮件起止地点、类别、日期等许多信息。条形码阅读器是一种能够识别条形码的扫描装置，连接在计算机上使用。当阅读器从左向右扫描条形码时，就把不同宽窄的黑白条纹翻译成相应的编码供计算机使用。许多商场和图书馆里都用它来管理商品和图书。图 2-10 是用 Excel 制作的条形码。

二维码是用某种特定的几何图形按一定规律在平面（二维方向上）分布的黑白相间的图形，记录数据符号信息；在代码编制上巧妙地利用构成计算机内部逻辑基础的"0""1"比特流的概念，使用若干个与二进制相对应的几何形体来表示文字数值信息，通过图像输入设备或光电扫描设备自动识读以实现信息自动处理。它具有条码技术的一些共性：每种码制有其特定的字符集；每个字符占有一定的宽度；具有一定的校验功能等。同时还具有对不同行的信息自动识别功能及处理图形旋转变化点。图 2-11 是用 Excel 制作的二维码示意图。

图2-10　Excel制作的条形码

图2-11　Excel制作的二维码

理论拓展　**二维码的功能**

信息获取（名片、地图、Wi-Fi 密码、资料）

网站跳转（跳转到微博、手机网站、网站）

广告推送（用户扫码，直接浏览商家推送的视频、音频广告）

手机电商（用户扫码，手机直接购物下单）

防伪溯源（用户扫码，即可查看生产地；同时后台可以获取最终消费地）

优惠促销（用户扫码，下载电子优惠券、抽奖）

会员管理（用户手机上获取电子会员信息、VIP 服务）

手机支付（扫描商品二维码，通过银行或第三方支付提供的手机端通道完成支付）

3）光学字符阅读器

OCR（Optical Character Recognition，光学字符识别）技术，是指电子设备（如扫描仪或数码相机）检查纸上打印的字符，通过检测暗、亮的模式确定其形状，然后用字符识别方法将形状翻译成计算机文字的过程；即对文本资料进行扫描，然后对图像文件进行分析处理，获取文字及版面信息的过程。这种输入方式对于将现存的大量书、报、刊物、档案、资料等输入计算机是非常重要的手段。

我国目前使用的文本型 OCR 软件主要有清华文通 TH-OCR、北信 BI-OCR、沈阳自动化所 SY-OCR 等，匹配的扫描仪主要为市面上的平板式扫描仪。

提示

通过微信小程序扫描身份证获取详细内容。微信小程序的插件扩展提供了 OCR 插件来提供身份证、驾驶证、图片文字识别等常见的图片文本识别功能，能够满足大部分依赖图片文本识别的业务需要。

4）触摸屏

触摸屏由安装在显示器屏幕前面的检测部件和触摸屏控制器组成。当手指或其他物体触摸安装在显示器前端的触摸屏时，所触摸的位置由触摸屏控制器检测，并通过接口送到主机。触摸屏将输入和输出集中到一个设备上，简化了交互过程。与传统键盘和鼠标输入方式相比，触摸屏输入更直观。配合识别软件，触摸屏还可以实现手写输入。它在公共场所或展示、查询等场合应用比较广泛。触摸屏有很多种类，按安装方式可分为外挂式、内置式、整体式、投影仪式；按结构和技术分类可分为红外技术触摸屏、电容技术触摸屏、电阻技术触摸屏、表面声波触摸屏、压感触摸屏、电磁感应触摸屏等。

理论拓展　**触摸屏优缺点**

1. 优点

（1）没有物理性的按键也可以利用软件实现各种操作，如放大、移动等。

（2）多点触控（两点以上）的方式可实现放大、缩小等各种输入。

（3）显示的操作对象与输入对象一致，具有直感操作性。

（4）输入与显示一体化，可以实现机器的小型化，设计的自由度比较高。

（5）不会像键盘、开关等存在缝隙，进入垃圾、灰尘、水等，不容易损坏，且易维护。

2. 缺点

（1）不适合键盘、鼠标、按钮等快速输入。

（2）直接触摸显示，画面易被污染，读取信息比较难;易因发生刮痕等导致误操作。

（3）盲人使用困难，所以需与声音指示及按键并用，或者是指定触摸位置。

5）语音输入和手写输入设备

语音输入和手写输入设备使汉字输入变得很方便，免去了用户学习键盘、学习汉字输入法的烦恼。语音输入和手写输入设备经过训练后，输入的正确率在 90%以上，但输入的正识率还有待提高。

光笔，电子计算机的一种输入设备，与显示器配合使用。对光敏感，外形像钢笔，多用电缆与主机相连。可以在屏幕上进行绘图等操作。光笔是计算机的一种输入设备，结构简单、价格低廉、响应速度快、操作简便，常用于交互式计算机图形系统中。在图形系统中光笔将人的干预、显示器和计算机三者有机地结合起来，构成人机通信系统。利用光笔能直接在显示屏幕上对所显示的图形进行选择或修改。

6）图像输入设备

数码相机是一种利用电子传感器把光学影像转换成电子数据的照相机，是一种常用的图像输入设备。与普通照相机在胶卷上靠卤化银的化学变化来记录图像的原理不同，数码相机的传感器是一种光感应式的电荷耦合器件（CCD）或互补金属氧化物半导体（CMOS）。在图像传输到计算机以前，通常会先储存在数码存储设备中，然后可以输入计算机存储、处理和显示，或通过打印机打印出来，或与电视机连接进行观看。

数码摄像机进行工作的基本原理简单地说就是光—电—数字信号的转变与传输，即通过感光元件将光信号转变成电流，再将模拟电信号转变成数字信号，由专门的芯片进行处理和过滤后得到的信息还原出来就是我们看到的动态画面了。

数码摄像机的感光元件能把光线转变成电荷，通过模数转换器芯片转换成数字信号，主要有两种：一种是广泛使用的 CCD 元件；另一种是 CMOS 器件。

2.1.5 输出设备

输出设备把各种计算结果数据或信息以数字、字符、图像、声音等形式表示出来，其主要功能是将计算机处理后的各种内部格式的信息转换为人们能识别的形式（如文字、图形、图像和声音等）表达出来。常用的输出设备有显示器、打印机、绘图仪、影像输出、语音输出、磁记录设备等。

1. 显示器

显示器也称监视器，是微型计算机中最重要的输出设备之一，也是人机交互必不可少的设备。显示器用于显示的信息不再是单一的文本和数字，可显示图形、图像和视频等多种不同类型的信息。

1）显示器的分类

常用的显示器主要有阴极射线管显示器（CRT）和液晶显示器（LCD）两类。CRT 显示器的工作原理是通过电子枪发射电子束至屏幕内表面，从而使得内表面上的荧光粉发光来呈现画面。但也有荧光粉被点亮后很快会熄灭，所以即使停留在同一画面，电子枪也必须循环地不断发射以激发荧光粉，造成显示效果会出现较为明显的闪烁感。由于体积庞大笨重、耗电、辐射大等缺点，目前已被液晶显示器取代。

液晶显示器是现在使用最为广泛的显示器类型。顾名思义，其工作原理自然与液晶分子息息相关。简单地说，就是利用液晶"电光效应"进行显示。液晶分子在受电场、磁场等外部条件的影响下，其分子发生改变并重排列，导致使液晶的各种光学性质随之发生变化，并在背部灯管的配合下构成画面。

2）显示器的主要性能参数

（1）显示屏的尺寸。与电视机相同，计算机显示器屏幕大小也以显示屏的对角线长度来度量，目前常用的显示器有 15、17、19、22、23、25、27、32、37 英寸等。传统显示屏的宽度与高度之比一般为 4:3，现在多数液晶显示器的宽高比为 16:9 或 16:10，它与人眼视野区域的形状更为相符。

（2）分辨率。分辨率是指整屏可显示像素的多少，用水平分辨率×垂直分辨率来度量。像素数越多，其分辨率就越高，因此，分辨率通常是以像素数来计量的，如常用的屏幕分辨率为 640×480、800×600、$1\,024 \times 768$、$1\,440 \times 900$、$1\,600 \times 1\,200$、$1\,680 \times 1\,050$、$1\,680 \times 945$、$1\,920 \times 1\,200$ 等。

（3）显示存储器。显存与系统内存一样，容量越大，存储的图像数据越多，支持的分辨率和颜色数目越多。显存的计算公式为：显存容量=图像分辨率×色彩精度/8。

（4）刷新速率。显示器的刷新速率指每秒图像更新的次数，单位为 Hz。刷新速率越高，图像的质量就越好，闪烁越不明显，人的感觉就越舒适。一般认为，60～75 Hz 的刷新速率即可保证图像的稳定。

（5）响应时间。指液晶显示器对输入信号的反应速度，即液晶颗粒由暗转亮或由亮转暗的时间，目前市场上的主流 LCD 响应时间都已经达到 8 ms 以下，某些高端产品响应时间甚至为 5 ms，4 ms，2 ms 等，数字越小代表速度越快。对于一般的用户来说，只要购买 8 ms 的产品已经可以基本满足日常应用的要求，对于游戏玩家而言，5 ms 以下的响应时间为较佳的选择。

（6）背光源。位于液晶显示器背后的一种光源，它的发光效果将直接影响液晶显示模块视觉效果。液晶显示器本身并不发光，它显示图形或字符是它对光线调制的结果。背光源主要有荧光灯管和白色发光二极管两种，后者在显示效果、节能、环保等方面均优于前者，显示屏也更为轻薄。

色彩数目、亮度和对比度。色彩数目就是屏幕上最多显示多少种颜色的总数。对屏幕上的每一个像素来说，256 种颜色要用 8 位二进制数表示，因此把 256 色图形叫作 8 位图；如果每个像素的颜色用 16 位二进制数表示，就叫它 16 位图，它可以表达 65 536 种颜色；还有 24 位真彩色图形，可以表示 16 777 216 种颜色。亮度越高，显示的色彩就越鲜艳，效果也越好。对比度是最亮区域和最暗区域之间亮度的比值，对比度不宜过小。

辐射和环保。显示器在工作时产生的辐射对人体有不良影响，也会产生信息泄漏，影响信息安全。因此，显示器必须达到国家显示器能效标准和通过 MPRⅡ和 TCO 认证（电磁辐射标准），以节约能源、保证人体安全和防止信息泄漏。

概念辨析

像素：屏幕上图像的分辨率或清晰度取决于能在屏幕上独立显示点的直径，这种独立显示的点称作像素。

点距：屏幕上两个像素之间的距离叫作点距。点距越小，画面越细腻，显示效果越好。

3）显卡

显卡作为计算机主机里的一个重要组成部分，承担输出显示图形的任务。

显卡的结构主要由显示控制电路、绘图处理器、显示存储器、显卡接口等组成。显示控制电路负责对显卡的操作进行控制。绘图处理器是一种专用的高速绘图处理器，负责在显存中生成需要显示的图像。显示存储器用于存储屏幕上每个像素的颜色信息等（现在显存容量一般在 1GB 以上）。显卡接口在这里是指与北桥芯片的接口，由于高速数据传输的需要，现在一般采用 PCI-Ex16 接口，取代 AGP 显卡接口。

理论拓展 集成显卡和独立显卡的区别？

集成显卡是指芯片组集成了显卡功能，运用这种芯片组的主板可以不需要独立显卡，就可以满足普通的家庭娱乐和商业运用，节约用户买显卡的开支。集成类的显卡通常本身是不带显存的，使用装有集成显卡的主板会把一部分内存拿来当作显存使用，具体占用多少内存一般是系统根据需要自动动态调整的。集成显卡的性能和功用比独立显卡要差一些。

独立显卡简称独显，是指以独立的板卡存在，是要插在主板的相应接口上的显卡。独立显卡不占用内存，具有独立的显存，并且技术上领先于集成显卡，可以提供更好的性能。

双显卡就是通过桥接器桥接两块显卡（集成—独立、独立—独立），协同处置图形数据的工作方式。要完成双显卡必须有主板的支持。理论上这种工作方式能比原来提升两倍的图像处理能力，但功耗与成本也很高。

4）显示器技术的发展

3D 显示器。一直被公认为显示技术发展的终极梦想，多年来有许多企业和研究机构从事这方面的研究。日本、欧美、韩国等发达国家和地区早于 20 世纪 80 年代就纷纷涉足立体显示技术的研发，于 20 世纪 90 年代开始陆续获得不同程度的研究成果，现已开发出需佩戴立体眼镜和不需佩戴立体眼镜的两大立体显示技术体系，如图 2-12 所示。

图2-12　3D显示器

有机发光显示屏（OLED）。OLED 显示技术与传统的 LCD 显示方式不同，无须背光灯，采用非常薄的有机材料涂层和玻璃基板，当有电流通过时，这些有机材料就会发光。而且 OLED 显示屏可以做得更轻更薄，可视角度更大，并且能够显著节省电能。

2. 打印机

打印机也是计算机的一种主要的输出设备，它能把计算机中已处理过的文字图形通过纸张打印出来。目前市场上的打印机主要有针式打印机、喷墨打印机和激光打印机三种。

1）针式打印机

针式打印机又称点阵式打印机，它通过机器与纸张的物理接触来打印字符或图形，属于击打式打印机。针式打印机结构简单、性价比好、耗材（色带）费用低、能实现多层套打，但噪声高、分辨率较低、打印针头容易损坏。现在的针式打印机普遍是 24 针打印机。所谓针数是指打印头内打印针的排列和数量，针数越多，打印的质量就越好。由于针式打印机的打印质量低、工作噪声大，已经无法适应高质量、高速度的商用打印的需要，然而在银行、证券、超市等用于票据打印则有着不可替代的地位。

2）喷墨打印机

喷墨打印机属于非击打式打印机。它的打印头由几百个细微的喷头构成，其打印精度比针式打印机高。当打印头移动时，喷头按特定的方式喷出墨水，喷到打印纸上，形成图案。其主要特点是能输出彩色图像，无噪声，结构轻而小，清晰度较高。在彩色图像输出设备中占绝对优势。

目前，喷墨打印机按打印头的工作方式可以分为压电喷墨技术和热喷墨技术两大类型。压电喷墨技术是将许多小的压电陶瓷放置到喷墨打印机的打印头喷嘴附近，利用它在电压作用下会发生形变的原理，适时地把电压加到它的上面。压电陶瓷随之产生伸缩使喷嘴中的墨汁喷出，在输出介质表面形成图案。用压电喷墨技术制作的喷墨打印头成本比较高，所以为了降低用户的使用成本，一般都将打印喷头和墨盒做成分离的结构，更换墨水时不必更换打印头。它对墨滴的控制力强，容易实现高精度的打印。缺点是喷头堵塞的更换成本非常昂贵。

热喷墨技术是让墨水通过细喷嘴，在强电场的作用下，将喷头管道中的一部分墨汁气化，形成一个气泡，并将喷嘴处的墨水顶出喷到输出介质表面，形成图案或字符。所以这种喷墨打印机有时又被称为气泡打印机。热喷墨技术的缺点是在使用过程中会加热墨水，而高温下墨水很容易发生化学变化，性质不稳定，所以打出的色彩真实性就会受到一定程度的影响；另一方面，由于墨水是通过气泡喷出的，墨水微粒的方向性与体积大小很不好掌握，打印线条边缘容易参差不齐，一定程度上影响了打印质量，所以多数产品的打印效果还不如压电技术产品。

喷墨打印机的关键技术是喷头，而其主要耗材是墨水。对墨水的性能要求较高，所以墨水成本高，消耗快，这是喷墨打印机的局限之处。

传统的彩色喷墨打印机采用的是四色墨盒，现在已经有六色或九色墨盒，打印照片的质量有了很大的提升。

3）激光打印机

激光打印机是激光技术与复印技术相结合的产物，它是一种高质量、高速度、低噪声、价格适中的输出设备。激光打印机属于非击打式打印机。

激光打印机工作原理：激光打印机工作时由激光器发射出的激光束，经反射镜射入光偏转调制器，对由反射镜射入的激光束进行调制。再经广角聚焦镜把光束聚焦后射至光导鼓（硒鼓）表面上。硒鼓表面获得一定电位后经载有图文影像信息的激光束曝光在硒鼓的表面形成静电潜像，经过磁刷显影器显影，潜像即转变成可见的墨粉像，在经过转印区时，在转印电极的电场作用下，墨粉便转印到普通纸上，最后经预热板及高温热滚定影，即在纸上熔凝出文字及图像。在打印图文信息前，清洁辊把未转印走的墨粉清除，消电灯把鼓上残余电荷清除，再经清洁纸系统做彻底的清洁，即可进入新的一轮工作周期。三种打印机的性能对比如表 2-4 所示。

表 2-4　三种打印机性能对比

打印机种类	类　型	优　　点	缺　　点	应　用
针式打印机	击打式	耗材成本低，能多层套打	打印质量不高，工作噪声很大，速度慢	银行、证券、邮电、商业等领域
喷墨打印机	非击打式	可以打印近似全彩色图像，经济，效果好，低噪音，使用低电压，环保	墨水成本高，且消耗快	家庭及办公
激光打印机	非击打式	分辨率较高，打印质量好；速度高，噪声低；价格适中	彩色输出，价格较高	家庭及办公

4）打印机的性能指标

打印机的性能指标主要是打印精度、打印速度、色彩数目和打印成本等。

（1）打印精度。打印精度也就是打印机的分辨率，它用 dpi 来表示，是衡量图像清晰程度最重要的指标。300 dpi 是人眼分辨文本与图形边缘是否有锯齿的临界点，再考虑到其他一些因素，因此 360 dpi 以上的打印效果才能基本令人满意。针式打印机的分辨率一般只有 180 dpi，激光打印机的分辨率最低是 300 dpi，有的产品为 400 dpi、600 dpi、800 dpi，甚至达到 1 200 dpi。喷墨打印机分辨率一般可达 300 ~ 360 dpi，高的能达到 1 000 dpi 以上。

（2）打印速度。针式打印机的打印速度通常使用每秒可打印的字符个数或行数来度量。激光打印机和喷墨打印机是一种页式打印机，它们的速度单位是每分钟打印多少页纸（PPM），家庭用的低速打印机大约为 4 PPM，办公使用的高速激光打印机速度可达到 10 PPM 以上。

（3）色彩表现能力。这是指打印机可打印的不同颜色的总数。对于喷墨打印机来说，最初只使用 3 色墨盒，色彩效果不佳。后来改用青、黄、洋红、黑 4 色墨盒，虽然有很大改善，但与专业要求相比还是不太理想。于是又加上了淡青和淡洋红两种颜色，以改善浅色区域的效果，从而使喷墨打印机的输出有着更细致入微的色彩表现能力。

（4）其他。包括打印成本、噪声、可打印幅面大小、与主机的接口等。打印机的接口类型主要有并行接口、SCSI 接口和 USB 接口。USB 接口的打印机不但输出速度快，而且还支持热插拔，是目前主流的打印机接口类型。

⏳ 理论拓展　3D 打印和 4D 打印

3D 打印，即快速成型技术的一种，它是一种以数字模型文件为基础，运用粉末状金属或塑料等可粘合材料，通过逐层打印的方式来构造物体的技术。3D 打印通常是采用数字技术材料打印机来实现的。常在模具制造、工业设计等领域被用于制造模型，后逐渐用于一些产品的直接制造，已经有使用这种技术打印而成的零部件。该技术在珠宝、鞋类、工业设计、建筑、工程和施工（AEC）、汽车，航空航天、牙科和医疗产业、教育、地理信息系统、土木工程以及其他领域都有所应用。

4D打印，是一种能够自动变形的材料。把这种可自动变形的材料放入水中，它就能按照产品的设计自动折叠成相应的形状。4D打印不但能够创造出有智慧、有适应能力的新事物，还可以彻底改变传统的工业打印甚至建筑行业。由美国"神经系统"设计工作室打造的全球首件4D打印连衣裙问世。这件衣服最大的特点在于，它可以自动适应环境，即便在运动中也会时刻贴合穿戴者的身体，如图2-13所示。

图2-13 4D打印连衣裙

3. 其他输出设备

个人计算机上可以使用的其他输出设备主要有绘图仪、音频输出设备、视频投影仪等。其中绘图仪有平板绘图仪和滚动绘图仪两类，通常采用"增量法"在 x 和 y 方向产生位移来绘制图形；视频投影仪是微型计算机输出视频的重要设备，目前主要有 CRT 和 LCD 两种，LCD 投影仪具有体积小、重量轻、价格低、色彩丰富等特点。

理论拓展 蓝牙音箱

蓝牙音箱是内置蓝牙芯片，以蓝牙连接取代传统线材连接的音响设备，通过与手机、平板计算机和笔记本计算机等蓝牙播放设备连接，达到方便快捷的目的。目前，蓝牙音箱以便携音箱为主，外形一般较为小巧便携，蓝牙音箱技术也凭借其方便人性的特点逐渐被消费者重视和接纳。图 2-14 是山水（SANSUI）A38s 蓝牙音箱实物图。

该款产品的功能如下：

（1）手机通话，来电免提。

（2）蓝牙互联，一机全能。能方便地与手机、平板计算机、笔记本计算机连接。

（3）超低立体音效，更高的解析度。

（4）支持 TF 卡、U 盘直读。

（5）支持 FM 收音功能。

图2-14 山水（SANSUI）A38s
蓝牙音箱实物图

2.1.6 计算机的连接方式

计算机硬件系统的五大部件并不是孤立存在的，它们在处理信息的过程中需要相互连接和传输，计算机的结构反映了计算机各个组成部件之间的连接方式。

1. 直接连接

早期计算机主要采用直接连接的方式,运算器、存储器、控制器和外围设备等组成部件之间都有单独的连接线路。这样的结构可以获得最高的连接速度,但不易扩展,1952 年研制成功的计算机 IAS 基本上就采用了直接连接的结构,如图 2-15 所示。

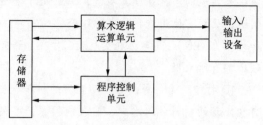

图2-15　直接连接的计算机结构示意图

2. 总线结构

现代计算机普遍采用总线结构。总线是用于在 CPU、内存、外存和各种输入/输出设备之间传输信息的一个共享的信息传输通路及其控制部件。

1）总线的分类

根据总线所传输的信号种类,计算机的总线可以划分为数据总线、地址总线和控制总线,分别用来传输数据信号、地址信号和控制信号。

数据总线(DB)用来传送数据信息,是双向的。CPU 既可通过 DB 从内存或输入设备读入数据,又可通过 DB 将内部数据送至内存或输出设备。DB 的宽度决定了 CPU 和计算机其他设备之间每次交换数据的位数。

地址总线(AB)用于传送 CPU 发出的地址信息,是单向的。传送地址信息的目的是指明与 CPU 交换信息的内存单元或 I/O 设备。存储器是按地址访问的,所以每个存储单元都有一个固定地址,要访问 1 MB 存储器中的任一单元,需要给出 1 M 个地址,即需要 20 位地址($2^{20}=1$ M)。因此,地址总线的宽度决定了 CPU 的最大寻址能力。

控制总线(CB)用来传送控制信号、时序信号和状态信息等。其中有的是 CPU 向内存或外围设备发出的信息,有的是内存或外围设备向 CPU 发出的信息。显然,CB 中的每一条线的信息传送方向是一定的、单向的,但作为一个整体则是双向的。

2）总线的标准

ISA 标准是 IBM 公司 1984 年为推出 PC/AT 机而建立的系统总线标准,所以也叫 AT 总线。

EISA 标准是一种在 ISA 总线基础上扩充的开放总线标准。支持多总线主控和突发传输方式。

PCI 标准是一种高性能的 32 位局部总线。它由 Intel 公司于 1991 年底提出,后来又联合 IBM、DEC 等 100 多家 PC 业界主要厂家,于 1992 年成立 PCI 集团,称为 PCISIG,进行统筹和推广 PCI 标准的工作。

PCI-E 标准是一种高速串行计算机扩展总线标准,它原来的名称为"3GIO",是由英特尔在 2001 年提出的,旨在替代旧的 PCI、PCI-X 和 AGP 总线标准。PCI-E 属于高速串行点对点双通道高带宽传输,所连接的设备分配独享通道带宽,不共享总线带宽,主要支持主动电源管理,错误报告,端对端的可靠性传输,热插拔以及服务质量(QOS)等功能。它的主要优势就是数据传输速率高,而且还有相当大的发展潜力。PCI Express 也有多种规格,从 PCI Express x1 到 PCI Express x32,能满足将来一定时间内出现的低速设备和高速设备的需求。

AGP 标准是一种与 PCI 总线迥然不同的图形接口,它完全独立于 PCI 总线之外,直接把显卡与主板控制芯片联在一起，从而很好地解决了低带宽 PCI 接口造成的系统瓶颈问题。

理论拓展　外围设备为什么要通过接口电路和主机系统相连？存储器需要接口电路和总线相连吗？

因为外设的功能多种多样，对于模拟量信息的外设必须要进行 A/D 和 D/A 转换，而对于串行信息的外设则必须转换为并行的信息，对于并行信息的外设还要选通，而且外设的速度比 CPU 慢得多，必须增加缓冲功能。只有这样，计算机才能使用这些外设，而所有这些信息转换和缓冲功能均由接口电路才能完成。

存储器不需要接口电路和总线相连。因为存储器功能单一，且速度与 CPU 相当。因此可直接挂在 CPU 总线上。

几乎每个外设都需要通过接口与主机相连。接口技术就是研究 CPU 与外围设备间数据传递方式的技术。

总线体现在硬件上就是计算机主板（Main Board），它是微型计算机的主体，也是用来承载 CPU、内存、扩展卡等计算机部件的基础平台，担负着计算机各部件之间的通信、控制和传输任务。主板采用开放式结构，在主板上通常安装有 CPU 插座、内存插槽、PCI 插槽、显卡插槽、芯片组、BIOS、CMOS 存储器、SATA 接口和 I/O 接口等，如图 2-16 所示。通过主板的扩展接口和插槽可以连接各种控制卡和计算机周边设备，如内存、显卡、硬盘、声卡、键盘、鼠标、打印机等。

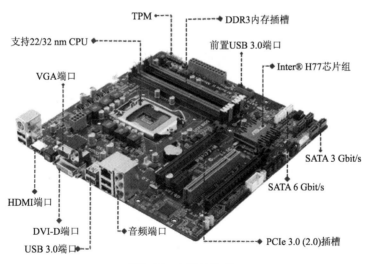

图2-16　主板的构成

主板上有两块特别有用的集成电路：一块是 Flash ROM，里面存放的是 PC 中最基本的程序，即基本输入/输出系统（BIOS）；另一块是 CMOS 存储器，其中存放着与计算机硬件相关的一些参数，包括当前的日期时间、系统启动顺序以及其他的一些设置等。CMOS 芯片需要一块电池供电才能确保它所保存的系统配置信息不丢失。

最小系统法是指，从维修判断的角度能使计算机开机或运行的最基本的硬件和软件环境。

最小系统有两种形式：

硬件最小系统：由电源、主板和 CPU 组成，在这个系统中，没有任何信号线的连接，只有电源到主板的电源连接，在判断的过程中通过声音来判断这一核心组成部分是否可正常工作。

软件最小系统：由电源、主板、CPU、内存、显示卡/显示器、键盘和硬盘组成，这个最小系统主要用来判断系统是否可完成正常的启动与运行。

例 5 下列有关总线和主板的叙述中，错误的是（　　　）。

A．外设可以直接挂在总线上

B．总线体现在硬件上就是计算机主板

C．主板上配有插 CPU、内存条、显示卡等的各类扩展槽或接口，而光盘驱动器和硬盘驱动器则通过扁缆与主板相连

D．在计算机维修中，把 CPU、主板、内存、显卡加上电源所组成的系统叫作最小化系统

A 选项外设不可以直接挂在总线上，必须通过接口与主机系统相连，所以本题选 A。

2.2　计算机软件系统

软件系统是为运行、管理和维护计算机而编制的各种程序、数据和文档的总称。

一个完整的计算机系统由硬件和软件两个部分组成。计算机系统是在硬件的基础上，通过各种计算机软件的支持，向用户呈现出强大的功能和友好的使用界面。用户可以通过软件与计算机进行交流。图 2-17 是计算机系统层次结构图。

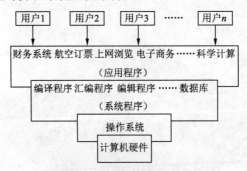

图2-17　计算机系统层次结构图

2.2.1　软件概念

软件是计算机的灵魂，软件是用户与计算机之间的接口，用户通过软件使用计算机硬件资源。国际标准化组织对计算机软件的定义是："包含与数据处理系统操作有关的程序、规程、规则以及相关文档的智力创作。"其中，程序是软件的主体，单独的数据和文档一般不认为是软件；数据是程序所处理的对象及处理过程中使用的一些参数；文档是指用自然语言等编写的文字资料和图表，用来描述程序的内容、组成、设计、功能规格、开发情况、测试结果及使用方法，如程序设计说明书、使用指南、用户手册等。

1. 程序

程序是告诉计算机做什么和如何做的一组指令（语句），这些指令都是计算机能够理解并能够执行的一组命令。Pascal 之父 Niklaus Wirth，结构化程序设计的先驱，认为程序=算法+数据结构。算法是解决问题的方法和步骤，数据结构是数据的组织形式。计算机解题步骤分成模型抽象、算法分析和程序编写三个过程。针对问题的算法和数据结构直接影响计算机解决问题的正确性和高效性。

（理论拓展）素数判断算法（高效率）

求出小于等于 n 的所有的素数。

方法一 sqrt(n)　　　　　　　　　　　　　方法二 素数筛选法

```
num=0;                              for(i=3;i<=sqrt(n);i+=2)
for(i=2;i<=n;i++)                   {
{                                      if(prime[i])
for(j=2; j<=sq+rt(i);j++)                 for(j=i+i;j<=n;j+=i)
      if(i%j==0) break;                      prime[j]=false;
   if(j>sqrt(i)) prime[num++]=i;    }
}
```

方法一复杂度是 O（n*sqrt(n)），如果 n 很小的话，不会耗时很多。但是当 n 很大的时候，比如 n=10000000 时，n*sqrt(n)>30000000000，数量级相当大，在一秒内算不出结果。方法二是最简单的素数筛选法，对于前面提到的 10000000 内的素数，用这个筛选法可以大大降低时间复杂度。

2. 程序设计语言

使用计算机，就需要和计算机交换信息。为解决人和计算机对话的语言问题，就产生了计算机语言。计算机语言称之为程序设计语言。程序设计语言按其级别可以分为机器语言、汇编语言和高级语言。

1）机器语言

机器语言就是计算机的指令系统。机器语言是直接用二进制代码指令表示的计算机语言，是计算机唯一能直接识别、直接执行的计算机语言。机器语言每条指令记忆困难，很多工作（如把十进制数表示为计算机能识别的二进制数）都要人来编制程序完成。用机器语言编写程序时，程序设计人员不仅非常费力，而且编写程序的效率还非常低。另外，不同计算机的机器语言是不相同的，因此，用机器语言编写的程序在不同的计算机上不能通用。用机器语言编写的程序称为目标程序。

2）汇编语言

汇编语言出现于 20 世纪 50 年代初期。汇编语言是用一些助记符表示指令功能的计算机语言，它和机器语言基本上是一一对应的，更便于记忆。例如，汇编语言中用 LOAD 表示取数操作，用 ADD 表示加法操作等，而不再用 0 和 1 的数字组合。用汇编语言编写的程序称为汇编语言源程序，需要采用汇编程序将源程序翻译成机器语言目标程序，计算机才能执行。

汇编语言和机器语言都是面向机器的程序设计语言，不同的机器具有不同的指令系统，一般将它们称为"低级语言"，一般来说不具有通用性和可移植性。图 2-18 是汇编语言的翻译过程。

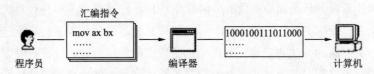

图2-18 汇编语言的翻译过程

3）高级语言

为了克服汇编语言的缺陷，提高编写程序和维护程序的效率，一种接近于人们自然语言（主要是英语）的程序设计语言出现了，这就是高级语言。高级语言与具体的计算机指令系统无关，其表达方式更接近人们对求解过程或问题的描述方式。这是面向程序的、易于掌握和书写的程序设计语言。使用高级语言编写的程序称为"源程序"，必须编译成目标程序，再与有关的"库程序"连接成可执行程序，才能在计算机上运行。

高级语言目前有许多种，每种高级语言都有自身的特点及特殊的用途，但它们的语法成分、层次结构却有相似处。在结构上一般由基本元素、表达式及语句组成。目前常用的高级语言是C/C++、Python、Java 等。

首先看一个简单的 C 语言程序。程序提示用户从键盘输入一个整数，然后在屏幕上将用户输入的数据显示出来。图 2-19 是程序的编译过程和运行结果。

图2-19 C程序的编译过程和运行结果

下面是同一个问题的 Python 解法，图 2-20 是程序的解释过程和运行结果。

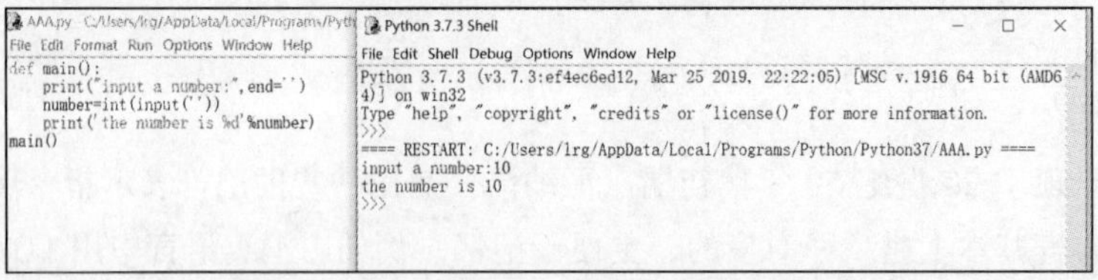

图2-20 Python程序的解释过程和运行结果

显然，用高级语言编写的源程序不能直接执行，必须翻译成机器语言程序。翻译方式有两种，编译和解释方式。

编译程序是很重要的语言处理程序，它把高级语言（如 FORTRAN、C、C++等）源程序作为输入，进行翻译转换，产生出机器语言的目标程序，然后再让计算机去执行这个目标程序，得到计算结果。通过编译程序的处理可以产生高效运行的目标程序，并把它保存在磁盘上，以备多次执行。因此，编译程序更适合于翻译那些规模大、运行时间长的大型应用程序。一般来说，编译程序的执行过程如图 2-21 所示。

解释程序是高级语言翻译程序的一种，它将源语言（如 Basic、Python）书写的源程序作为输入，解释一句后就提交计算机执行一句，并不形成目标程序。就像外语翻译中的"口译"一样，说一句翻一句，不产生全文的翻译文本。这种工作方式非常适合人通

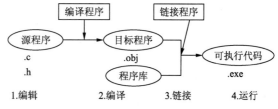

图2-21　编译程序的执行过程

过终端设备与计算机会话，如在终端上输入一条命令或语句，解释程序就立即将此语句解释成一条或几条指令并提交硬件立即执行且将执行结果反映到终端，从终端把命令输入后，就能立即得到计算结果。这的确是很方便的，很适合于一些小型机的计算问题。但解释程序执行速度很慢，例如，源程序中出现循环，则解释程序也重复地解释并提交执行这一组语句，这就造成很大浪费。

综上所述，编译方式的效率高，执行速度快；而解释方式在执行时不产生目标程序和可执行文件，效率相对较低，执行速度慢。

2.2.2　软件系统及其组成

计算机软件分为系统软件（System Software）和应用软件（Application Software）两大类，如图 2-22 所示。

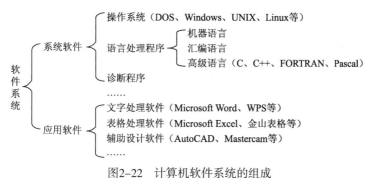

图2-22　计算机软件系统的组成

1. 系统软件

系统软件泛指那些为整个计算机系统所配置的、不依赖于特定应用的通用软件。系统软件是为软件开发与运行提供支持，或者为用户管理与操作计算机提供支持的一类软件。例如，操作系统是最重要的系统软件；基本输入/输出系统（BIOS）、系统实用程序（磁盘清理程序、备份程序）、程序设计语言处理系统（如 C++编译器）、数据库管理系统（如 Access、FoxPro、SQL Server）等都是系统软件。系统软件是软件的基础，所有应用软件都是在系统软件上运行的。系统软件主要分为以下几类。

1）操作系统

系统软件中最重要且最基本的是操作系统，它是最底层的软件，它控制所有计算机上运行的程序并管理整个计算机的软硬件资源，是计算机裸机与应用程序及用户之间的桥梁。没有它，用户将无法使用其他软件或程序。常用的操作系统有 Windows、Linux、DOS、UNIX、MacOS 等。

2）语言处理程序

语言处理系统是系统软件的另一大类型。早期的第一代和第二代计算机所使用的编程语言一般是由计算机硬件厂家随机器配置的。随着编程语言发展到高级语言，IBM 公司宣布不再捆绑语言软件，因此语言系统就开始成为用户可选择的一种产品化的软件，它也是最早开始商品化和系统化的软件。

3）数据库管理系统

数据库（Database）管理系统是应用最广泛的数据管理软件，用于建立、使用和维护数据库，把各种不同性质的数据进行组织，以便能够有效地进行查询、检索并管理这些数据，这是运用数据库的主要目的。各种信息系统，包括从一个提供图书查询的书店销售软件，到银行、保险公司这样的大企业的信息系统，都需要使用数据库。

4）系统辅助处理程序

系统辅助处理程序主要是指一些为计算机系统提供服务的工具软件和支撑软件，如编辑程序、调试程序、系统诊断程序等，这些程序主要是为了维护计算机系统的正常运行，方便用户在软件开发和实施过程中的应用，如 Windows 中的磁盘整理工具程序等。

2. 应用软件

应用软件是指那些用于解决各种具体应用问题的专门软件。按照应用软件的开发方式和适用范围，应用软件又分为通用应用软件和定制应用软件。

在计算机软件中，应用软件种类最多，包括从一般的文字处理到大型的科学计算和各种控制系统的实现，有成千上万种。常用的应用软件有办公处理软件（如 Office、WPS 系列办公软件）、多媒体处理软件（如 Photoshop、Premiere、Dreamweaver）、Internet 工具软件（如迅雷、FTP等）。表 2-5 是通用应用软件的主要分类和功能。

表 2-5　通用应用软件的主要分类和功能

类　别	功　能	常用软件举例
文字处理软件	文本编辑、文字处理、桌面排版等	Word、Adobe Acrobat、WPS 等
电子表格软件	表格、数值计算、统计、绘图等	Excel 等
图形图像软件	图像处理、几何图形绘制、动画制作等	AutoCAD、Photoshop、Flash、3ds Max 等
媒体播放软件	播放各种数字音频和视频文件	暴风影音、QQ 影音等
网络通信软件	电子邮件、聊天、IP 电话等	QQ、微信等
演示软件	幻灯片制作与播放	PowerPoint 等
浏览器	浏览网页	IE、360 浏览器、火狐浏览器等
杀毒软件	防毒杀毒软件、防火墙等	卡巴斯基、金山毒霸、瑞星等
录屏软件	录制屏幕、制作微课	Camtasia Studio、屏幕录像专家等
音视频处理软件	处理音频、视频数据	CoolEdit 音频软件、会声会影、格式工厂等

定制应用软件是针对特定领域的专门应用需求而开发设计的，应用面较窄，研发的成本也较贵，主要是单位、学校和科研机构购买，如学校的教务管理系统、无纸化考试等都是定制应用软件。

2.3 操作系统

操作系统（Operating System，OS）是管理和控制计算机硬件与软件资源的计算机程序，是直接运行在"裸机"上的最基本的系统软件，任何其他软件都必须在操作系统的支持下才能运行。

2.3.1 操作系统的概念

操作系统是用户和计算机的接口，同时也是计算机硬件和其他软件的接口。操作系统的功能包括管理计算机系统的硬件、软件及数据资源，控制程序运行，改善人机界面，为其他应用软件提供支持，让计算机系统所有资源最大限度地发挥作用，提供各种形式的用户界面，使用户有一个好的工作环境，为其他软件的开发提供必要的服务和相应的接口等。实际上，用户是不用接触操作系统的，操作系统管理着计算机硬件资源，同时按照应用程序的资源请求，分配资源，如划分 CPU 时间、内存空间的开辟、调用打印机等。操作系统在计算机系统中的作用和地位如图 2-23 所示。

操作系统中的重要概念有进程、线程、内核态和用户态。

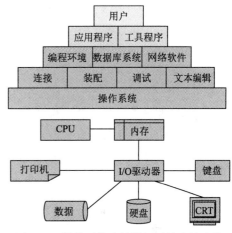

图2-23 操作系统在计算机系统中的地位

1. 进程

进程是程序的一次执行过程，是系统进行调度和资源分配的一个独立单位。简单地说，进程就是一个正在执行的程序。进程的实质是程序在多道程序系统中的一次执行过程，进程是动态产生，动态消亡的。

（概念辨析）进程概念和程序概念的区别

（1）进程是动态的，而程序是静态的。

（2）进程有一定的生命期，而程序是指令的集合，本身无"运动"的含义。没有建立进程的程序不能作为 1 个独立单位得到操作系统的认可。

（3）1 个程序可以对应多个进程，但 1 个进程只能对应 1 个程序。进程和程序的关系犹如演出和剧本的关系。

（4）进程和程序的组成不同。从静态角度看，进程由程序、数据和进程控制块（PCB）三部分组成。而程序是一组有序的指令集合。

进程是计算机中的程序关于某数据集合上的一次运行活动，是系统进行资源分配和调度的基本单位，是操作系统结构的基础。

例 6 下列说法正确的是（　　　）。

A. 一个进程会伴随着其程序执行的结束而消亡

B. 一段程序会伴随着其进程结束而消亡

C. 任何进程在执行未结束时不允许被强行终止

D. 任何进程在执行未结束时都可以被强行终止

进程是系统进行调度和资源分配的一个独立单位。一个程序被加载到内存，系统就创建了一个进程，或者说进程是一个程序与其数据一起在计算机上顺利执行时所发生的活动。程序执行结束，则对应的进程随着消亡。应用程序级别的进程是可以被强行终止的，面系统级别的进程一般是不允许强行终止的，因此答案选择 A。

在 Windows、UNIX、Linux 等操作系统中，用户可以查看当前正在执行的进程。在 Windows 的任务管理器中可以按【Ctrl+Alt+Delete】组合键强行终止，当然这种方法仅在应用程序的界面中不能退出才采用。

理论拓展 作业

作业是用户在一次算题过程中或一个事务处理中要求计算机系统所做的工作的集合。作业是一个比程序更为广泛的概念，它不仅包含了通常的程序和数据，而且还应配有一份作业说明书。系统通过作业说明书控制文件形式的程序和数据，使之执行和操作，并在系统中建立作业控制块的数据结构。在批处理系统中，是以作业为基本单位从外存调入内存的。

作业是程序被选中到运行程序并再次成为程序的整个过程。所有作业都是程序，但不是所有程序都是作业。当一个作业被选中进入内存运行，这个作业就成为进程。处于等待状态的作业不是进程。所有的进程都是作业，但不是所有的作业都是进程。

2. 线程

随着硬件和软件技术的发展，为了更好地实现并发处理和共享资源，提高 CPU 的利用率，目前许多操作系统把进程再"细分"成线程。线程是进程的一个实体，是 CPU 调度和分派的基本单位，它是比进程更小的能独立运行的基本单位。一个线程可以创建和撤销另一个线程，同一个进程中的多个线程之间可以并发执行。使用线程可以更好地实现并发处理和共享资源，提高 CPU 的利用率。

Windows 调度程序采用时间片轮转的策略，将所有就绪的线程按先来先服务的原则排成一个队列，每次调度时，将 CPU 的使用权分配给队头线程，并令其执行一个时间片，处于执行状态的线程时间片用完后即被剥夺 CPU 的使用权，将 CPU 的使用权交给下一个线程。所有线程被快速地来回切换，所以用户认为这些线程是并发执行的。

3. 内核态和用户态

计算机世界中的各程序是不平等的，它们有特权态和普通态之分。特权态即内核态，拥有计算机中所有的软硬件资源；普通态即用户态，其访问资源的数量和权限均受到限制。一般情况下，关系到计算机基本运行的程序应该在内核态下执行（如 CPU 管理和内存管理），只与用户数据和应用相关的程序则放在用户态中执行（如文件管理、网络管理等）。由于内核态享有最大权限，其安全性和可靠性尤为重要。因此，一般能够运行在用户态的程序就让它在用户态中执行。

2.3.2　操作系统的功能

为了使计算机系统能协调、高效和可靠地进行工作，同时也为了给用户一种方便友好地使用计算机的环境，在计算机操作系统中，通常都设有处理器管理、存储器管理、设备管理、文件管理、作业管理等功能模块，它们相互配合，共同完成操作系统既定的全部职能。

1. 处理器管理

处理器管理最基本的功能是处理中断事件。处理器只能发现中断事件并产生中断而不能进行处理。配置了操作系统后，就可对各种事件进行处理。处理器管理的另一功能是处理器调度。处理器可能是一个，也可能是多个，不同类型的操作系统将针对不同情况采取不同的调度策略。

2. 存储器管理

存储器管理主要是指针对内存储器的管理。主要任务是：分配内存空间，保证各作业占用的存储空间不发生矛盾，并使各作业在自己所属存储区中不互相干扰。

3. 设备管理

设备管理是指负责管理各类外围设备，包括分配、启动和故障处理等。主要任务是：当用户使用外围设备时，必须提出要求，待操作系统进行统一分配后方可使用。当用户的程序运行到要使用某外设时，由操作系统负责驱动外设。操作系统还具有处理外设中断请求的能力。

4. 文件管理

文件管理是指操作系统对信息资源的管理。在操作系统中，将负责存取的管理信息的部分称为文件系统。文件是在逻辑上具有完整意义的一组相关信息的有序集合，每个文件都有一个文件名。文件管理支持文件的存储、检索和修改等操作以及文件的保护功能。操作系统一般都提供功能较强的文件系统，有的还提供数据库系统来实现信息的管理工作。

5. 作业管理

每个用户请求计算机系统完成的一个独立的操作称为作业。作业管理包括作业的输入和输出，作业的调度与控制（根据用户的需要控制作业运行的步骤）。

> **提示**
>
> 一台计算机可以安装多个操作系统，但在启动计算机时，需要选择一个作为活动的操作系统。任何一个在计算机上运行的软件都需要合适的操作系统支持，因此把软件基于的操作系统称为环境。对不同操作系统环境下的软件有一定的要求，并不是任何软件都可以任意地在计算机上运行。

ⓘ 提示

　　App 开发，专注于手机应用软件开发与服务。App 是 application 的缩写，通常专指手机上的应用软件，或称手机客户端。另外，目前有很多在线 App 开发平台。一般来说，手机上的应用软件和计算机上的应用软件不通用。例如，QQ 就有 QQ PC 版、QQ 手机版和 QQ Pad 版等。

2.3.3　操作系统的发展

　　操作系统伴随着计算机技术及其应用的日益发展，功能不断完善，产品类型也越来越丰富。通常操作系统的发展经历了如下六个阶段:人工操作、单道批处理系统、多道批处理系统、分时操作系统、实时操作系统、现代操作系统。

1. 第一阶段: 人工操作方式（20 世纪 40 年代）

　　由于两次世界大战对武器装备设计的需要，美国、英国和德国等国家，陆续开始使用真空管建造数字电子计算机。在这个阶段，通过在一些插板上的硬连线来控制计算机的基本功能，程序设计全部采用机器语言，没有程序设计语言（甚至没有汇编语言），更谈不上操作系统。这时实际上所有的题目都是数值计算问题。到了 20 世纪 50 年代早期，出现了穿孔卡片，可以将程序写在卡片上。在一个程序员上机期间，整台计算机连同附属设备全被其占用。程序员兼职操作员，效率低下。其特点是手工操作、独占方式。第一阶段的操作系统也称为 SOSC 操作系统。

2. 第二阶段: 单道批处理操作系统（20 世纪 50 年代）

　　20 世纪 50 年代晶体管的发明改变了计算机的可靠性，厂商可以成批地生产并销售计算机给用户，计算机长时间运行，完成一些有用的工作。出现了 FORTRAN、ALGOL 以及 COBOL 等高级语言。此时，要运行一个作业（JOB，即一个或一组程序），程序员首先将程序写在纸上（用高级语言或汇编语言），然后穿孔成卡片；再将卡片盒带到输入室，交给操作员。计算机运行当前任务后，其计算结果从打印机上输出，操作员到打印机上取下运算结果并送到输出室，程序员稍后就可取到结果。操作员将作业"成批"地输入计算机中，由监督程序识别一个作业，进行处理后再取下一个作业。这种自动定序的处理方式称为"批处理（Batch Processing）"方式。而且，由于是串行执行作业，因此称为单道批处理。

3. 第三阶段: 多道批处理操作系统（20 世纪 60 年代）

　　随着计算机硬件的不断发展，通道使得输入/输出操作与处理器操作并行处理成为可能。与此同时软件系统也随之相应变化，实现了在硬件提供并行处理之上的多道程序设计。所谓多道是指它允许多个程序同时存在于内存之中，由中央处理器以切换方式为之服务，使得多个程序可以同时执行。计算机资源不再是"串行"地被一个个用户独占，而可以同时为几个用户共享，从而极大地提高了系统在单位时间内处理作业的能力。这时管理程序已迅速地发展成为一个重要的软件分支—操作系统。

4. 第四阶段：分时操作系统（20 世纪 70 年代）

分时操作系统的工作方式是：一台主机连接了若干个终端，每个终端有一个用户在使用。用户交互式地向系统提出命令请求，系统接受每个用户的命令，采用时间片轮转方式处理服务请求，并通过交互方式在终端上向用户显示结果。分时操作系统将 CPU 的时间划分成若干个片段，称为时间片。操作系统以时间片为单位，轮流为每个终端用户服务。每个用户轮流使用一个时间片而使每个用户并不感到有别的用户存在。分时系统具有多路性、交互性、"独占"性和及时性的特征。

5. 第五阶段：实时操作系统（20 世纪 70 年代）

实时操作系统是指使计算机能及时响应外部事件的请求在规定的严格时间内完成对该事件的处理，并控制所有实时设备和实时任务协调一致地工作的操作系统。实时操作系统要追求的目标是：对外部请求在严格时间范围内做出反应，有高可靠性和完整性。其主要特点是资源的分配和调度首先要考虑实时性，后考虑效率。此外，实时操作系统应有较强的容错能力。

6. 第六阶段：现代操作系统（20 世纪 80 年代至今）

网络的出现，产生了网络操作系统和分布式操作系统，合称为分布式系统。在一个分布式系统中，一组独立的计算机展现给用户的是一个统一的整体，就好像是一个系统似的。系统拥有多种通用的物理和逻辑资源，可以动态分配任务，分散的物理和逻辑资源通过计算机网络实现信息交换。系统中存在一个以全局的方式管理计算机资源的分布式操作系统。

（概念辨析）分布式系统和计算机网络系统

分布式系统和计算机网络系统的共同点是：多数分布式系统是建立在计算机网络之上的，所以分布式系统与计算机网络在物理结构上是基本相同的。

它们的区别在于：分布式操作系统的设计思想和网络操作系统是不同的，这决定了它们在结构、工作方式和功能上也不同。网络操作系统要求网络用户在使用网络资源时首先必须了解网络资源，网络用户必须知道网络中各个计算机的功能与配置、软件资源、网络文件结构等情况，在网络中如果用户要读一个共享文件时，用户必须知道这个文件放在哪一台计算机的哪一个目录下；分布式操作系统是以全局方式管理系统资源的，它可以为用户任意调度网络资源，并且调度过程是"透明"的。当用户提交一个作业时，分布式操作系统能够根据需要在系统中选择最合适的处理器，将用户的作业提交到该处理程序，在处理器完成作业后，将结果传给用户。在这个过程中，用户并不会意识到有多个处理器的存在，这个系统就像是一个处理器一样。

2.3.4　操作系统的种类

操作系统的种类较多，按其功能和特性可分为批处理系统、分时操作系统和实时操作系统。依据同时管理的用户的数量可分为单用户和多用户操作系统。依据有无网络环境的能力分为非网络操作系统和网络操作系统。

1. 单用户操作系统

早期的微型计算机上运行的操作系统每次只允许一个用户使用计算机，被称为单用户微机操作系统，如 CP/M、MS-DOS 等。

2．批处理操作系统

批处理是指用户将一批作业提交给操作系统后就不再干预，由操作系统控制它们自动运行。这种采用批量处理作业技术的操作系统称为批处理操作系统。批处理操作系统分为单道批处理系统和多道批处理系统。批处理操作系统不具有交互性，它是为了提高 CPU 的利用率而提出的一种操作系统。

3．分时操作系统

分时操作系统是使一台计算机采用时间片轮转的方式同时为几个、几十个甚至几百个用户服务的一种操作系统。

把计算机与许多终端用户连接起来，分时操作系统将系统处理机时间与内存空间按一定的时间间隔，轮流地切换给各终端用户的程序使用。由于时间间隔很短，每个用户的感觉就像他独占计算机一样。分时操作系统的特点是可以有效增加资源的使用率。例如，UNIX 系统就采用剥夺式动态优先的 CPU 调度，有力地支持分时操作。

4．实时操作系统

实时操作系统（RTOS）是指当外界事件或数据产生时，能够接受并以足够快的速度予以处理，其处理的结果又能在规定的时间之内来控制生产过程或对处理系统做出快速响应，调度一切可利用的资源完成实时任务，并控制所有实时任务协调一致运行的操作系统。提供及时响应和高可靠性是其主要特点。实时操作系统分为实时工业控制系统和实时数据处理系统。

5．网络操作系统

网络操作系统，是一种能代替操作系统的软件程序，是网络的心脏和灵魂，是向网络计算机提供服务的特殊的操作系统。借由网络达到互相传递数据与各种消息，分为服务器（Server）及客户端（Client）。服务器的主要功能是管理服务器和网络上的各种资源和网络设备的共用，加以统合并管控流量，避免有瘫痪的可能性，而客户端就是有着能接收服务器所传递的数据来运用的功能，好让客户端可以清楚地搜索所需的资源。

2.3.5 典型操作系统

1．服务器操作系统

服务器操作系统是指安装在 Web 服务器、应用服务器和数据库服务器上的操作系统。常用的服务器操作系统有：Windows、UNIX、Linux、NetWare 等。

Windows 是 Microsoft 公司在 1985 年 11 月发布的第一代窗口式多任务系统，它使 PC 开始进入了所谓的图形用户界面时代。在图形用户界面中，每一种应用软件都用一个图标表示，用户只需把鼠标移到某图标上，连续两次按下鼠标的拾取键即可进入该软件，这种界面方式为用户提供了很大的方便，把计算机的使用提高到了一个新的阶段。目前装机最多的是 Windows 10 操作系统。

UNIX 操作系统是 1969 年由 A&T 公司的贝尔实验室开发的。UNIX 是通用、多用户、多任务应用领域的主流操作系统之一，它的众多版本被大型机、工作站所使用。Sun 微机系统中的

Solaris 是 UNIX 的一个版本，多用于处理大型电子交易服务器与大型网站。到现在，UNIX 已经有了 3 个版本，除了 Solaris 还有惠普公司的 HP-UNIX 和 IBM 公司的 AIX（Advanced Interactive eXecutive），用户可以从网络上下载其软件。

Linux 产生于 1991 年初，当时的芬兰程序员 Linus Torvalds 还是一个研究生，他将免费的 Linux 操作系统贴到因特网上。Linux 是 UNIX 的一个免费版本，它由成千上万的程序员不断地改进。Windows 操作系统是 Microsoft 公司的版权产品，而 Linux 是开放源代码的软件，这就意味着任何程序员都可以从因特网上免费下载 Linux 并对它改进。唯一的限制是所有的改动都不能拥有版权，Linux 必须对所有人都可用，并且保存在公共区域上。Linux 吸引了许多商业软件公司和 UNIX 爱好者加盟到 Linux 系统的开发行列中，从而使其快速地向高水平、高性能方向发展。

Netware 是 NOVELL 公司推出的网络操作系统。Netware 最重要的特征是基于基本模块设计思想的开放式系统结构。Netware 是一个开放的网络服务器平台，可以方便地对其进行扩充。Netware 系统对不同的工作平台（如 DOS、OS/2、Macintosh 等），不同的网络协议环境如 TCP/IP 以及各种工作站操作系统提供了一致的服务。该系统内可以增加自选的扩充服务（如替补备份、数据库、电子邮件以及记账等），这些服务可以取自 Netware 本身，也可取自第三方开发者。

2. PC 操作系统

从 1981 年问世至今，DOS 经历了 7 次大的版本升级，从 1.0 版到 7.0 版，不断地改进和完善。但是，DOS 系统的单用户、单任务、字符界面和 16 位的大格局没有变化，因此它对于内存的管理也局限在 640 KB 的范围内。DOS 最初是微软公司为 IBM-PC 开发的操作系统，因此它对硬件平台的要求很低，因此适用性较广，目前基本被淘汰。

Windows 与 DOS 的最大区别是提供了图形化的操作界面，从 DOS 基础上的一个视窗界面，逐渐演变为不依赖 DOS 的支持多道程序的操作系统。Windows 已是一款既支持单机版、又支持服务器版的操作系统。

Mac OS 操作系统是美国苹果计算机公司为它的 Mac 计算机设计的操作系统，于 1984 年推出，在当时的 PC 还只是 DOS 枯燥的字符界面的时候，Mac 率先采用了一些至今仍为人称道的技术。比如：GUI 图形用户界面、多媒体应用、鼠标等，Mac 计算机在出版、印刷、影视制作和教育等领域有着广泛的应用。

3. 实时操作系统

实时操作系统应用最广泛的是 VxWorks。VxWorks 操作系统是美国 WindRiver 公司于 1983 年设计开发的一种嵌入式实时操作系统（RTOS），是嵌入式开发环境的关键组成部分。良好的持续发展能力、高性能的内核以及友好的用户开发环境，在嵌入式实时操作系统领域占据一席之地。它以其良好的可靠性和卓越的实时性被广泛地应用于通信、军事、航空、航天等高精尖技术及实时性要求极高的领域中，如卫星通信、军事演习、弹道制导、飞机导航等。在美国的 F-16、FA-18 战斗机、B-2 隐形轰炸机和爱国者导弹上，甚至连 1997 年 4 月在火星表面登陆的火星探测器、2008 年 5 月登陆的凤凰号，和 2012 年 8 月登陆的好奇号也都使用到了 VxWorks。

4. 嵌入式操作系统

嵌入式操作系统（Embedded Operating System，EOS）是指用于嵌入式系统的操作系统。嵌入式操作系统是一种用途广泛的系统软件，通常包括与硬件相关的底层驱动软件、系统内核、设备驱动接口、通信协议、图形界面、标准化浏览器等。嵌入式操作系统负责嵌入式系统的全部软、硬件资源的分配、任务调度，控制、协调并发活动。它必须体现其所在系统的特征，能够通过装卸某些模块来达到系统所要求的功能。目前在嵌入式领域广泛使用的操作系统有：嵌入式实时操作系统 µC/OS-Ⅱ、嵌入式 Linux、Windows Embedded、VxWorks 等，以及应用在智能手机和平板计算机的 Android、iOS 等。

理论拓展　国产统一操作系统 UOS 20

2020 年 1 月 16 日消息，据统信软件透露，统一操作系统是由统信软件开发的一款基于 Linux 内核的操作系统，分为统一桌面操作系统和统一服务器操作系统。统一桌面操作系统以桌面应用场景为主，统一服务器操作系统以服务器支撑服务场景为主，支持龙芯、飞腾、兆芯、海光、鲲鹏等芯片平台的笔记本、台式机、一体机和工作站，以及服务器。

统一桌面操作系统包含原创专属的桌面环境和多款原创应用，及数款来自开源社区的原生应用软件，能够满足用户的日常办公和娱乐需求。统一服务器操作系统在桌面版的基础上，向用户的业务平台提供标准化服务、虚拟化、云计算支撑，并满足未来业务拓展和容灾需求的高可用和分布式支持。

统一操作系统在硬件方面，能够兼容联想、华为、清华同方、长城、曙光等整机厂商发布的终端和服务器设备 40 余款型号；在软件方面，能够兼容流式、版式、电子签章厂商发布的办公应用，兼容数据库、中间件、虚拟化、云桌面等厂商发布的各类服务端架构和平台共 200 余款；在外设方面，能够兼容主流的打印机、扫描仪、RAID 卡、HBA 卡等。除此之外，通过预装的应用商店和互联网中的软件仓库还能够获得近千款应用软件的支持，满足你对操作系统的扩展需求。

2.4　Windows 7 操作系统

Windows 7 是由微软公司开发的操作系统，可供家庭及商业工作环境、笔记本计算机、平板计算机、多媒体中心等使用。2009 年 10 月 22 日，微软于美国正式发布 Windows 7。2009 年 10 月 23 日于中国正式发布 Windows 7，2011 年 2 月 22 日发布 Windows 7 SP1。Windows 7 有以下版本，供用户自主选择。

（1）Windows 7 Home Basic（家庭普通版）。

（2）Windows 7 Home Premium（家庭高级版）。

（3）Windows 7 Professional（专业版）。

（4）Windows 7 Enterprise（企业版）。

（5）Windows 7 Ultimate（旗舰版）。

Windows 7 旗舰版拥有专业版和企业版的全部功能，硬件要求最高，包含以上版本的所有功能。

2.4.1 体验Windows 7

Windows 7 在硬件性能要求、系统性能、可靠性等方面，都颠覆了以往的 Windows 操作系统，是微软开发的一款非常成功的产品。此外，Windows 7 完美支持 64 位操作系统，支持 4 GB 以上内存和多核处理器。Windows 7 对计算机硬件配置的最低要求如表 2-6 所示。

表 2-6　Windows 7 对硬件配置的最低要求

硬　　件	基 本 要 求	备　　注
CPU	1 GHz 及以上	32 位或 64 位处理器
内存	1 GB 以上	基于 32 位（64 位 2 GB 内存）
硬盘	16 GB 以上可用空间	基于 32 位（64 位 20 GB 以上）
显卡	支持 DirectX9、WDDM1.0 或更高版驱动的显卡、64 MB 以上	128 MB 为打开 Aero 最低配置，不打开的话 64 MB 也可以
其他硬件	DVD 驱动器或者 U 盘等其他储存介质	可制作 U 盘引导程序安装 Windows 7
其他功能	互联网连接或电话	需要联网或电话激活授权，否则只能进行为期 30 天的试用

1. 易安装

在安装操作系统之前首先需要在 BIOS 中将 U 盘设置为第一启动项。进入 BIOS 的方法随不同 BIOS 版本而不同，一般来说在开机时按【Del】键、【F1】或者是【F2】键等。进入 BIOS 以后，找到 Boot 项目，在列表中将第一启动项设置为 U 盘。注意：不同品牌的 BIOS 设置复杂度不同，请参考主板说明书或者上网寻找解决方案。

（1）插入 U 盘安装盘，启动计算机，开始载入系统文件，如图 2-24 所示。

（2）加载完成之后出现安装界面，单击"下一步"按钮，打开 Microsoft 软件许可条款界面，单击"现在安装"按钮，在随后出现的"按受许可条款"界面中，选中"我接受许可条款"单选按钮后，单击"下一步"按钮，在随后出现的"您想进行何种类型的安装"界面中，根据你的要求选择"升级"或"自定义"安装选项。一般选择"自定义（高级）"选项进行全新安装，这将打开磁盘安装界面，如图 2-25 所示。

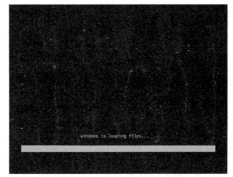

图2-24　开始载入系统文件

（3）在安装操作系统之前，可以用分区精灵等分区工具软件对硬盘进行分区。当然在磁盘安装界面中也可进行分区、格式化操作。选择要安装系统的分区（一般为主分区），单击"下一步"按钮，出现"开始复制 Windows 文件"界面，如图 2-26 所示。

（4）完成"安装更新"后，安装程序会重启并对主机进行一些性能检测，这些过程完全自动运行，包括为首次使用计算机做准备、检查视频性能。完成检测后，会进入用户名设置界面，输入用户名和密码。需要注意的是，如果设置密码，那么密码提示也必须设置。单击"下一步"按钮，进入"时间和日期"设置界面，设置时间和日期，单击"下一步"按钮，系统会完成最后设置，并启动桌面环境，安装完成。

图2-25　磁盘安装界面　　　　　　　图2-26　"开始复制Windows文件"界面

2. 易用性

Windows 7 的易用性体现于桌面功能的操作方式，任务栏、窗口控制方式的改进、半透明的Windows Aero 外观为用户带来全新的操作体验。

1）全新的任务栏

Windows 7 全新的任务栏融合了快速启动栏的特点，每个窗口的对应按钮图标都能够根据用户的需要随意排序，单击 Windows 7 任务栏中的程序图标就可以方便地预览各个窗口内容，并进行窗口切换，或当鼠标掠过图标时，各图标会高亮显示不同的色彩，颜色选取是根据图标本身的色彩，其任务栏如图 2-27 所示。

图2-27　高亮显示的图标

2）任务栏窗口动态缩略图

通过任务栏应用程序按钮对应的窗口动态缩略预览图标，用户可轻松找到需要的窗口。

3）自定义任务栏通知区域

Windows 7 自定义任务栏通知区域的图标非常简单，只需要通过鼠标的简单拖曳即可隐藏、显示和对图标进行排序。

4）快速显示桌面

快速显示桌面，固定在屏幕右下角的"显示桌面"按钮可以让用户轻松返回桌面。鼠标停留在该图标上时，所有打开的窗口都会透明化，这样可以快捷地浏览桌面，单击图标则会切换到桌面。

2.4.2　操作和设置Windows 7

1. 桌面设计

Windows 7 是一个崇尚个性的操作系统，它不仅提供各种精美的桌面壁纸，还提供更多的外观选择、不同的背景主题和灵活的声音方案，让用户随心所欲地"绘制"属于自己的个性桌面。Windows 7 通过 Windows Aero 和 DWM 等技术的应用，使桌面呈现出一种半透明的 3D 效果。

1）桌面外观设置

右击桌面空白处，在弹出的快捷菜单中选择"个性化"命令，打开"个性化"面板，如

图 2-28 所示。Windows 7 在"Aero"主题下预置了多个主题，直接单击所需主题即可改变当前桌面外观。

2）桌面背景设置

如果需要自定义个性化桌面背景，可以在"个性化"设置面板下方单击"桌面背景"图标，打开"桌面背景"面板，如图 2-29 所示，选择单张或多张系统内置图片。

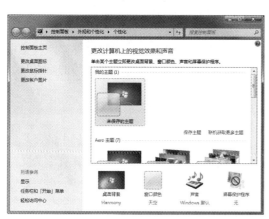

图2-28　"个性化"桌面外观

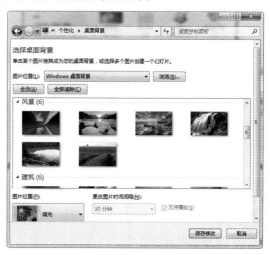

图2-29　设置桌面背景

如果选择了多张图片作为桌面背景，图片会定时自动切换。可以在"更改图片时间间隔"下拉菜单中设置切换间隔时间，也可以选择"无序播放"复选框实现图片随机播放，还可以通过"图片位置"设置图片显示效果；单击"保存修改"按钮完成操作。

实践提高　如何将视频设置为计算机壁纸

将某个视频设为计算机壁纸，一般会选择一些第三方软件实现这个目的，但其实 Windows 7 系统是自带这个功能的，只不过这个功能一般会被隐藏，要使用这个功能之前还要激活一下，应该说使用系统自带功能会比第三方软件的兼容性来得更好、更不容易出问题，且占用内存也会相对小一点，下面就说明如何激活与使用该功能。

（1）下载并解压 DreamScene Activator，双击"Windows 7 DreamScene Activator.exe"运行程序，直接打开软件。

（2）打开软件，单击"启动 dreamscene"按钮，此时系统会重启桌面程序，重启过程大概需要 2 分钟，请耐心等待。

（3）启动完成以后，在桌面的右键菜单中，多了一个 Play DreamScene 菜单选项，如图 2-30 所示，将需要用作动态桌面的视频放入计算机的桌面背景文件夹下面即可。注意：视频格式只能是 wmv、mpg、mpeg 的其中一种。

图2-30　DreamScene设置

3）桌面小工具的使用

Windows 7 提供了时钟、天气、日历等一些
实用的小工具。右击桌面空白处，在弹出的快捷
菜单中选择"小工具"命令，打开"小工具"管
理面板，直接将要使用的小工具拖动到桌面即
可，如图 2-31 所示。

用户可以从微软官方站点下载更多的小工
具。在"小工具"管理面板中单击右下角的"联

图2-31　Windows 7桌面小工具

机获取更多小工具"链接，打开 Windows 7 个性化主页的小工具分页面，可以获取更多的小工
具。如果想彻底删除某个小工具，只要在"小工具"管理面板中右击某个需要删除的小工具，
在弹出的快捷菜单中选择"卸载"命令即可。

2．资源管理器

资源管理器是 Windows 系统提供的资源管理工具，用户可以使用它查看计算机中的所有资
源，特别是它提供的树型文件系统结构，能够让使用者更清楚、更直观地认识计算机中的文件
和文件夹。Windows 7 资源管理器以新界面、新功能带给用户新体验。

1）界面简介

右击"开始"菜单，在弹出的快捷菜单中选择"打开 Windows 资源管理器"命令，Windows
7 资源管理器窗口如图 2-32 所示，它主要由工具栏、地址栏、搜索框、导航窗格、工作区、详
细信息栏等组成。

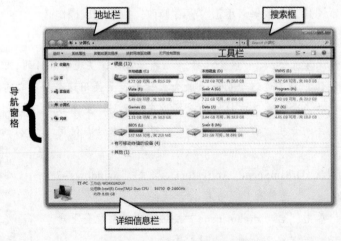

图2-32　Windows 7资源管理器

地址栏：Windows 7 资源管理器地址栏使用级联按钮取代传统的纯文本方式，它将不同层级
路径由不同按钮分割，用户通过单击按钮即可实现目录跳转。

搜索框：Windows 7 资源管理器将检索功能移植到顶部（右上方），方便用户使用。

导航窗格：Windows 7 资源管理器内提供了"收藏夹"、"库"、"计算机"和"网络"等按钮，
用户可以使用这些链接快速跳转到目的结点。

详细信息栏：Windows 7 资源管理器提供更加丰富详细的文件信息，用户还可以直接在"详细信息栏"中修改文件属性并添加标记。

2）用户文件夹

文件夹是存储文件的容器，可以将文件分门别类地存放在各个文件夹中，便于查找和管理。文件夹是 Windows 管理和组织计算机中文件最有效的方法，系统中的所有资源都是按类别以文件夹的方式存放的。用户使用计算机时，可以在任何一个磁盘建立一个或者多个文件夹，在一个文件夹下还可以再建立多个文件夹，称为子文件夹。通过磁盘驱动器号、文件夹名、文件名可以查找到文件夹或文件所在的位置，这种位置的表示方法称为文件的路径。

实践提高 文件和文件夹的操作

1. 文件

文件管理是对信息资源的管理。文件系统是操作系统中负责存取和管理信息的模块，以统一的方式对信息进行存储、检索、更新、共享和保护，并为用户提供一整套方便有效的文件使用和操作方法。

1）文件概念

文件是由文件名标识的一组相关信息的集合。组成文件的信息可以是各式各样的，一个源程序、一批数据等。文件以文件名的形式存储在磁盘、U 盘、光盘上。

用户存取信息时，无须记住信息存放的物理位置，也无须考虑如何将信息存放，只要知道文件名，给出有关操作要求便可存取信息，实现了"按名存取"。其次，文件安全可靠，由于用户通过文件系统才能实现对文件的访问，而文件系统能提供各种安全、保密和保护措施，故可防止对文件信息的有意或无意的破坏和窃用。另外，文件系统还能提供文件的共享功能。

2）文件的命名

文件名由文件名称和扩展名组成，两者之间用"."相连。其中文件名可以使用汉字、英文字母、数字、空格、下画线、部分符号。扩展名由一些特定的字符组成，具有特别的含义，用来标志文件的类型，通常随应用程序自动产生。

3）文件的类型

用户通过文件的扩展名来了解文件是什么类型的。当用户双击一个文件时，操作系统会根据文件的扩展名决定用什么应用程序打开该文件。例如，当用户双击一个.xlsx 文件时，系统会默认用 Excel 程序将其打开，这就是文件类型与程序的关联。常见的文件扩展名及其含义如表 2-7 所示。

表 2-7　文件扩展名及其含义

文 件 类 型	扩 展 名	说　　明
可执行程序	exe、com	可执行程序文件
源程序文件	c、cpp、frm、asm	程序设计语言的源程序文件
Office 2016 文件	docx、xlsx、pptx	Word、Excel、PowerPoint 创建的文件
压缩文件	zip、rar、7z	压缩文件
图像文件	bmp、jpg、gif、png	不同格式的图像文件
音频文件	wav、mp3、wma	不同格式的音频文件

文 件 类 型	扩 展 名	说 明
网页文件	htm、aspx	前者是静态网页，后者是动态网页
流媒体文件	wmv、flv、mp4	能通过 Internet 播放的流式媒体文件

4）文件的属性

文件根据创建的方式具有不同的属性，了解文件的属性对正确使用文件很有必要。用鼠标右击需要查看属性的文件，在弹出的快捷菜单中选择"属性"命令，即可查看该文件的属性。在"常规"选项卡下可以查看该文件的信息，如文件的名字、文件类型、打开方式、位置、大小、创建与修改时间、只读或隐藏属性等。如果选中了只读属性表示用户只能对文件进行读操作，不能修改；如果选中了隐藏属性表示该文件在窗口内是隐藏的，而实际是存在的。此外还可以查看该文件的安全、详细信息、以前的版本等信息。

2. 文件夹

1）文件夹的命名

文件夹的命名与文件命名规则相同，但是文件夹名不能与同级的文件名相同。建立新文件夹时，系统自动命名为"新建文件夹"。根据需要，用户可以重新命名文件夹。

2）文件夹的属性

和文件一样，文件夹也具有自己的属性，右击需要查看属性的文件夹，在弹出的快捷菜单中选择"属性"命令，即可查看该文件夹的属性。在文件夹属性对话框中，单击"常规"选项卡可以查看该文件夹的信息，如文件夹的名字、位置、大小、包含文件或文件夹情况、创建时间、只读或隐藏属性等；此外，还可以查看该文件夹的共享、安全、以前的版本等信息。

3. 文件和文件夹的操作

1）创建文件

创建文件需要借助某个应用程序或者工具，不同类型的文件使用不同的软件创建。例如，利用 Word 2016 可以创建 Word 文档。

2）新建文件夹

可以在桌面、任何文件夹窗口或者资源管理器窗口中新建文件夹。方法为：在要建立文件夹的位置右击，弹出快捷菜单，选择"新建"命令，在级联的子菜单中选择"文件夹"命令，即可新建文件夹。此时文件夹命名为"新建文件夹"，并处于编辑状态等待用户输入新的名称，输入名字后，按【Enter】键，新文件夹建立完成。

3）选中文件和文件夹

选中单个文件或文件夹时，单击某个文件或文件夹即可。选中多个连续文件或文件夹时，单击要选中的第一个文件或文件夹，然后按住【Shift】键不放，单击最后一个文件或文件夹。选中多个不连续文件或文件夹时，单击要选中的第一个文件或文件夹，然后按住【Ctrl】键不放，逐个单击要选中的其他文件或文件夹。

4）重命名文件或文件夹

方法一：选中要重命名的文件或文件夹，右击，在打开的快捷菜单中选择"重命名"命令，此时名称区域变为编辑域，输入新的名字。

方法二：选中要重命名的文件或文件夹，按快捷键【F2】，实现重命名。

方法三：选中要重命名的文件或文件夹，单击窗口左上角"组织"下拉按钮 组织▾ ，在弹出的下拉列表中中选择"重命名"命令。

5）删除文件或文件夹

方法一：选中要删除的一个或多个文件（文件夹），右击，在打开的快捷菜单中选择"删除"命令。

方法二：选中要删除的一个或多个文件（文件夹），按【Delete】键。

方法三：选中要删除的一个或多个文件（文件夹），单击窗口左上角"组织"下拉按钮 组织▾ ，在弹出的下拉列表中中选择"删除"命令。

删除文件或文件夹时，将删除的内容存储在回收站中。按住【Shift】键，按【Delete】键，可以将文件或文件夹彻底删除。

6）复制文件或文件夹

复制文件或文件夹是指将某文件或文件夹及其所包含的所有资源产生副本，放到新的位置上，原位置上的文件或文件夹仍然保留。

复制的方法很多，常用的方法是选中要复制的一个或多个文件（文件夹），右击，在打开的快捷菜单中选择"复制"命令；打开目标窗口，右击，在打开的快捷菜单中选择"粘贴"命令。也可选中文件或文件夹时，按下【Ctrl+C】组合键实现复制；按下【Ctrl+V】组合键实现粘贴。注意：不同驱动器中的文件或文件夹的复制可以按住鼠标直接拖动实现复制，同一个驱动器中的文件或文件夹的复制必须按住【Ctrl】键，用鼠标拖动实现复制。

7）移动文件或文件夹

移动文件或文件夹是指移动某一文件或文件夹及其所包含的所有资源到新的位置。移动后原位置上的文件或文件夹不存在了。

移动文件或文件夹的方式与复制类似，不同的是把"复制"命令改为"剪切"命令。使用"剪切+粘贴"实现，或者使用组合键实现。其中，"剪切"对应的是【Ctrl+X】组合键。注意：不同驱动器中的文件或文件夹的移动必须按住【Shift】键，用鼠标直接拖动实现移动，同一个驱动器中的文件或文件夹的移动用鼠标拖动实现移动。

8）搜索文件和文件夹

Windows 7 提供了多种人性化的方法实现文件和文件夹的查找。

第一种方法：使用"开始"菜单上的搜索框。打开"开始"菜单，可以在搜索框中输入需要搜索文件的部分信息，例如，字词或者部分字词，输入后将显示搜索结果。

第二种方法：使用资源管理器中的搜索框。在资源管理器的左窗口中选择要搜索的文件或文件夹所在的位置，然后在窗口右上角的搜索框中输入关键字，输入后即开始进行搜索，同时显示搜索的进度。比如，在资源管理器的左窗口中选择"计算机"，然后在搜索框中输入"*.mp4"，即可搜索计算机所有磁盘驱动器上包含关键字"mp4"的影音文件。

9）显示/隐藏文件（文件夹）、扩展名

在"资源管理器"窗口中，单击"工具"菜单下的"文件夹选项"命令，打开"文件夹选项"对话框，如图 2-33 所示。

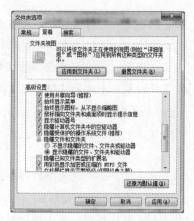

在"文件夹选项"对话框下的"查看"选项卡中，单击"显示隐藏的文件、文件夹和驱动器"单选按钮，可以显示隐藏的文件、文件夹。取消勾选"隐藏已知文件类型的扩展名"复选按钮，可以显示文件的扩展名。

10）创建文件和文件夹的快捷方式

可以将快捷方式看作一个指针，可以指向用户计算机或者网络上任何一个链接程序（包括文件、文件夹、程序、磁

图2-33 "文件夹选项"对话框

盘驱动器、网页、打印机等）。因此用户可以为常用的文件（夹）建立快捷方式，将它们放在桌面或是能够快速访问的地方，便于日常操作，从而免去寻找的麻烦。创建文件或文件夹的快捷方式的方法相同，在需要创建快捷方式的文件（夹）上右击，在弹出的快捷菜单中选择"创建快捷方式"命令，窗口将自动创建一个快捷方式。

3）库

"库"是 Windows 7 系统最大的亮点之一，它彻底改变了文件管理方式，从死板的文件夹方式变为灵活方便的库方式。其实，库和文件夹有很多相似之处，如在库中也可以包含各种子库和文件。但库和文件夹有本质区别，在文件夹中保存的文件或子文件夹都存储在该文件夹内，而库中存储的文件来自四面八方。确切地说，库并不存储文件本身，而仅保存文件快照（类似于快捷方式）。如果要添加文件（夹）到库，选中后右击，在弹出的快捷菜单中选择"包含到库中"命令，并在其子菜单中选择一项类型相同的"库"即可。

Windows 7 库中默认提供视频、图片、文档、音乐这四种类型的库，用户也可以通过新建库的方式增加库的类型。在"库"根目录下右击窗口空白区域，在弹出的快捷菜单中选择"新建"→"库"命令，输入库名即可创建一个新的库。

理论拓展 提高搜索的效率

1. 模糊搜索

模糊搜索是使用通配符？和*代替一个或多个位置字符来完成搜索操作的方法。"*"可以用来代替零个、单个或多个字符，而"?"仅可以代替一个字符。

下面举两个简单的例子：

（1）如果正在查找以 aw 开头的一个文件，但不记得文件名其余部分，可以输入 aw*，查找以 aw 开头的所有文件类型的文件，如 awtt.txt、awaat.EXE、awit.dll 等。

（2）如果输入 love?，查找以 love 开头的结尾字符任意的文件，如 lovey、lovei 等。

2. 组合搜索

用户通过关系运算符（>、<）或逻辑运算符（AND、OR、NOT）组合出灵活多变的搜索

表达式，使得搜索过程更加灵活、高效。下面简单介绍 Windows 7 如何实现多条件搜索文件。

（1）单击"文件"→"组织"→"文件夹和搜索"选项，打开文件夹选项对话框，如图 2-34 所示。

（2）在"文件夹选项"对话框中选中"使用自然语言搜索"复选框，单击"确定"按钮，完成设置。在开始搜索框或是资源管理器右上角的搜索框中输入多个查询关键字可以进行试验。例如，*.txt or *.doc。

图2-34　"文件夹选项"对话框

2.4.3　软件和硬件管理

1. 解决软件兼容性问题

Windows 7 的系统代码是建立在 Vista 基础上的，如果安装和使用的应用程序是针对旧版本 Windows 开发的，为避免直接使用出现不兼容问题，需要选择兼容模式，可以通过手动和自动两种方式解决兼容性问题，如果用户对目标应用程序不甚了解，则可以让 Windows 7 自动选择合适的兼容模式来运行程序，具体操作如下：

（1）右击应用程序或其快捷方式图标，在弹出的快捷菜单中选择"兼容性疑难解答"命令，打开"程序兼容性"向导对话框。

（2）在"程序兼容性"向导对话框中，单击"尝试建议的设置"命令，系统会根据程序自动提供一种兼容性模式让用户尝试运行；单击"启动程序"按钮来测试目标程序是否能正常运行。

（3）完成测试后，单击"下一步"按钮，在"程序兼容性"向导对话框中，如果程序已经正常运行，则单击"是，为此程序保存这些设置"命令，否则单击"否，使用其他设置再试一次"命令。

（4）若系统自动选择的兼容性设置能保证目标程序正常运行，则在"测试程序的兼容性设置"对话框中单击"启动程序"按钮，检查程序是否正常运行。

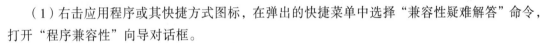

操作小贴士　手动解决软件兼容性问题

（1）选择以兼容模式运行这个程序，例如以 Windows XP SP3 运行程序。

（2）选择以管理员身份运行程序，提升执行权限。

2. 硬件管理

不同计算机的硬件设备和配置不尽相同。用户可以通过"设备管理器"查看当前计算机的硬件设备信息。可以通过"控制面板"打开"设备管理器"。"设备管理器"中对于设备图标的不同显示方式，体现了当前设备的工作状态：如果设备工作正常，不会有任何提示警告；如果设备有一定的问题，会使用黄色感叹号提示用户；如果设备被不当安装或者禁用，会使用红色叉号提示用户。

1）安装硬件设备

安装硬件很简单，首先将硬件正确地连接到计算机，然后安装硬件的驱动程序。用户使用硬件设备都是以操作系统为基础的，而硬件驱动程序是硬件与操作系统之间沟通的桥梁，因此驱动程序是否安装正确，直接影响硬件的性能发挥，也直接关系到最终用户的使用体验。

在 Windows 7 中内置了大量的新型硬件设备的驱动程序，一些硬件设备无须安装驱动程序，即可正常使用这些设备。但是有些硬件设备的驱动程序系统没有内置，因此还需要重新安装这些设备自带的独立驱动程序。

如果需要自己安装硬件设备自带的驱动程序，只需将包含硬件设备驱动程序的安装光盘放入光驱，计算机会自动进行安装，只需按照向导操作即可。对于从网上下载的驱动程序，只需打开该驱动程序所在的文件夹，然后双击安装文件名进行安装。现在流行使用驱动精灵或驱动人生软件自动对计算机进行识别并配置驱动程序。

2）禁用、启用和卸载硬件设备

由于某些原因，某个硬件可能暂时不用或永远不再使用，可以根据情况来选择对该硬件设备禁用还是卸载。当对硬件禁用时，可以通过启用来使用该硬件。而卸载则是将硬件的驱动程序删除，该硬件将不会出现在硬件设备列表中，当需要使用该硬件时，必须重新为其安装驱动程序。

禁用、卸载硬件均可通过"设备管理器"窗口操作完成。在"设备管理器"窗口中，右击要禁用或卸载的设备，在弹出的快捷菜单中选择"禁用"或者"卸载"命令。无论选择哪种方式都会弹出一个警告对话框，通知用户执行此操作后，该硬件将无法使用。要恢复对禁用硬件的使用，只需在"设备管理器"窗口中右击该硬件，弹出快捷菜单，选择"启用"命令。

3）设备和打印机

用户使用计算机时，经常需要连接外围设备，比如打印机、手机、数码相机、摄像头等。因此，Windows 7 加强了对外围设备管理的能力，提供了"设备和打印机"功能，让用户管理外围设备更直观、方便。

在"开始"菜单中选择"设备和打印机"并打开"设备和打印机"窗口，此窗口以缩略图的方式显示了当前与计算机连接的所有外围设备。单击某个设备缩略图时，在窗口底部显示该设备的基本信息。如果要将计算机连接打印机，选择"设备和打印机"窗口的"添加打印机"选项，打开"添加打印机"窗口，按照向导选择选项，系统将自动安装打印机的驱动程序。

3. 软件管理

虽然 Windows 7 提供了非常强大的功能，可以满足日常生活和娱乐的基本使用需求，但无法满足所有的实际应用。因此常需要安装和运行一些软件。

大多数软件必须运行安装程序才能正确安装在计算机上，仅仅复制了程序所在的文件夹往往是不能正常使用的。同样仅仅删除程序所在的文件夹也并非正常卸载，应通过系统提供的卸载程序移除安装时的参数设置、相关运行程序和文档。

1）安装软件

安装软件非常简单，大多数软件的安装都提供了一个向导式的操作过程，只需按照安装向导的提示进行操作即可。可以从光盘或者硬盘安装，也可以从网上下载应用程序安装。

2）卸载软件

卸载软件是指将已经安装在计算机中的应用程序从系统中清除掉，所做的工作相当于安装程序所做工作的逆向操作。对于长期不使用的软件,可以选择将其删除以节省硬盘空间。卸载软件有两种方法,一是通过程序自带的卸载程序完成卸载;二是通过"控制面板"中的卸载功能完成卸载。

360 软件或者金山卫士软件提供了软件卸载功能,不仅可以完成标准的软件卸载,还可以使用强力清扫功能,清除残留的注册表和文件信息。

4. 用户账户管理

如果多人使用同一台计算机,可以设置多个用户账户,每个用户可以设置个性化的计算机操作界面,并且彼此信息独立、互不影响。系统提供三种类型的账户:Administrator 管理员账户、Guest 来宾账户以及用户自己创建的账户,每种账户有着不同的计算机使用权限。Administrator 管理员账户:对计算机具有完全访问和控制权限,即使用该账户可以对计算机进行各种设置、访问所有文件夹并可以对它们进行操作。Guest 来宾账户:主要针对需要临时使用计算机的用户。用户自己创建的账户:在 Windows 7 中用户自己创建的账户,默认类型为标准账户。

1)新建账户

第 1 步:在"开始"菜单中选择"控制面板"命令,打开"控制面板"窗口,然后选择"用户账户和家庭安全",打开"用户账户和家庭安全"窗口,选择"管理其他账户"命令。

第 2 步:在"管理账户"窗口中,单击"创建一个新账户",打开"创建新账户"窗口。

第 3 步:输入新账户的名字,如"lny",然后选择账户类型(标准用户或管理员),默认选择"标准用户"单选按钮,然后单击"创建账户"按钮,即可新建一个账户。

2)更改账户名称

第 1 步:在"开始"菜单中选择"控制面板",打开"控制面板"窗口,然后选择"用户账户",打开"用户账户"窗口,选择"管理其他账户"命令。在"管理账户"窗口中,单击要更改的账户,打开"更改账户"窗口。

第 2 步:单击"更改账户名称",打开"重命名账户"窗口,输入账户的新名称,然后单击"更改名称"按钮。

3)更改账户图片

每个账户都有一个对应的标识图片,即账户头像。创建账户时,系统给账户分配一个图片作为头像,用户可以从账户图片库中更改图片,也可以将计算机上存储的图片作为账户图片。

更改账户图片的方法为:在"更改账户"窗口中单击"更改图片"按钮,打开"选择图片"窗口,在此窗口中选择一张喜欢的图片,单击"更改图片"按钮即可。如果想使用计算机上存储的图片,可以在此窗口中单击"浏览更多图片"按钮,选择图片。

4)更改账户类型

更改账户类型的方法为:在"更改账户"窗口中单击"更改账户类型",打开"更改账户类型"窗口,选择新的账户类型,然后单击"更改账户类型"按钮。

5)用户设置密码

如果用户设置了密码,那么每次登录 Windows 7 时都会要求输入密码进行登录。

设置密码的方法为:在"更改账户"窗口中单击"创建密码",打开"创建密码"窗口,输入密码并确认密码，然后单击"创建密码"按钮。

2.4.4 网络配置与应用

Windows 7 中，几乎所有与网络相关的操作和控制程序都在"网络和共享中心"面板中，通过简单的可视化操作命令，用户可以轻松连接到网络。

1. 连接到宽带网络

（1）单击"控制面板"→"网络和共享中心"命令，打开"网络和共享中心"面板，如图 2-35 所示。

（2）在"更改网络设置"下单击"设置新的链接或网络"命令，在打开的对话框中选择"连接 Internet"命令。

（3）在"连接到 Internet"对话框中选择"宽带（PPPoE）（R）"命令，并在随后弹出的对话框中输入 ISP 提供的"用户名""密码"以及自定义的"连接名称"等信息，单击"连接"。使用时，只需单击任务栏通知区域的网络图标，选择自建的宽带连接即可。

图2-35 连接到有线网络

2. 连接到无线网络

如果安装 Windows 7 系统的计算机是笔记本计算机或者具有无线网卡，则可以通过无线网络连接进行上网，具体操作如下：单击任务栏通知区域的网络图标，在弹出的"无线网络连接"面板中双击需要连接的网络。如果无线网络设有安全加密，则需要输入安全关键字即密码。

实践提高 巧妙使用 Windows 7 家庭组局域网共享资源

Windows 7 中提供了一项"家庭组"的家庭网络辅助功能，通过该功能可以轻松地实现 Windows 7 计算机互联，在计算机之间直接共享文档，照片，音乐等各种资源，还能直接进行局域网联机，也可以对打印机进行更方便的共享。具体操作步骤如下：

1. Windows 7 计算机中创建家庭组

在 Windows 7 系统中打开"控制面板"→"网络和 Internet"，单击其中的"家庭组"，就可以在界面中看到家庭组的设置区域。如果当前使用的网络中没有其他人已经建立的家庭组存在的话，则会看到 Windows 7 提示创建家庭组进行文件共享。此时点击"创建家庭组"，就可以开始创建一个全新的家庭组网络，即局域网。

打开创建家庭网的向导，首先选择要与家庭网络共享的文件类型，默认共享的内容是图片、音乐、视频、文档和打印机5个选项，除了打印机以外，其他4个选项分别对应系统中默认存在的几个共享文件。

点击下一步后，Windows 7 家庭组网络创建向导会自动生成一连串的密码，需要把该密码复制粘贴发给其他计算机用户，当其他计算机通过 Windows 7 家庭网连接进来时必须输入此密码串，虽然密码是自动生成的，但也可以在后面的设置中修改成熟悉密码。点击"完成"，这样一个家庭网络就创建成功了，返回家庭网络中，就可以进行一系列相关设置。

关闭这个 Windows 7 家庭网时，在家庭网络设置中选择退出已加入的家庭组。然后打开"控制面板"→"管理工具"→"服务"项目，在这个列表中找到 HomeGroupListener 和 HomeGroupProvider 这个项目，右击，分别禁止和停用这两个项目，就把这个 Windows 7 家庭组网完全关闭了。

2. 自定义共享资源

在 Windows 7 系统中，文件夹的共享比 Windows XP 方便很多，只需在资源管理器中选择要共享的文件夹，点击资源管理器上方菜单栏中的"共享"，并在菜单中设置共享权限即可。如果只允许 Windows 7 家庭网络中其他计算机访问此共享资源，那么就选择"家庭网络（读取）"；如果允许其他计算机访问并修改此共享资源，那么就选择"家庭组网（读取/写入）"。设置好共享权限后，Windows 7 会弹出一个确认对话框，此时点击"是，共享这些选项"就完成了共享操作。

在 Windows 7 系统中设置好文件共享之后，可以在共享文件夹上点击右键，选择"属性"菜单打开一个对话框。选择"共享"选项，可以修改共享设置，包括选择和设置文件夹的共享对象和权限，也可以对某一个文件夹的访问进行密码保护设置。Windows 7 系统对于用户安全性保护能力是大大提高了。

2.4.5 系统维护与优化

相对于 Windows XP，Windows 7 通过改进内存管理、智能划分 I/O 优先级以及优化固态硬盘等手段，极大地提高了系统性能，带给用户全新的体验。通过一些简单的系统优化操作也可以提高系统性能。

1. 减少 Windows 启动加载项

（1）选择"控制面板"→"系统和安全"→"管理工具"命令，打开"管理工具"界面，如图 2-36 所示。

（2）在"管理工具"界面选择"系统配置"选项卡，如图 2-37 所示，在"启动"选项卡中取消不希望登录后自动运行的项目。

注意：尽量不要关闭关键性的自动运行项目，如系统程序、病毒防护软件等。

2. 提高磁盘性能

计算机使用过程中，经常添加或删除各种软件，频繁地复制、移动不同类型的文件，这些操作涉及频繁的磁盘读写过程并产生用于虚拟内存的临时文件，久而久之，文件会成为碎片，散布在磁盘的各个区域。大量的磁盘碎片不仅浪费磁盘的空间，还影响系统的运行速度，因此有必要定期对磁盘碎片进行整理。磁盘碎片整理的方法如下。

（1）在"开始"菜单中单击"所有程序"，在级联菜单中单击"附件"，然后选择"系统工具"下的"磁盘碎片整理程序"命令，即可打开"磁盘碎片整理程序"窗口。

图2-36　管理工具

图2-37　设置Windows启动项

（2）在驱动器列表中选择要整理的磁盘分区，点击"分析磁盘"按钮，系统开始分析该磁盘分区的磁盘碎片情况。

（3）分析结束后，将显示磁盘碎片容量的百分比，用户根据需要选择是否进行整理，如果需要整理，点击"磁盘碎片整理"按钮即可。

注意：单击"配置计划"按钮，在打开的"修改计划"界面中可设置系统自动整理磁盘碎片的"频率"、"日期"、"时间"和"磁盘"，用户可以根据实际情况进行设置。

2.5　因特网及应用

计算机网络是计算机技术和通信技术结合的产物。随着网络技术的发展，计算机网络已经渗透到社会生产、生活、学习的各个领域，在人们日常生活中起着越来越重要的作用。

2.5.1　计算机网络的基本概念

1. 计算机网络与数据通信

在计算机网络发展过程的不同阶段，人们对计算机网络提出了不同的定义。当前较为准确的定义为"以能够相互共享资源的方式互联起来的自治计算机系统的集合"，即分布在不同地理位置上的具有独立功能的多个计算机系统，通过通信设备和通信线路互相连接起来，实现数据传输和资源共享的系统。

数据通信是指在两个计算机或终端之间以二进制的形式进行信息交换，传输数据。下面简要介绍数据通信的几个基本概念。

1）信道

信道是信息传输的媒介或渠道，它把携带有信息的信号从它的输入端传递到输出端，好比车辆行驶的道路。根据传输媒介的不同常用的信道可分为两类：一类是有线的；另一类是无线的。常见的有线信道包括双绞线、同轴电缆、光缆等；无线信道有地波传播、短波、超短波、人造卫星中继等。

2）数字信号和模拟信号

通信系统中被传输的信息必须转换成某种电信号（或光信号）才能进行传输。电信号（或光信号）有两种形式：

模拟信号：通过连续变化的物理量（如信号的幅度）来表示信息，例如，人们打电话或者播音员播音时声音经话筒（麦克风）转换得到的电信号。图2-38是模拟信号。

数字信号：使用有限个状态（一般是2个状态）来表示（编码）信息，例如，电报机、传真机和计算机发出的信号都是数字信号。图2-39是数字信号。

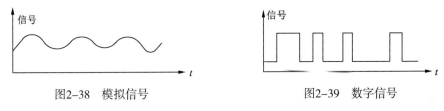

图2-38　模拟信号　　　　　　　　　图2-39　数字信号

3）调制和解调

调制是指将各种数字基带信号转换成适于信道传输的数字调制信号。解调是指在接收端将收到的数字频带信号还原成数字基带信号。实现信号调制与解调的设备分别称为"调制器"和"解调器"，在实际应用中，经常将调制器和解调器做在一起，称为调制解调器（MODEM）。图2-40就是使用调制解调器进行远距离通信的示意图。

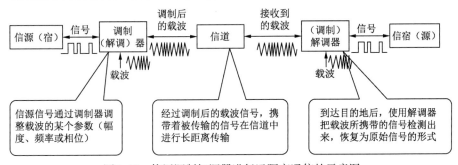

图2-40　使用调制解调器进行远距离通信的示意图

4）带宽与传输速率

在模拟信道中，以带宽表示信道传输信息的能力。带宽是以信号的最高频率和最低频率之差表示，即频率的范围。信道的带宽越宽（带宽数值越大），其可用的频率就越多，其传输的数据量就越大。

在数字信道中，用数据传输速率（比特率）表示信道的传输能力，即每秒传输的二进制位数（bit/s，比特/秒）。单位为：bit/s、kbit/s、Mbit/s、Gbit/s与Tbit/s等，其中：

1 kbit/s=1×10^3 bit/s　　　1 Mbit/s=1×10^6 bit/s

1 Gbit/s=1×10^9 bit/s　　　1 Tbit/s=1×10^{12} bit/s

研究证明，信道的最大传输速率与信道带宽之间存在着明确的关系，所以人们经常用"带宽"来表示信道的数据传输速率。"带宽"与"速率"几乎成了同义词。带宽与数据传输速率是通信系统的主要技术指标之一。

5）误码率

误码率是指二进制数据在传输过程中被传错的概率，是通信系统的可靠性指标。数据在信道传输中一定会因某种原因出现错误。传输错误是不可避免的，但是一定要控制在某个允许的范围内。在计算机网络系统中，一般要求误码率低于 10^{-6}。

2. 计算机网络的分类

计算机网络的分类方法很多。如按使用的传输介质分类，可分为有线网（指采用双绞线来连接的计算机网络）、光纤网（采用光导纤维作为传输介质的计算机网络）、无线网（采用一种电磁波作为载体来实现数据传输的网络类型）。按网络的使用性质可分为公用网和专用网。按网络的使用范围和使用对象可分为企业网、政府网、金融网和校园网。按网络的数据交换方式分为电路交换网、报文交换网、分组交换网。根据网络的覆盖范围与规模可分为局域网、城域网、广域网。

1）局域网（Local Area Network，LAN）

通常常见的"LAN"就是指局域网，这是最常见、应用最广的一种网络。局域网随着整个计算机网络技术的发展和提高得到充分的应用和普及，几乎每个单位都有自己的局域网，有的甚至家庭中都有自己的小型局域网。很明显，所谓局域网，就是在局部地区范围内的网络，它所覆盖的地区范围较小。局域网在计算机数量配置上没有太多的限制，少的可以只有两台，多的可达几百台。一般来说，在企业局域网中，工作站的数量在几十到两百台左右。在网络所涉及的地理距离上一般来说可以是几米至 10 km 以内。局域网一般位于一个建筑物或一个单位内，不存在寻径问题，不包括网络层的应用。

这种网络的特点就是：连接范围窄、用户数少、配置容易、连接速率高。目前局域网最快的速率要算现今的 10G 以太网了。IEEE 的 802 标准委员会定义了多种主要的 LAN 网：以太网（Ethernet）、令牌环网（Token Ring）、光纤分布式接口网络（FDDI）、异步传输模式网（ATM）以及最新的无线局域网（WLAN）。

2）城域网（Metropolitan Area Network，MAN）

这种网络一般来说是在一个城市，但不在同一地理小区范围内的计算机互联。这种网络的连接距离可以在 10~100 km，它采用的是 IEEE802.6 标准。MAN 与 LAN 相比，扩展的距离更长，连接的计算机数量更多，在地理范围上可以说是 LAN 网络的延伸。在一个大型城市或都市地区，一个 MAN 网络通常连接着多个 LAN 网，如连接政府机构的 LAN、医院的 LAN、电信的 LAN、公司企业的 LAN 等。由于光纤连接的引入，使 MAN 中高速的 LAN 互连成为可能。

城域网多采用 ATM 技术做主干网。ATM 是一个用于数据、语音、视频以及多媒体应用程序的高速网络传输方法。ATM 包括一个接口和一个协议，该协议能够在一个常规的传输信道上，在比特率不变及变化的通信量之间进行切换。ATM 也包括硬件、软件以及与 ATM 协议标准一致的介质。ATM 提供一个可伸缩的主干基础设施，以便能够适应不同规模、速度以及寻址技术的网络。ATM 的最大缺点就是成本太高，所以一般在政府城域网中应用，如邮政、银行、医院等。

3）广域网（Wide Area Network，WAN）

这种网络也称为远程网，所覆盖的范围比城域网更广，它一般是在不同城市之间的 LAN 或者 MAN 网络互联，地理范围可从几百千米到几千千米。因为距离较远，信息衰减比较严重，所以这种网络一般是要租用专线，通过 IMP（接口信息处理）协议和线路连接起来，构成网状结构，解决循径问题。如 CHINANET，CHINAPAC 和 CHINADDN 网。

3. 网络拓扑

计算机网络拓扑是将构成网络的结点和连接结点的线路抽象成点和线，用几何中的拓扑关系表示网络结构，从而反映网络中各实体的结构关系。常见的网络拓扑结构主要有星状、总线、树状、环状及网状等几种，如图 2-41 所示。

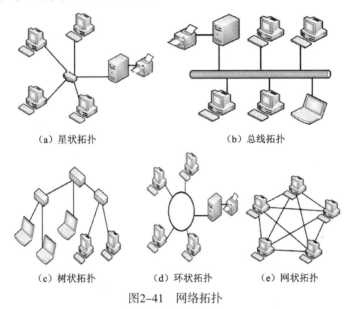

| (a) 星状拓扑 | (b) 总线拓扑 |
| (c) 树状拓扑 | (d) 环状拓扑 | (e) 网状拓扑 |

图2-41　网络拓扑

4. 网络硬件

1）传输介质

使用物理介质进行信号传输的是有线通信，如金属导体（双绞线、同轴电缆），传输电流信号；光导纤维（简称光纤），传输光信号。随着无线网的广泛应用，无线技术被越来越多地进行无线网的组建。

2）网络接口卡

网络接口卡又称为网卡，每块网卡都有一个全球唯一的 MAC 地址，安装了某块网卡的计算机的地址码就是该网卡的 MAC 地址。网卡的任务是发送和接收数据。网卡从网络上接收到一个数据帧后，就会检查数据帧中的目的计算机地址，若地址与本机物理地址相同，则认为这是发送给本机的帧，收下并检验传输的数据有无错误，确定无误后就将数据交给 CPU；若不相同，则将数据帧丢弃，不做任何处理。

局域网的类型不同，其 MAC 地址的规定不同，数据帧的格式也不相同，使用的网卡类型也不同。即使是同种类型的局域网，有线网卡和无线网卡也是有区别的。

3）交换机

以太网交换机是一种高速电子交换器，连接在交换机上的所有计算机均可同时相互通信。与共享式以太网不同的是，交换式以太网采用的是点对点数据传输，并能支持多对计算机之间同时进行通信，从而增大网络带宽，改善局域网的性能和服务质量。

4）无线 AP

无线 AP 也称为无线访问点或无线桥接器，是传统的有线局域网络与无线局域网络之间的桥梁。通过无线 AP，任何一台装有无线网卡的主机都可以连接有线局域网络，从而实现不同程度、不同范围的网络覆盖，一般无线 AP 的最大覆盖距离可达 300 m，非常适合于在建筑物之间、楼层之间等不便于架设有线局域网的地方构建无线局域网。

5）路由器（Router）

路由器则是实现不同网络之间互联的主要设备，它负责检测数据包的目的地址，为数据选择路径，使数据最终达到目的网络。如果存在多条路径，路由器还可以根据不同路径的距离长短、状态等情况对路径进行路径选择，选择最合适的路径进行数据转发。

5. 网络软件

计算机网络的设计除了硬件，还必须要考虑软件，目前的网络软件都是高度结构化的。为了降低网络设计的复杂性，绝大多数网络都通过划分层次，每一层都向上一层提供特定的服务。提供网络硬件设备的厂商很多，不同的硬件设备如何统一划分层次，并且能够保证通信双方对数据的传输理解一致，这些就要通过单独的网络软件，即协议来实现，通信协议就是通信双方都必须遵守的通信规则。

开放系统互连参考模型 （Open System Interconnect，OSI）是国际标准化组织（ISO）和国际电报电话咨询委员会（CCITT）联合制定的开放系统互连参考模型，为开放式互连信息系统提供了一种功能结构的框架。它从低到高分别是：物理层、数据链路层、网络层、传输层、会话层、表示层和应用层。

TCP/IP 协议是当前最流行的商业化协议，被公认为是当前的工业标准或事实标准。图 2-42 给出了 TCP/IP 参考模型的分层结构，它将计算机网络划分为四个层次。

应用层
传输层
互联层
主机-网络层

图2-42　TCP/IP参考模型

理论拓展 TCP/IP 模型每一层的功能

第四层应用层：应用层是 TCP/IP 协议的最高层，为用户提供各种网络应用程序和应用层协议。不同的网络应用程序需要不同的协议，如电子邮件传输需使用 SMTP 协议，Web 浏览器请求及传送网页需使用 HTTP 协议，文件传输采用 FTP 协议。

第三层传输层：传输层为两台主机上的网络应用程序提供端到端的通信，主要包括 TCP 和 UDP（User Datagram Protocol，用户数据包协议）两个协议，其中 TCP 提供可靠的面向连接的传输服务，如电子邮件的传送和网页的下载等；UDP 提供简单高效的无连接服务，该协议只是尽力而为的进行快速数据传输，但不保证传输的可靠性，如用于 QQ 音视频的传输等。

第三层互联层，又称网络互连层：网络互连层为所有互联网中的计算机规定了统一的编址方案和数据包（也称 IP 数据报）格式，并提供将 IP 数据报从一台计算机逐步通过多个路由器传输到目的地的转发机制。

第一层主机-网络层：提供与物理网络的接口方法和规范，并负责把 IP 数据报转换成适合在特定物理网络中传输的帧格式，可以支持各种采用不同拓扑结构和不同介质的底层物理网络，如以太网、FDDI 网、ATM 广域网等。

6. 无线局域网

无线局域网是以太网与无线通信技术相结合的产物。无线局域网（Wireless Local Area Networks，WLAN）利用无线技术在空中传输数据、语音和视频信号。作为传统布线网络的一种替代方案或延伸，无线局域网把个人从办公桌边解放了出来，使他们可以随时随地获取信息，提高了员工的办公效率。

无线局域网采用的传输介质是无线电波。采用的频段电波覆盖范围广，抗干扰性强，通信比较安全可靠。无线局域网采用的协议主要是 IEEE802.11（Wi-Fi）。802.11 一共有 4 个标准，如表 2-8 所示。

表 2-8 IEEE802.11 标准

标　准	频　段	传　输　速　率
802.11b	2.4 GHz	11 Mbit/s
802.11a	5.8 GHz	54 Mbit/s
802.11g	2.4 GHz	54 Mbit/s
802.11n	2.4 GHz、5 GHz	108 Mbit/s 以上，最高可达 320 Mbit/s

2.5.2　因特网基础

因特网（Internet）是国际计算机互联网的英文称谓。它以 TCP/IP 网络协议将各种不同类型、不同规模、位于不同地理位置的物理网络联接成一个整体。它把分布在世界各地、各部门的电子计算机存储在信息总库里的信息资源通过电信网络联接起来，从而进行通信和信息交换，实现资源共享。

1. 因特网的起源与发展

Internet 始于 1969 年美国国防部高级研究计划局（ARPA）提出并资助的 ARPANET 网络计划，其目的是将各地不同的主机以一种对等的通信方式连接起来，最初只有 4 台主机。此后，大量的网络、主机与用户接入 ARPANET，很多地区性网络也接入进来，于是这个网络逐步扩展到其他国家与地区。

20 世纪 80 年代，世界先进工业国家纷纷接入 Internet，使之成为全球性的互联网络。20 世纪 90 年代是 Internet 历史上发展最为迅速的时期，互联网的用户数量以平均每年翻一番的速度增长，目前几乎所有的国家都加入到 Internet 中。因特网是通过路由器将世界不同地区、规模大小不一、类型不一的网络互相连接起来的网络，是一个全球性的计算机互联网络，因此也称为"国际互联网"，是一个信息资源极其丰富的世界上最大的计算机网络。

我国于 1994 年 4 月正式接入因特网，1996 年，中国的 Internet 已经形成了中国科技网（CSTNET）、中国教育和科研计算机网（CERNET）、中国公用计算机互联网（CHINANET）和中国金桥信息网（CHINAGBN）四大主干网，后来随着中国电信、中国移动等公司的加入，我国的网络建设更是突飞猛进、日新月异。

〖理论拓展〗　"互联网+"

"互联网+"是互联网思维的进一步实践成果，它代表一种先进的生产力，推动经济形态不断的发生演变，从而带动社会经济实体的生命力，为改革、创新、发展提供广阔的网络平台。

通俗来说，"互联网+"就是"互联网+各个传统行业"，但这并不是简单的两者相加，而是利用信息通信技术以及互联网平台，让互联网与传统行业进行深度融合，创造新的发展生态。

它代表一种新的社会形态，即充分发挥互联网在社会资源配置中的优化和集成作用，将互联网的创新成果深度融合于经济、社会各领域之中，提升全社会的创新力和生产力，形成更广泛的以互联网为基础设施和实现工具的经济发展新形态。

几十年来，"互联网+"已经改造及影响了多个行业，当前大众耳熟能详的电子商务、互联网金融、在线旅游、在线影视、在线房产等行业都是"互联网+"的杰作。

2. TCP/IP 协议工作原理

TCP/IP 协议，英文全称 Transmission Control Protocol/Internet Protocol，包含了一系列构成互联网基础的网络协议，是 Internet 的核心协议。TCP/IP 协议是一个协议簇，包含了应用协议、传输协议、网际互联协议和路由控制协议。

1）IP 协议

IP 协议规定了所有互联网络中的计算机统一的编址方案和数据包格式，并提供将 IP 数据报从一台计算机逐步通过多个路由器传输到目的地的转发机制。

2）TCP 协议

TCP 向应用层提供面向连接的服务，确保网上发送的数据包可以完整地被接收，一旦发生数据损坏或丢失，可以重新发送这个数据包，确保可靠地端到端传输。

3. 因特网 IP 地址和域名工作原理

为了解决不同的局域网和公用数据网互连的要求，就必须使用 TCP/IP 协议中的 IP 协议和 IP 地址。

1）IP 地址

IP 地址指互联网协议地址（Internet Protocol Address，网际协议地址），是 IP Address 的缩写。IP 地址是 IP 协议提供的一种统一的地址格式，它为互联网上的每一个网络和每一台主机分配一个逻辑地址，以此来屏蔽物理地址的差异。IP 协议有两个版本，分别为 IPv4 和 IPv6。其中 IPv4 的地址长度为 32 位，IPv6 的地址长度为 128 位，地址空间是 IPv4 的 2^{96} 倍，能提供超过 3.4×10^{38} 个地址，不用担心 IP 地址短缺的问题。

IP 协议第 4 版（IPv4）规定，IP 地址用 32 个二进制位，即 4 个字节来表示。为了表示方便，通常采用"点分十进制数"的格式来表示，即将每个字节用其等值的十进制数字来表示，每个字节间用点号"."来分隔。例如，IP 地址 11010010 00001111 00000010 01111011，可以表示为 210.15.2.123。

IP 地址中包含网络号和主机号两个内容，网络号用来标识 Internet 上的一个物理网络的编号，主机号用来标识主机在该物理网络中的编号。

IP 地址分类：常用的 IP 地址划分为 A、B、C 三类，用于不同规模的物理网络，D 类为组播（多播）地址，E 类地址保留给将来使用。图 2-43 是 IP 地址的分类和格式。

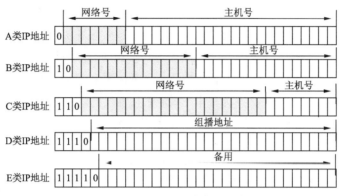

图2-43 IP地址的分类和格式

A 类地址一般分配给具有大量主机的大型网络使用，全球只有 126 个网络可获得 A 类地址。A 类 IP 地址的特征是其二进制表示的最高位为 0，可用的网络号首字节从 1 至 126，可连接的主机数目最大为 $2^{24}-2=16\ 777\ 214$。

B 类地址通常分配给规模中等的网络使用，全球有 16 384（2^{14}）个网络可获得 B 类地址。B 类 IP 地址的特征是其二进制表示的最高两位为 10，可用的网络号首字节从 128 至 191，可连接的主机数目最大为 $2^{16}-2=65\ 534$。

C 类地址通常分配给规模较小的局域网使用，全球有 2 097 152（2^{21}）个网络可获得 C 类地址。C 类 IP 地址的特征是其二进制表示的最高三位为 110，可用的网络号首字节从 192 至 223，可连接的主机数目最大为 $2^{8}-2=254$。

实践提高 怎么查看计算机的 IP 地址和子网掩码？（以 Windows 7 系统为例）

单击"开始"按钮，找到"运行"，在运行中输入 cmd，然后按【Enter】键；在打开的命令提示符中，输入 ipconfig，然后按【Enter】键，查看自己计算机的 IP 地址，如图 2-44 所示。

2）域名

IP 地址由 4 个十进制数表示，难以理解和记忆，Internet 提供了一种字符型的主机命名机制——域名系统（Domain Name System，DNS），即使用具有特定含义的符号来表示 Internet 中的每一台主机，该符号名就称为这台主机的域名。域名一般由一些有意义的符号组成，便于理解和

图2-44 查看IP地址

记忆。用户如需访问某台主机，只需知道目标主机的域名就可以访问，而无须关心目标主机的 IP 地址。例如，www.baidu.com 是百度网站的 WWW 服务器主机域名，其对应的 IP 地址为 202.108.22.5，Internet 用户通过域名 www.baidu.com 就可以访问到该服务器。

为了避免主机的域名重复，Internet 采用层次结构的命名机制，将整个网络的名字空间分成若干个域，每个域又划分成许多子域，依次类推，形成一个树形结构。所有入网主机的名字由一系列的域和子域组成，各个子域之间用 "." 分隔，主机域名所包含的子域数目通常不超过 5 个，并且由左至右级别逐级升高，一般计算机域名表示为：计算机名. 网络名. 机构名. 顶级域名。

域名只许使用字母、数字和连字符，并且要以字母或数字开头并结尾，域名总长度不超过 255 个字符。国际上，一级域名分为组织机构和地理模式两类。因特网起源于美国，所以美国不使用国家代码作为第一级域名。而其他国家和地区采用国家或地区代码作为第 1 级域名，例如，cn（中国）、uk（英国）。表 2-9 为常用一级域名标准代码。

表2-9　常用一级域名标准代码

域 名 代 码	意　　义	域 名 代 码	意　　义
com	商业组织	net	主要网络支持中心
edu	教育机构	org	其他组织
gov	政府机关	int	国际组织
mil	军事部门	<country code>	国家代码（地理域名）

我国的第一级域名是 cn，次级域名也分类别域名和地区域名，共计 40 个。类别域名有：com（表示工商和金融等企业）、edu（表示教育单位）、gov（表示国家政府部门）、org（表示各社会团体及民间非营利组织）、net（表示互联网络、接入网络的信息和运行中心）等。地区域名有 34 个，如 bj（北京市）、sh（上海市）、js（江苏省）、zj（浙江省）。

3）DNS 原理

域名系统是把域名翻译成 IP 地址的一种软件。完整的域名系统可以双向查找，从域名查找 IP 地址或从 IP 地址查找域名。

域名服务器（Domain Name Server，DNS）：运行域名系统软件的一台服务器。一般来说，每个因特网服务提供商（ISP）或校园网都有一个域名服务器，它用于实现入网主机域名与 IP 地址的转换。为方便实现域名的查找，需要在本地网域名服务器与上级网的域名服务器之间建立链接。

⧗ 理论拓展　域名的解析过程

（1）主机向本地域名服务器的查询一般都是采用递归查询。所谓递归查询就是：如果主机所询问的本地域名服务器不知道被查询的域名的 IP 地址，那么本地域名服务器就以 DNS 客户的身份，向其他根域名服务器继续发出查询请求报文（即替主机继续查询），而不是让主机自己进行下一步查询。因此，递归查询返回的查询结果或者是所要查询的 IP 地址，或者是报错，表示无法查询到所需的 IP 地址。

（2）本地域名服务器向根域名服务器的迭代查询。迭代查询的特点：当根域名服务器收到本地域名服务器发出的迭代查询请求报文时，要么给出所要查询的 IP 地址，要么告诉本地服务器："你下一步应当向哪一个域名服务器进行查询"。然后让本地服务器进行后续的查询。根域名服务器通常是把自己知道的顶级域名服务器的 IP 地址告诉本地域名服务器，让本地域名服务器再向顶级域名服务器查询。顶级域名服务器在收到本地域名服务器的查询请求后，要么给出所要查询的 IP 地址，要么告诉本地服务器下一步应当向哪一个权限域名服务器进行查询。最后，知道了所要解析的 IP 地址或报错，然后把这个结果返回给发起查询的主机。

4. 接入因特网

接入因特网的方式多种多样，一般都是通过因特网服务提供商（Internet Service Provider，ISP）提供的因特网接入服务接入因特网。主要的接入方式有电话拨号接入、ADSL 接入、Cable Modem 接入、光纤接入和无线接入等。一般 ISP 提供的功能主要有：分配 IP 地址和网关及 DNS、提供联网软件、提供各种因特网服务、接入服务。国内的 ISP 有：CHINANET、CERNET、CSTNET、CHINAGBN，还有大批 ISP 提供因特网接入服务，如中国联通、中国移动、中国电信等。

1）电话接入

电话接入因特网的一种常见技术是 ADSL（非对称数字用户线路）。ADSL 通过本地公用电话网接入计算机网络，其下行流速率远远高过上行流速率。因为终端用户更多的是下载的需要，而上传的需要较少。

ADSL 并不需要改变电话的本地环路，依然采用电话线作为传输介质，只需要在线路两端加装 ADSL Modem 即可实现数据的高速传输。

ADSL 宽带接入的特点：

（1）使用 ADSL 上网同时可以打电话，互不影响，而且上网时不需要另交电话费。

（2）ADSL 的数据传输速率是根据线路的情况自动调整的，它以"尽力而为"的方式进行数据传输。

2）专线连接

专线连接常见的有 Cable Modem（线缆调制解调器）接入和光纤接入。

有线电视系统已经广泛采用光纤同轴电缆混合网（Hybrid Fiber Coaxial，HFC）传输电视节目。HFC 主干部分采用光纤连接到小区，然后再使用同轴电缆以树型总线方式接入用户，它具有很大的传输容量、很强的抗电子干扰能力，融数字与模拟传输技术于一身，既能传输较高质量和较多频道的广播电视节目，又能提供高速数据传输和信息增值服务，还可开展交互式数字视频点播服务。

由于有线电视网采用的是模拟传输协议，因此网络需要用一个 Modem 来协助完成数字数据的转化。Cable Modem 与以往的 Modem 在原理上都是将数据进行调制后在电缆的一个频率范围内传输，接收时进行解调，传输机理与普通 Modem 相同；不同之处在于它是通过有线电视 CATV 的某个传输频带进行调制解调的。它将同轴电缆的整个频带划分为三个部分，分别用于数据上传、数据下传及电视节目下传。数据通信与电视信号的传输互不影响，上网时仍可收看电视节目。Cable Modem 除了将数字信号调制和解调出来之外，还提供标准的以太网接口与计算机网卡或路由器连接。

光纤接入是指终端设备以光纤作为传输媒介接入因特网。光纤能提供 100～1 000 Mbit/s 的传输速率，具有通信容量大、损耗低、不受电磁干扰的优点，能提供高速、高效、安全、稳定的连接。

3）无线连接

目前，随着采用 802.11 协议的 WLAN 技术日益成熟，校园、宾馆、机场、车站等地方已广泛使用。家庭或宿舍中的多台计算机或智能终端，也可以通过无线路由器连接 ADSL Modem 或者 Cable Modem 等方式接入因特网。

无线局域网的构建不需要布线，因此提供了极大的便捷，省时省力，并且在网络环境发生变化、需要更改的时候便于更改、维护。接入无线网需要一台无线 AP，AP 很像有线网络中的集线器或交换机，是无线局域网络中的桥梁。有了无线 AP，装有无线网卡的计算机或支持 Wi-Fi 功能的手机等设备就可以与网络相连，通过无线 AP，这些计算机或无线设备就可以接入因特网。

2.5.3 因特网的简单应用

因特网已经成为人们获取信息的主要渠道，人们已经习惯每天上网看新闻、看电影、网上购物、下载资料、聊天等。

1. 关于因特网的几个基本概念

1）万维网

万维网 WWW 是 World Wide Web 的简称，也称为 Web、3W 等。WWW 是基于客户机/服务器方式的信息发现技术和超文本技术的综合。WWW 服务器通过超文本标记语言（HTML）把信息组织成为图文并茂的超文本，利用链接从一个站点跳到另一个站点。这样一来彻底摆脱了以前查询工具只能按特定路径一步步地查找信息的限制。

2）超文本和超链接

超文本是用超链接的方法，将各种不同空间的文字信息组织在一起的网状文本。超文本更是一种用户界面范式，用以显示文本及与文本之间相关的内容。超文本普遍以电子文档方式存在，其中的文字包含有可以链接到其他位置或者文档的链接，允许从当前阅读位置直接切换到超文本链接所指向的位置。超文本的格式有很多，目前最常使用的是超文本标记语言及富文本格式。

超链接在本质上属于一个网页的一部分，它是一种允许同其他网页或站点之间进行连接的元素。各个网页链接在一起后，才能真正构成一个网站。所谓的超链接是指从一个网页指向一个目标的连接关系，这个目标可以是另一个网页，也可以是相同网页上的不同位置，还可以是一个图片，一个电子邮件地址，一个文件，甚至是一个应用程序。而在一个网页中用来超链接的对象，可以是一段文本或者是一个图片。当浏览者单击已经链接的文字或图片后，链接目标将显示在浏览器上，并且根据目标的类型来打开或运行。

3）统一资源定位器

统一资源定位器是对可以从互联网上得到资源的位置和访问方法的一种简洁的表示，是互联网上标准资源的地址。互联网上的每个文件都有一个唯一的 URL，它包含的信息指出文件的位置以及浏览器应该怎么处理它。它最初是由蒂姆·伯纳斯·李发明用来作为万维网的地址。

现在它已经被万维网联盟编制为互联网标准 RFC1738 了。

URL 由 3 部分组成，表示形式为：

http://主机域名或 IP 地址：端口号/文件路径/文件名

http 是超文本传输协议（Hyper Text Transport Protocol），http 表示向 Web 服务器请求将某个网页传输给用户的浏览器；主机域名指提供此服务的计算机的域名（端口号通常是默认的，如 Web 服务器是 80，一般不需给出），/文件路径/文件名指的是网页在 Web 服务器硬盘中的路径和文件名，缺省时以 index.html 或 default.html 作为默认的文件名。

4）浏览器

浏览器是用于浏览 WWW 的工具，安装在用户的机器上，是一种客户机软件。它能够把用超文本标记语言描述的信息转换成便于理解的形式。此外，它还是用户与 WWW 之间的桥梁，把用户对信息的请求转换成网络上计算机能够识别的命令。浏览器有很多种，目前最常用的 Web 浏览器有 Internet Explorer（IE）、360 等。

Web 浏览器的基本功能如下：执行 HTTP 协议，向 Web 服务器请求网页；接收 Web 服务器下载的网页；解释网页（HTML 文档）的内容，并在窗口中展示；提供用户界面，进行人机交互。Web 浏览器由若干软件模块组成，包括一组客户程序、一组解释器和一个管理它们的控制程序。控制程序接收用户的键盘与鼠标输入，调用相应的程序完成用户指定的操作。解释器负责 HTML 文档内容的解释，并在窗口中显示。

理论拓展　插件

插件（Plug-in，又称 addin、add-in、addon 或 add-on）是一种遵循一定规范的应用程序接口编写出来的程序。其只能运行在程序规定的系统平台下（可能同时支持多个平台），而不能脱离指定的平台单独运行。因为插件需要调用原纯净系统提供的函数库或者数据。很多软件都有插件，插件有无数种。例如，在 IE 中，安装相关的插件后，Web 浏览器能够直接调用插件程序，用于处理特定类型的文件。又比如，在网页中可以浏览 Word、PPT 或者 PDF 文档，浏览器可以通过本机安装的 Word、PowerPoint 程序进行处理。

浏览器除了可以浏览网页之外，还可以执行一些传统的 Internet 服务：电子邮件（mailto://执行 SMTP 协议，向远程计算机发送电子邮件）、远程登录（telnet://执行 TELNET 协议，登录远程计算机，共享其软硬件资源）、文件传输（FTP）（ftp://执行 FTP 协议，使 FTP 服务器与用户的计算机进行远程文件传输操作）。

5）文件传输协议

FTP（File Transfer Protocol，文件传输协议），中文简称为"文传协议"。用于 Internet 上控制文件的双向传输。同时，它也是一个应用程序。基于不同的操作系统有不同的 FTP 应用程序，而所有这些应用程序都遵守同一种协议传输文件。在 FTP 的使用中，用户经常遇到两个概念："下载"（Download）和"上传"（Upload）。"下载"文件就是从远程主机复制文件至自己的计算机上；"上传"文件就是将文件从自己的计算机中复制至远程主机上。用 Internet 语言来说，用户可通过客户机程序向（从）远程主机上传（下载）文件。

不同的操作系统，如 Windows 与 UNIX（Linux），其文件系统不同，文件命名规则和存取权限规定等均有区别。FTP 协议规定：需要进行文件传输的两台计算机应按照客户/服务器模式工作，由 FTP 服务器和 FTP 客户机协同完成文件传输任务。使用 FTP 进行文件传输时，可以一次传输一个文件或文件夹，也可以传输多个文件或文件夹。如果权限允许，还可以对服务器中的文件进行重命名，建立新文件，删除文件、文件列表等操作。

访问 FTP 服务器的方法：

客户机访问 FTP 服务器的方法有多种，可以在 Web 浏览器的地址栏中输入 FTP 服务器的 URL 地址，例如：FTP:// 用户名：口令@ FTP 服务器域名。

这种方法虽然简单，但是文件传输速度较慢，且不够安全；另一种访问 FTP 服务器的方法是安装并运行专门的 FTP 工具软件，如 LeapFTP、CuteFTP、WSFTP 等，它们提供图形化的用户界面，专门用来连接 FTP 服务器。

FTP 服务器可分为匿名 FTP 服务器和非匿名服务器两种类型。任何用户都可以使用"anonymous"（匿名）作为用户名来访问匿名 FTP 服务器，通常这些匿名用户只能拥有有限的权限去访问 FTP 服务器，如可以下载文件，但是不能上传文件或者修改已存在的文件等。而用户访问非匿名 FTP 服务器需要事先获得管理员提供的用户名和口令，以此来登录该 FTP 服务器，通过这种方式可以获得比匿名用户更多的操作权限。

2. 网上漫游

浏览 WWW 必须使用浏览器。下面以 Windows 7 系统上的 Internet Explorer 9（IE9）为例，介绍浏览器的常用功能及操作方法。

1）IE 的启动

单击 Windows 7 桌面或任务栏上 IE 的快捷方式，或单击"开始"菜单→"所有程序"→ Internet Explorer 图标均可打开 IE 浏览器。

2）IE 窗口

启动 IE 后，会打开浏览器窗口，会自动默认主页选项卡。IE 9 浏览器界面简洁，主要由地址栏、菜单栏、工具栏、内容区域等部分组成。

（1）"前进""后退"按钮：IE 浏览器上的前进与后退按钮适用于在同一网页窗口中浏览网页时。当在此页面中单击某一链接查看后，若是想回退到前一页，这时就可单击"后退"按钮返回。若是已经回退到前面一个页面，又想查看刚才已经查看过的前面，这时就可单击"前进"按钮进入，这样可以做到快速返回和快速前进，免去等待网页加载的时间。

（2）地址栏：IE 浏览器将地址栏和搜索栏功能合并，不仅可以输入网站地址，还可以在地址栏输入关键词实现搜索。单击地址栏右侧的下拉箭头打开下拉菜单，能看到收藏夹和历史记录。另外地址栏提供页面刷新和停止功能。

（3）选项卡：选项卡一般显示网页标题。选项卡出现在地址栏右侧，将光标移动到光标右侧"新建选项卡"，可以新建一个选项卡，与已有的选项卡并列显示，也可通过快捷键【Ctrl+T】新建选项卡。

（4）功能按钮，IE 窗口主要有 3 个功能按钮，分别是"主页"、"收藏夹"和"工具"。

主页：每次打开 IE 会打开一个选项卡，选项卡中默认显示主页。主页的地址可以在 Internet 项中设置，并且可以设置多个主页，这样打开 IE 就会打开多个选项卡显示多主页的内容。

收藏夹：IE 9 将收藏夹、源和历史记录集成在一起了，单击收藏夹就可以展开小窗口。

工具：单击工具，可以看到"打印"、"文件"和"Internet 选项"等功能按钮。

（5）控制按钮组

IE 窗口右侧最常用的 3 个控制按钮，分别为"最小化"、"最大化/还原"和"关闭"按钮。

3）网页浏览

将光标移到地址栏内就可以输入 Web 地址了，IE 为地址输入提供了很多方便，如：用户不用输入"http://""ftp://"协议的开始部分，IE 会自动补上；用户第一次输入某个地址时，IE 会记忆这个地址，再次输入这个地址时，只需输入开始的几个字符，IE 就会检查保存过的地址并把其开始几个字符与用户输入的字符符合的地址罗列出来供用户选择。用户可以用鼠标上下移动选择其一，然后单击即可转到相应地址。

此外，单击地址列表右端的下拉按钮，会出现曾经浏览过的 Web 地址记录，单击其中的一个地址，相当于输入了这个地址并按【Enter】键。

需要注意，网页上有很多链接，当光标移动到其上面时会出现一只"小手"，单击它可以从一个页面跳转到另一个页面。

4）Web 页面的保存

打开要保存的 Web 网页，单击"文件"→"另存为"命令，打开"保存网页"对话框，在该对话框中，用户可设置要保存的位置、名称、类型及编码方式。在"保存类型"下拉列表中，根据需要可以从"网页，全部"、"Web 档案，单个文件"、"网页，仅 HTML"和"文本文件"四类中选择一种。文本文件节省存储空间，但是只能保存文字信息，不能保存图片等多媒体信息；设置完毕后，单击"保存"按钮即可将该 Web 网页保存到指定位置。

有时需要的是页面上的部分信息，这时可以选中目标内容，运用【Ctrl+C】（复制）和【Ctrl+V】（粘贴）两个组合键将 Web 页面上部分感兴趣的内容复制、粘贴到某一个空白文件，如空白的 Word 文档、记事本或其他文字编辑软件中。

实践提高　保存网页中的图片

题目：某模拟网站的主页地址是：HTTP://LOCALHOST:65531/ExamWeb/new2017index html，打开此主页，浏览"节目介绍"页面，将页面中的图片保存到 D:盘下，命名为"JIEMU.jpg"。

（1）单击"启动 Internet Explorer 仿真"按钮，启动浏览器。

（2）在"地址栏"中输入网址"HTTP://LOCALHOST:65531/ExamWeb/new2017/index .html"，并按【Enter】键，找到并打开"节目介绍"页面。

（3）在页面中找到相应图片，右击，在弹出的快捷菜单中选择"图片另存为"命令，弹出"另存为"对话框，保存位置选择 D:盘，在"文件名"编辑框中输入"JIEMU"，"保存类型"选择"JPEG"，单击"保存"按钮，如图 2-45 所示，最后关闭浏览器。

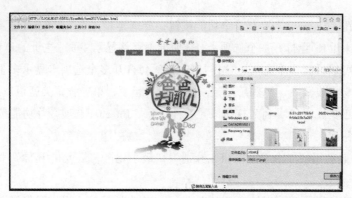

图2-45 保存网页中的图片图解

5）使用收藏夹

在网上浏览时，人们总希望将喜爱的网页地址保存起来以备使用。IE 的收藏夹提供保存网址的功能。

（1）将 Web 页地址添加到收藏夹中。

单击 IE 上的 功能按钮，在打中的窗口中选择"收藏夹"选项卡；单击"添加收藏夹"按钮，打开"添加收藏"对话框，可以输入名称，也可以选择存放位置；如果想新建一个收藏文件夹，则可单击"新建文件夹"按钮，弹出"创建文件夹"对话框，输入文件夹名即可。

（2）使用收藏夹中的地址。

单击 IE 窗口 功能按钮，选择需要访问的网站，单击即可打开浏览。

（3）整理收藏夹。

当收藏夹中的网址越来越多，为便于查找和使用，就需要利用整理收藏功能进行整理，使收藏夹中的网页地址存放更有条理，在收藏夹选项卡中，在文件夹或网址上右击就可以选择复制、剪切、重命名、删除、新建文件夹等操作，还可以使用拖曳的方式移动文件夹和网址的位置，从而改变收藏夹的组织结构。

3. 电子邮件

1）电子邮件概述

电子邮件是因特网上广泛使用的一种服务，其工作过程与传统的邮政服务大致相同。用户向某个电子邮件服务提供商申请开户，在开户的电子邮件服务器中获得一个属于自己的电子邮箱。任何人都可以将电子邮件发送到某个电子邮箱，但只有邮箱的所有者才能查看到电子邮件的内容。

2）电子邮件地址

每个电子邮箱都必须有一个唯一的 E-Mail 地址，该地址由两部分组成，格式如下：邮箱名@邮箱所在的邮件服务器的域名。发送邮件时，按邮箱所在的邮件服务器的域名将邮件送达相应的接收端邮件服务器，再按照邮箱名将邮件存入该收信人的电子邮箱中。例如，邮箱地址为 lny060914@163.com，表示收信人的邮箱名为 lny060914，邮箱所在的邮件服务器域名为 163.com。

3）电子邮件的格式

电子邮件都有两个基本的组成部分：信头和信体。信头相当于信封，信体相当于信件内容。信头中通常包括如下几项：

收件人：收件人的 E-Mail 地址。多个收件人地址之间用分号（；）隔开。

抄送：表示同时可以接收到此信的其他人的 E-Mail 地址。

主题：类似一本书的章节标题，它概括描述邮件的主题，可以是一句话或一个词。

信体应是邮件内容。邮件还可以包含附件，如音频、视频、照片和文件等。

4）电子邮件的使用

收发电子邮件可以在 Web 页面上进行，还可以使用电子邮件客户机软件。在日常应用中，用后者更加方便，功能也更为强大。目前电子邮件客户机软件很多，如 Foxmail、Outlook 2016 等都是常用的收发电子邮件客户机软件。

实践提高　收发电子邮件

题目：接收并阅读由 xuexq@mail.neea.edu.cn 发来的 E-Mail，将随信发来的附件以文件名 shenbao.doc 保存到 D:盘下并回复该邮件，主题为"工作答复"，正文内容为"你好，我们一定会认真审核并推荐，谢谢!"。

（1）单击"启动 Outlook Express 仿真"按钮，启动"Outlook Express 仿真"，单击"发送/接收所有文件夹"按钮，单击出现的邮件标题，再单击"附件"按钮，弹出"另存为"对话框，保存位置选择 D:盘，在"文件名"中输入"shenbao.doc"，单击"保存"按钮，如图 2-46 所示。

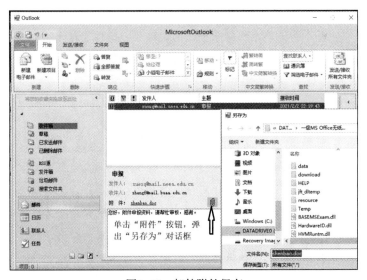

图2-46　邮件附件保存

（2）单击"答复"按钮，弹出"WriteEmail"对话框，在"主题"中输入"工作答复"，在下方的空白处输入正文内容"你好，我们一定会认真审核并推荐，谢谢!"，单击"发送"按钮，如图 2-47 所示，最后关闭 Outlook 软件。

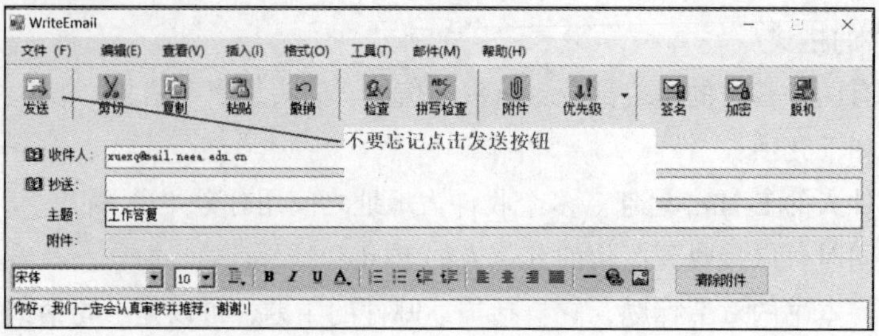

图2-47　发送电子邮件

习　　题

一、选择题

1. 组成一个计算机系统的两大部分是（　　）。

　　A. 系统软件和应用软件　　　　　　　B. 主机和外围设备

　　C. 硬件系统和软件系统　　　　　　　D. 主机和输入/输出设备

2. 微机硬件系统中最核心的部件是（　　）。

　　A. 内存储器　　　B. 输入/输出设备　　C. CPU　　　　　D. 硬盘

3. 半导体只读存储器（ROM）与半导体随机存取存储器（RAM）的主要区别在于（　　）。

　　A. ROM可以永久保存信息，RAM在断电后信息会丢失

　　B. ROM断电后，信息会丢失，RAM则不会

　　C. ROM是内存储器，RAM是外存储器

　　D. RAM是内存储器，ROM是外存储器

4. 在计算机中，每个存储单元都有一个连续的编号，此编号称为（　　）。

　　A. 地址　　　　　　B. 位置号　　　　　　C. 门牌号　　　　D. 房号

5. RAM的特点是（　　）。

　　A. 海量存储器

　　B. 存储在其中的信息可以永久保存

　　C. 一旦断电，存储在其上的信息将全部消失，且无法恢复

　　D. 只用来存储中间数据

6. 计算机的系统总线是计算机各部件间传递信息的公共通道，它分为（　　）。

　　A. 数据总线和控制总线　　　　　　　B. 地址总线和数据总线

　　C. 数据总线、控制总线和地址总线　　D. 地址总线和控制总线

7. 某800万像素的数码相机，拍摄照片的最高分辨率大约是（　　）。

　　A. 3 200×2 400　　B. 2 048×1 600　　C. 1 600×1 200　D. 1 024×768

8. 下列关于磁道的说法中，正确的是（　　）。

　　A. 盘面上的磁道是一组同心圆

　　B. 由于每一磁道的周长不同，所以每一磁道的存储容量也不同

　　C. 盘面上的磁道是一条阿基米德螺线

D. 磁道的编号是最内圈为 0，并按次序由内向外逐渐增大，最外圈的编号最大

9. 操作系统对磁盘进行读/写操作的物理单位是（　　　）。

A. 磁道　　　　　　B. 字节　　　　　　C. 扇区　　　　　　D. 文件

10. 下列软件中，不是操作系统的是（　　　）。

A. Linux　　　　　B. UNIX　　　　　C. MS-DOS　　　　D. MS-Office

11. 在所列出的：①字处理软件②Linux③UNIX④学籍管理系统⑤Windows 7 和⑥Office 2010 这 6 个软件中，属于系统软件的有（　　　）。

A. ①②③　　　　　B. ②③⑤　　　　　C. ①②③⑤　　　　D. 全部都不是

12. 操作系统将 CPU 的时间资源划分成极短的时间片，轮流分配给各终端用户，使终端用户单独分享 CPU 的时间片，有独占计算机的感觉，这种操作系统称为（　　　）。

A. 实时操作系统　　　　　　　　　　B. 批处理操作系统

C. 分时操作系统　　　　　　　　　　D. 分布式操作系统

13. 下面关于操作系统的叙述中，正确的是（　　　）。

A. 操作系统是计算机软件系统中的核心软件

B. 操作系统属于应用软件

C. Windows 是 PC 唯一的操作系统

D. 操作系统的五大功能是：启动、打印、显示、文件存取和关机

14. 把用高级程序设计语言编写的源程序翻译成目标程序（.OBJ）的程序称为（　　　）。

A. 汇编程序　　　B. 编辑程序　　　C. 编译程序　　　D. 解释程序

15. 下列说法错误的是（　　　）。

A. 汇编语言是一种依赖于计算机的低级程序设计语言

B. 计算机可以直接执行机器语言程序

C. 高级语言通常都具有执行效率高的特点

D. 为提高开发效率，开发软件时应尽量采用高级语言

16. 计算机网络最突出的优点是（　　　）。

A. 精度高　　　　B. 共享资源　　　C. 运算速度快　　D. 容量大

17. 计算机网络分为局域网、城域网和广域网，下列属于局域网的是（　　　）。

A. ChinaDDN 网　　　　　　　　　B. Novell 网

C. Chinanet 网　　　　　　　　　　D. Internet

18. 下列有关计算机网络的说法，错误的是（　　　）。

A. 组成计算机网络的计算机设备是分布在不同地理位置的多台独立的"自治计算机"

B. 共享资源包括硬件资源和软件资源以及数据信息

C. 计算机网络提供资源共享的功能

D. 计算机网络中，每台计算机核心的基本部件，如 CPU、系统总线、网络接口等都要求存在，但不一定独立

19. 调制解调器的主要功能是（　　　）。

    A. 模拟信号的放大　　　　　　　　　B. 数字信号的放大

    C. 数字信号的编码　　　　　　　　　D. 模拟信号与数字信号之间的相互转换

20. 能够利用无线移动网络的是（　　　）。

    A. 内置无线网卡的笔记本计算机　　　B. 部分具有上网功能的手机

    C. 部分具有上网功能的平板计算机　　D. 以上全部

21. 因特网中 IP 地址用四组十进制数表示，每组数字的取值范围是（　　　）。

    A. 0～127　　　　B. 0～128　　　　C. 0～255　　　　D. 0～256

22. 有一域名为 bit.edu.cn，根据域名代码的规定，此域名表示（　　　）。

    A. 政府机关　　　B. 商业组织　　　C. 军事部门　　　D. 教育机构

23. 域名 ABC.XYZ.COM.CN 中主机名是（　　　）。

    A. ABC　　　　　B. XYZ　　　　　C. COM　　　　　D. CN

24. 下列用户 XUEJY 的电子邮件地址中，正确的是（　　　）。

    A. XUEJY @ bj163.com　　　　　　　B. XUEJYbj163.com

    C. XUEJY#bj163.com　　　　　　　　D. XUEJY@bj163.com

25. 下列关于电子邮件的说法中错误的是（　　　）。

    A. 发件人必须有自己的 E-Mail 账户　　B. 必须知道收件人的 E-Mail 地址

    C. 收件人必须有自己的邮政编码　　　D. 可使用 Outlook Express 管理联系人信息

26. 下列关于电子邮件的说法，正确的是（　　　）。

    A. 收件人必须有 E-Mail 地址，发件人可以没有 E-Mail 地址

    B. 发件人必须有 E-Mail 地址，收件人可以没有 E-Mail 地址

    C. 发件人和收件人都必须有 E-Mail 地址

    D. 发件人必须知道收件人住址的邮政编码

27. 下列哪一选项是 Internet 提供的最常用、便捷的通信服务（　　　）。

    A. 文件传输（FTP）　　　　　　　　B. 远程登录（Telnet）

    C. 电子邮件（E-Mail）　　　　　　　D. 万维网（WWW）

28. HTML 的正式名称是（　　　）。

    A. Internet 编程语言　　　　　　　　B. 超文本标记语言

    C. 主页制作语言　　　　　　　　　　D. WWW 编程语言

29. IE 浏览器收藏夹的作用是（　　　）。

    A. 收集感兴趣的页面地址　　　　　　B. 记忆感兴趣的页面的内容

    C. 收集感兴趣的文件内容　　　　　　D. 收集感兴趣的文件名

30. 以下关于流媒体技术的说法中，错误的是（　　　）。

    A. 实现流媒体需要合适的缓存　　　　B. 媒体文件全部下载完成才可以播放

    C. 流媒体可用于在线直播等方面　　　D. 流媒体格式包括 asf、rm、ra 等

二、操作题

1. Windows 基本操作（注意：文件夹为 D:\Windowsone，文件夹示意图如图 2-48 所示。）

图2-48　文件夹示意图

（1）将考生文件夹下 DOCT 文件夹中的文件 CHARM.IDX 复制到考生文件夹下 DEAN 文件夹中。

（2）将考生文件夹下 MICRO 文件夹中的文件夹 MACRO 设置为隐藏属性。

（3）将考生文件夹下 QIDONG 文件夹中的文件 WORD.DOC 移动到考生文件夹下 EXCEL 文件夹中，并将该文件改名为 XINGAL.DOC。

（4）将考生文件夹下 HULIAN 文件夹中的文件 TONGXIN.WR 删除。

（5）在考生文件夹下 TEDIAN 文件夹中建立一个新文件夹 YOUSHI。

2. IE 模拟操作（IE 模拟软件请联系任课教师）。

某模拟网站的主页地址是：HTTP：//LOCALHOST：65531/ExamWeb/INDEX.HTM，打开此主页，浏览"中国地理"页面，将"中国的自然地理数据"的页面内容以文本文件的格式保存到考生目录下，命名为"zgdl.txt"。

3. 电子邮件模拟操作（电子邮件模拟软件请联系任课教师）。

接收并阅读来自朋友小赵的邮件（zhaoyu@sohu.com），主题为："生日快乐"。将邮件中的附件"生日贺卡.jpg"保存到考生文件夹下，并回复该邮件，回复内容为："贺卡已收到，谢谢你的祝福，也祝你天天幸福快乐！"。

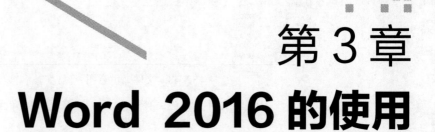

第 3 章
Word 2016 的使用

2015 年 9 月 22 日，微软公司发布了 Office 2016，它包括 Word、Excel、PowerPoint、Outlook 等应用软件，支持的操作系统环境为 Windows 7/8/10。Word 2016 版本新增了一些实用的功能：

1）配合 Windows 10 的改变

微软在 Windows 10 上针对触控操作有了很多改进，而 Office 2016 也随之进行了适配，包括：界面、功能以及相应的应用。同时，可通过云端同步功能随时随地查阅文档。

2）便利的组件进入界面

启动 Word 2016 后，可以看到打开的主界面充满了浓厚的 Windows 10 风格，左边是最近使用的文件列表，右边更大的区域则是罗列了各种类型文件的模版供用户直接选择，这种设计更符合普通用户的使用习惯。

3）主题色彩新增彩色和黑色

Word 2016 的主题色彩包括 4 种主题，分别是彩色、深灰色、黑色、白色，其中彩色和黑色是新增加的，而彩色是默认的主题颜色。

4）界面扁平化，新增触摸模式

Word 2016 的主编辑界面与之前的变化并不大，对于用户来说都非常熟悉，而功能区上的图标和文字与整体的风格更加协调，同时将扁平化的设计进一步加重，按钮、复选框都彻底扁了。为了更好地与 Windows 10 相适配，在顶部的快速访问工具栏中增加了一个手指标志按钮。

5）文件菜单

Word 2016 对"打开"和"另存为"的界面进行了改良，存储位置排列、浏览功能、当前位置和最近使用的排列，都变得更加清晰明了。

6）Clippy 助手回归——Tell Me 搜索栏

在 Word 2016 中，微软带来了 Clippy 的升级版——Tell Me。Tell Me 是全新的 Office 助手，它就是选项卡右侧新增的输入框。

7）手写公式

Word 2016 中增加了一个相当强大而又实用的功能——墨迹公式，使用这个功能可以快速地在编辑区域手写输入数学公式，并能够将这些公式转换成系统可识别的文本格式。

8）简化文件分享操作

Word 2016 将共享功能和 OneDrive 进行了整合，在"文件"菜单的"共享"界面中，可以直接将文件保存到 OneDrive 中，然后邀请其他用户一起来查看、编辑文档。

通过本章的学习，应该掌握：

（1）了解 Word 2016 的基本功能、运行环境、Word 2016 的启动和退出。

（2）掌握文档的创建、打开、输入、保存、保护和打印等基本操作。

（3）熟练掌握文本的选定、插入与删除、复制与移动、查找与替换等基本编辑技术；了解多窗口和多文档的编辑。

（4）熟练掌握字体格式设置、段落格式设置、文档样式设置、文档页面设置和文档分栏等基本操作。

（5）熟练掌握表格的创建、修改；表格中数据的输入与编辑；数据的排序和计算。

（6）了解图形和图片的插入、图形的建立和编辑、文本框的使用。

3.1 Word 2016基础

3.1.1 启动Word 2016

Word 2016 的启动方式有以下几种：

（1）从桌面左下角的 Windows "开始"菜单启动：单击屏幕左侧"开始"按钮，单击"Word"软件。如图 3-1 所示。

（2）从"任务栏"启动：单击屏幕左侧"开始"按钮，右击"Word"软件，在弹出的快捷菜单中单击"更多"命令，在级联菜单中单击"固定到任务栏"命令，如图 3-2 所示。这样每次启动 Word 2016，可以直接从"开始"按钮右侧的"任务栏"启动，方便快捷。

图3-1　Word 2016启动　　　　　图3-2　Word 2016任务栏启动

（3）如果桌面已创建 Word 2016 应用程序快捷方式图标，可以双击快捷图标，启动 Word 2016。

（4）如果计算机中有已创建的 Word 文档文件（文件扩展名为.docx），可通过资源管理器找到该文件，双击该文件即可打开。

ℹ️提示

　　为简化叙述，"用鼠标左键单击"简称为"单击"，"用鼠标左键双击"简称为"双击"，"用鼠标右键单击"简称为"右击"。

3.1.2　Word 2016窗口及其组成

Word 2016 窗口由标题栏、快速访问工具栏、选项卡区、工作区、状态栏、文档视图工具栏、显示比例控制栏、标尺、滚动条等部分组成。在 Word 2016 窗口的工作区中可以对创建或打开的文档进行各种编辑、排版等操作。Word 2016 窗口组成如图 3-3 所示。

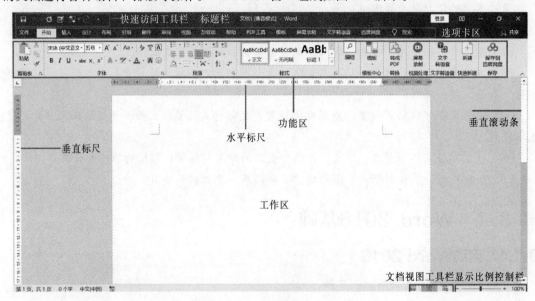

图3-3　Word 2016窗口组成

1. 标题栏

标题栏位于窗口最上方，显示正在编辑的文档名称及应用程序名称，标题栏上有快速访问工具栏和窗口控制按钮。

标题栏有"功能区显示选项"按钮▣，提供了"自动隐藏功能区""显示选项卡""显示选项卡和命令" 3 个选项，如图 3-4 所示。

2. 快速访问工具栏

快速访问工具栏位于 Word 2016 工作界面的左上角，由最常用的工具按钮组成。默认情况下仅包含"保存"按钮、"撤消键入"按钮、"恢复键入"按钮和"自定义快速访问工具栏"按钮。单击快速访问工具栏上的按钮，可以快速实现其相应的功能。用户也可以添加自己的常用命令到快速访问工具栏；如果需要将某个命令添加到快速访问工具栏中，可单击快速访问工具栏右侧的下三角按钮，在弹出的下拉菜单中选择需要添加到快速访问工具栏上的命令，如图 3-5 所示。

ⓘ提示

快速访问工具栏也可以在功能区下方显示。

3. 选项卡区

功能区是全新的设计，以选项卡的形式对命令进行分组和显示，提升了应用程序的可操作性。每个选项卡由名称和功能区两部分组成。选项卡有三种类型：文件选项卡、主选项卡和工具选项卡。

图3-4 "功能区显示选项"按钮功能　　　　图3-5 自定义快速访问工具栏命令添加

实践提高 自定义功能区的拓展

（1）单击"文件"→"更多"→"选项"命令，打开"Word 选项"对话框，如图 3-6 所示。

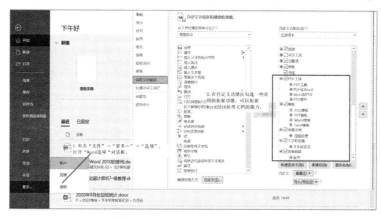

图3-6 Word自定义功能的拓展

（2）在"自定义功能区"选择一些常用的拓展功能，可以拓宽 Word 2016 处理文档的能力。

1）"文件"选项卡

"文件"选项卡位于所有选项卡的最左侧，单击"文件"选项卡下拉菜单。Word 2016 文档编辑时的文件操作基本命令位于此处，如"新建"、"打开"、"关闭"、"另存为"和"打印"命令。

提示

按"开始"上面的 ⊙ 返回文档主窗口中。

2）主选项卡

（1）"开始"菜单选项卡包含剪贴板、字体、段落、样式和编辑五个分组功能区，其主要作用是进行文字编辑和格式设置。

（2）"插入"菜单选项卡包含页面、表格、插图、加载项、媒体、链接、批注、页眉和页脚、文本和符号几个分组功能区，其主要作用是在 Word 2016 文档中插入各种元素。

（3）"设计"菜单选项卡包含主题、文档格式和页面背景三个分组功能区，其主要作用是对 Word 文档格式进行设计和背景编辑。

（4）"布局"菜单选项卡包含页面设置、稿纸、段落、排列几个分组功能区，其主要作用是设置 Word 文档中的页面样式。

（5）"引用"菜单选项卡包含目录、脚注、引文与书目、题注、索引和引文目录几个分组功能区，其主要作用是实现在 Word 2016 文档中插入目录等比较高级的功能。

（6）"邮件"菜单选项卡包含创建、开始邮件合并、编写和插入域、预览结果和完成几个分组功能区，其主要作用比较专一，专门用于在 Word 2016 文档中进行邮件合并方面的操作。

（7）"审阅"菜单选项卡包含校对、语言、中文简繁转换、批注、修订、更改、比较和保护几个分组功能区，其主要作用是对 Word 2016 文档进行校对和修订等操作。

（8）"视图"菜单选项卡包含视图、显示、缩放、窗口和宏几个分组功能区，其主要作用是设置 Word 2016 文档操作窗口的视图类型。

3）工具选项卡

文档中插入对象时，如表格、形状、图片等，会在标题栏中添加相应的工具栏及选项卡。例如，在文档中插入图片后，该文档的标题栏中将出现"图片工具-格式"选项卡。

4. 工作区

在 Word 2016 窗口的工作区中可以对创建或打开的文档进行各种编辑、排版等操作。Word 2016 可以打开多个窗口，每个文档都有一个独立的窗口。

5. 状态栏

显示正在编辑的文档的相关信息。文档的状态栏中，分别显示了该文档的状态内容，包括当前页数／总页数、文档的字数、校对错误的内容、设置语言、视图显示方式和调整文档显示比例。

实践提高 状态栏的调整显示"插入/改写"

（1）右击状态栏空白处，在弹出的快捷菜单中单击"改写"命令，如图 3-7 所示。

（2）单击状态栏"插入/改写"可以轻松实现插入和改写状态的切换。

6. 文档视图工具栏

屏幕上显示文档的方式称为视图，Word 提供了"页面视图"、"阅读视图"、"Web 版式视图"、"大纲视图"和"草稿"等多种视图模式。不同的视图模式分别从不同的角度、按不同的方式显示文档，并适应不同的工作特点。因此，采用正确的视图模式，将极大地提高工作效率。

要在各视图间进行切换，单击"视图"选项卡，选择"视图"组中的视图选项，即可完成各种视图间的切换。也可单击状态栏右侧的视图按钮切换视图，如图 3-8 所示。从左至右依次为"阅读视图""页面视图""Web 版式视图"。

图3-7　状态栏调整 显示"插入/改写"

图3-8　视图切换按钮

1）页面视图

页面视图是 Word 2016 中最常见的视图之一，它按照文档的打印效果显示文档。由于页面视图可以更好地显示排版的格式，因此，常用于文本、格式或版面外观修改等操作。

在页面视图方式下，可直接看到文档的外观以及图形、文字、页眉页脚、脚注、尾注在页面上的精确位置以及多栏的排列效果，用户在屏幕上就可以很直观地看到文档打印在纸上的效果。页面视图能够显示出水平标尺和垂直标尺，用户可以用鼠标移动图形、表格等在页面上的位置，并可以对页眉、页脚进行编辑。

2）阅读视图

Word 2016 对阅读版式视图进行了优化设计，以该视图方式来查看文档，可以利用最大的空间来阅读或者批注文档。另外，还可以通过该视图，选择以文档在打印页上的显示效果进行查看。

3）Web 版式视图

Web 版式视图中可以显示页面背景，每行文本的宽度会自动适应文档窗口的大小。该视图与文档存为 Web 页面并在浏览器中打开看到的效果一致，是最适合在屏幕上查看文档的视图。

4）大纲视图

大纲视图中，除了显示文本、表格和嵌入文本的图片外，还可显示文档的结构。它可以通过拖动标题来移动、复制和重新组织文本；还可以通过折叠文档来查看主要标题，或者展开文档以查看所有标题及正文内容。从而使用户能够轻松地查看整个文档的结构，方便地对文档大纲进行修改。

大纲视图用于显示、修改或创建文档的大纲。转入大纲视图模式后，系统会自动在文档编辑区上方打开"大纲"选项卡。通过单击该选项卡中的"显示级别"右侧的下拉按钮，可决定文档显示至哪一级别标题，或者显示全部内容。

5）草稿视图

草稿与 Web 版式视图一样，都可以显示页面背景，但不同的是它仅能将文本宽度固定在窗口左侧，是最节省计算机硬件资源的视图方式。

7. 显示比例控制栏

用于更改正在编辑的文档的显示比例。拖动"显示比例"中的滑块调整文档的缩放比例，或者单击"–"按钮和"+"按钮，亦可调整文档缩放比例。

8. 标尺

标尺有水平标尺和垂直标尺两种。在草稿视图下只能显示水平标尺，在页面视图下可以显示水平标尺和垂直标尺。标尺可以显示文字所在的实际位置、页边距，还可以设置制表位、段落、页边距、左右缩进、首行缩进。标尺的显示可以单击"视图"→"显示"组中的"标尺"复选框，如图 3-9 所示。

图3-9 "标尺"设置

9. 滚动条

滚动条分为水平滚动条和垂直滚动条。使用滚动条中的滑块或按钮可滚动显示工作区内的文档内容。

10. 插入点

新建的 Word 2016 文档中，编辑区是空白的，仅有一个闪烁的光标（称为插入点）。插入点就是当前编辑的位置，它将随着输入字符位置的改变而改变。在"草稿"视图下，文档结尾会出现一小段水平横条，称为文档结束标记。

11. "请告诉我"列表框

"请告诉我"列表框 ![操作说明搜索] 的功能类似搜索引擎，帮助用户快速定位命令菜单或对话框。

12. "协作"工具栏

Office 2016 在 Word 中引入了一种新的非常有用的协作功能：联合编辑（或共同创作），它允许多个人同时处理文档。共同编辑可以节省时间。不必往返电子邮件并等待其他人对文件进行编辑，然后再跳回来。不止一个人可以同时编辑 Word 文档，还可以看到其他人是如何逐字编辑文档的。

要在 Word 2016 中使用此协作模式，需要将文档保存到 OneDrive，OneDrive for Business 或 SharePoint Online 位置，而不是本地文件夹。分享文档的人可以使用免费的 Word Online 应用程序或 Word 2016 查看或编辑文件。

3.1.3 退出Word 2016

常用退出 Word 2016 的方法有以下几种：

（1）单击"文件"→"关闭"命令。

（2）单击标题栏最右端"关闭"按钮。

（3）按【Alt+F4】组合键。

在退出 Word 2016 时，如果是新建文档或是修改后未保存，Word 2016 会给出一个对话框，询问是否要保存文件。若单击"保存"按钮，则保存当前新建或修改的文档。若单击"不保存"按钮，则放弃本次修改。若单击"取消"按钮，则取消本次操作，继续文档编辑工作。

3.2　Word 2016的基本操作

本节主要介绍创建、修改、保存文档的常用操作和文本的剪切、复制、粘贴、查找和替换等基本编辑技术。

3.2.1　创建新文档

Word 启动后，屏幕上会列出一些常用的内置模板图标，单击某个图标即可新建一个基于该模板的空白文档并命名为"文档1"，以后新建的文档按顺序依次命名为"文档2""文档3"……新建一个空白文档，可直接按【Ctrl+N】组合键。

实践提高 Word 2016 使用模板创建"简历和求职信"文档

（1）打开 Word 2016 后，依次单击"文件"→"新建"命令，选择需要的模板。可供选择的选项有"业务""卡""教育""简历和求职信"等。这里选择"简历和求职信"→"蓝灰色求职信"。

（2）打开"蓝灰色求职信"模板的说明，如确认要根据该模板创建新文档，单击"创建"按钮。

（3）Word 2016 将创建一个具有"蓝灰色求职信"基本格式的新文档，如图 3-10 所示。

图3-10　"蓝灰色求职信"文档的创建

如果创建的新文档模板在 Word 2016 中未找到，可以通过联机搜索在互联网上寻找并下载模板，即可使用。

3.2.2　打开已存在的文档

如果要编辑 Word 2016 文档，必须先打开它。打开 Word 2016 文档的方法有如下三种：

1. 打开一个或多个 Word 2016 文档

单击"文件"选项卡中的"打开"命令，进入"打开"窗口，单击"浏览"按钮，在"打开"对话框"组织"下方的文件目录列表框中单击要选定的文件夹，在右侧的"文件名列表框"中选定要打开的 Word 2016 文档。

实践提高 打开多个文档

（1）如果需要打开的多个文档是排列在一起的，则首先单击第一个文档，按住【Shift】键不放，单击最后一个文档，单击"打开"对话框中的"打开"按钮，选定的文档会依次打开，最后打开的一个文档成为当前文档。

（2）如果需要打开的多个文档是分散排列的，则首先单击第一个文档，按住【Ctrl】键不放，单击需要打开的文档。

2. 从资源管理器中打开文档

打开资源管理器，找到相应文档，双击该文件即可。

3. 从"最近"文档列表中打开 Word 2016 文档

在"打开"窗口中"最近"文档列表中，单击选定的文档，即可打开，如图 3-11 所示。

图3-11　"最近"文档列表

实践提高 使用小图钉功能，实现 Word 2016 中对特定的文档进行固定

如果经常要对几个特定的文档进行编辑操作，肯定希望能够快速找到并打开这些文档。以 Word 2016 为例，"最近"文档列表会显示最近使用的文档，随着访问文档的不同，"最近"文档列表是会自动变化的，最新访问过的文件名称会替换掉最早的访问内容。如果希望某个经常需要访问的文档始终保留在"最近"文档列表中，单击小图钉图标，它将使需要的文档固定在列表中，如图 3-11 所示。当然也可以对文件夹使用图钉功能，它会将所需的文件夹固定在"最近"文件夹列表中。

3.2.3　输入文本

新建一个空白文档后，就可输入文本了。在窗口工作区的左上角有一个闪烁着的黑色竖条"｜"，称为插入点，它表明输入字符将出现的位置。输入文本时，插入点自动后移。

　　Word 有自动换行的功能，当输入到每行的末尾时不必按【Enter】键，Word 就会自动换行，要设一个新段落时才按【Enter】键。按【Enter】键标识一个段落的结束，新段落的开始。

实践提高　大/小写转换方法

　　Word 2016 既可输入英文也可输入汉字。英文单词一般有三种形式：每个单词首字母大写、小写、大写。如果是一句话，则可以设置句首字母大写。大小写的设置可以单击"开始"→"字体"组中的"更改大小写"按钮，如图 3-12 所示。英文大/小写的切换也可以用快捷键【Shift+F3】加快转换速度。

1."即点即输"

　　"即点即输"功能，可以在文档空白处的任意位置处快速定位插入点和对齐格式设置，插入文字、表格、图片和图形等内容。

实践提高　Word 2016 启用"即点即输"功能

　　（1）单击"文件"→"更多"→"选项"命令，打开"Word 选项"对话框。
　　（2）单击"高级"选项，在"编辑选项"区域中选中"启用'即点即输'"复选框，如图 3-13 所示。

图3-12　大/小写设置

图3-13　Word 2016启用"即点即输"功能

在输入时应注意的问题如下：

1）空格

空格在文档中占的宽度不但与字体和字号大小有关，也与"半角"或"全角"输入方式有关。"半角"方式下空格占一个字符位置，"全角"方式下空格占两个字符位置。

2）回车符

文字输入到行末尾继续输入，后面的文字会自动出现在下一行，即文字输入到行末尾会自动折行显示。为了有利于自动排版，不要在每行的行末尾按【Enter】键，只在每个自然段结束时按【Enter】键。按【Enter】键后显示回车符为"↵"。

显示（或隐藏）回车符的操作是：单击"文件"→"更多"→"选项"命令，打开"Word选项"对话框，单击"显示"选项，然后在该对话框右侧的"段落标记"复选框上执行选中（或取消）操作，即可实现在文档中显示（或隐藏）回车符的功能。

3）换行符

如果要另起一行，但不另起一个段落，可以输入换行符。输入换行符的两种常用方法是：按【Shift + Enter】组合键和单击"布局"→"页面设置"→"分隔符"按钮，然后在弹出的下拉列表中单击"自动换行符"命令，如图 3-14 所示。

4）段落的调整

自然段落之间用"回车符"分隔，两个自然段落的合并只需删除它们之间的"回车符"即可。操作步骤是：将光标移到前一段落的段尾，按【Delete】键可删除光标后面的回车符，使后一段落与前一段落合并。

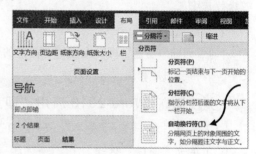

图3-14　"自动换行符"设置

一个段落要分成两个段落，只需在分段处按【Enter】键即可。段落格式具有"继承性"，结束一个段落按【Enter】键后，下一段落会自动继承上一个段落的格式（标题样式除外）。因此，如果对文档各个段的格式修饰风格不同时，最好在整个文档输入完后再进行格式修饰。

5）文档中的标题最好用"标题样式"

文档中的正文通常用"正文"样式。如果文档中有多级标题，请按标题的级别从大到小依次应用"标题 1""标题 2"等样式，这将有助于"自动目录"的编排。

实践提高 "标题"样式设置

定位标题文字所在的行或段落，单击"开始"→"样式"→"样式"列表中的一个标题样式。

6）文档中红色与绿色波形下画线的含义

如果没有在文本中设置下画线格式，却在文本的下面出现了下画线，可能是以下原因：

当 Word 处在检查"拼写和语法"状态时，Word 用红色波形下画线表示可能的拼写错误，用绿色波形下画线表示可能的语法错误。

实践提高 启动/关闭检查"拼写和语法"的操作

在"审阅"选项卡的"语言"组中单击"语言"按钮，在弹出的下拉列表中选择"设置校对语言"命令，在随之打开的"语言"对话框中，对"不检查拼写或语法"复选框撤销/选中即可启动/关闭"拼写和语法"检查，如图 3-15 所示。

隐藏/显示检查"拼写和语法"时出现的波形下画线的操作是：在打开的"Word 选项"对话框中单击"校对"选项，然后对"键入时检查拼写"和"键入时标记语法错误"这两个复选框执行选中/撤销操作，如图 3-16 所示。

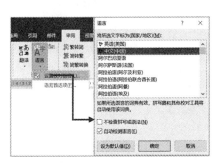 

图3-15　启动/关闭检查"拼写和语法"　　　图3-16　隐藏/显示检查"拼写和语法"时出现的波形下画线

> **提示**
>
> 蓝色下画线的文本默认为超链接，紫色下画线的文本默认为已访问的超链接。

7）文档自动保存参数的调整

正在输入的内容通常在内存中。如果计算机死机或断电，输入的内容会丢失。最好经常做文档保存操作。Word 2016也提供了"自动保存"的功能。例如，自动保存的时间间隔为10分钟，如图3-17所示，用户可根据自己的需要进行设置。

图3-17　文档自动保存参数的调整

2. 插入符号

如果需要输入符号，可以单击"插入"选项卡，在"符号"组内单击"符号"按钮，在出现的列表框中上方列出了最近插入过的符号，单击"其他符号"命令，在弹出的"符号"对话框中可以输入更多的特殊符号，如图3-18所示。

例如，在"符号"对话框"字体"下拉列表框中选择"Wingdings 2"，可以插入一个"电话机"☎图标；如果要插入"特殊字符"，单击"特殊字符"选项卡，选择需要的特殊字符，如©。

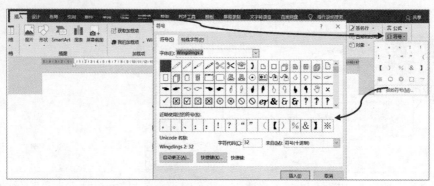

图3-18　插入符号

3. 插入日期和时间

如要输入当前日期和时间，单击"插入"选项卡"文本"组中的"日期和时间"按钮，打开"日期和时间"对话框，如图 3-19 所示。

图3-19　插入日期和时间

在"语言"下拉列表框中选择"中文（中国）"，选择一种"可用格式"，单击"确定"按钮即可插入日期和时间。如果选择"自动更新"复选框，插入的"日期和时间"会自动更新。

4. 插入脚注和尾注

脚注和尾注主要用于为文档中的文本提供解释、批注以及相关的参考资料。脚注一般出现在文档中每一页的底端，尾注一般出现在本节的结尾或文档的结尾。

在"引用"选项卡上，单击"脚注"对话框启动器，弹出"脚注和尾注"对话框，可以根据需要选择"脚注"或"尾注"单选按钮，从而设置脚注或尾注。同时还可以设置编号的格式，并可以确定起始编号，以及设置编号是否要连续排列等选项，如图 3-20 所示。

若要编辑脚注或尾注：用鼠标双击某个脚注或尾注的引用标记，打开脚注或尾注窗格，

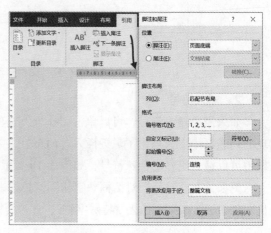

图3-20　插入脚注和尾注

然后在窗格中对脚注或尾注进行编辑操作。

删除脚注或尾注：双击某个脚注或尾注的引用标记，打开脚注或尾注窗格，然后在窗格中选定脚注或尾注后按【Delete】键。

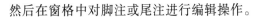 **理论拓展 插入文档属性和另一个文档**

在"插入"选项卡上，单击"文本"组中的"文档部件"按钮，在随之出现的下拉列表中选择"文档属性"命令，在级联菜单中可以选择"作者""单位"等文档信息插入。

在"插入"选项卡上，单击"文本"组中的"对象"按钮，在随之出现的下拉列表中选择"文件中的文字"命令，打开"插入文件"对话框，选定要插入的文档。

3.2.4　文档的保存和保护

一般情况下，对创建的新文档或者已有的文档进行修改后，需要进行保存。另外，为了防止计算机系统故障引起的数据丢失问题，可以设置间隔时间自动保存。在保存过程中，用户可以根据文档的实际内容选择不同的类型。

1. 文档的保存

保存文档的常用方法有：

（1）单击快速访问工具栏中的"保存"按钮 ▣。

（2）单击"文件"→"保存"命令。

（3）按【Ctrl+S】组合键。

ⓘ 提示

若是新建的文档，单击"保存"按钮，会弹出"另存为"对话框。在该对话框中，选择保存的位置和文档的名称，单击"保存"按钮。文档保存后，并没有关闭文档，可以继续进行编辑。

实践提高 在快速访问工具栏添加"全部保存"功能

在"Word选项"对话框中，单击左侧的"快速访问工具栏"选项，"从下列位置选择命令"的下拉列表框中选择"不在功能区中的命令"选项，选择"全部保存"命令，单击添加按钮，"全部保存"的功能被添加到右侧列表框，单击"确定"按钮即可将"全部保存"命令添加到快捷访问工具栏，如图3-21所示。

2. 文档的保护

设置密码是保护文档的一种有效方法。Word 2016提供了"打开权限密码"和"修改权密码"等功能。在"另存为"对话框中，单击"工具"→"常规选项"命令，打开"常规选项"对话框，可设置打开权限密码和修改权密码，也可以将文档设置为只读，如图3-22所示。

3. 文档的编辑限制

在有些情况下，如果认为文档中的一些内容不允许修改，但允许阅读、修订、审阅等操作称为文档保护。Word 2016 提供了相应的功能，操作步骤如下：

选定需要编辑的内容，在"审阅"选项卡的"保护"组中单击"限制编辑"按钮，打开"限制编辑"窗格，选中"仅允许在文档中进行此类型的编辑"复选框，并在"限制编辑"下拉列表框中选择"修订""批注""填写窗体""不允许任何更改（只读）"四个选项中的一项，例外项选择"每个人"。单击"是，启动强制保护"，输入保护密码，开启保护。

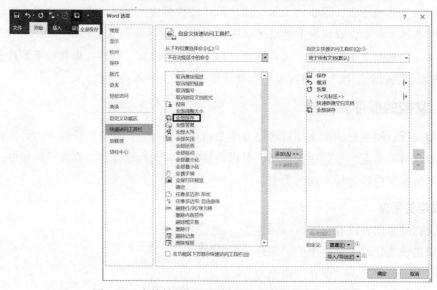

图3-21　在快捷访问工具栏添加"全部保存"功能

图3-22　打开权限密码和修改权密码设置

💡 提示

通过文档的编辑限制操作以后，可以看到选中的部分变成了黄色，这部分是可编辑的，其他部分都是不可编辑的，如图 3-23 所示。

Word 2016 的编辑限制不同在于：以往版本中选中的是要限制编辑的内容，而在 Word 2016 中，选中的是需要编辑的内容，也就是说没有选中的内容是限制编辑的，请注意。

2. 探究通电直导线周围的磁场

（1）实验电路图　　（2）按图连接好电路后，闭合开关，

看到小磁针_____，该现象说明了_____，互换电池的正负极后，再闭合开关，改变导线中的电

流_____，发现小磁针_____与上次_____（相同或不同）该现象说明了_____。

[以上实验是丹麦的科学家奥斯特首先发现的，此实验又叫做**奥斯特实验**。这个实验表明，除了磁体周围存在着磁场外，电流的周围也存在着磁场。电流的周围存在着磁场的现象称为**电流的磁效应**。奥斯特实验在我们现在看来是非常简单的，但在当时这一重大发现却轰动了科学界，因为它揭示了电现象和磁现象不是各自孤立的，而是紧密联系的，从而说明表面上互不相关的自然现象之间是相互联系的，这一发现，有力推动了电磁学的研究和发展。]

二、探究通电螺线管的外部磁场

1. 奥斯特实验用的是一根直导线，后来科学家们又把导线弯成各种形状，通电后研究电流的磁场，其中有一种在后来的生产实际中用途最大，那就是将导线弯成螺线管再通电。那么，通电螺线管的磁场是什么样的呢？

图3-23　文档的编辑限制效果

3.2.5　基本编辑技术

插入点的移动和文本的选定是最基本的两项操作，需要熟练掌握。

1. 插入点的移动

快速定位插入点是文档编辑的一项基础工作。用户一般是通过浏览文档找到需要的位置，然后在该位置单击来定位插入点，也可以通过键盘或书签定位插入点。

1）用键盘移动插入点

Word 2016 提供了许多快捷键用于定位插入点。例如，利用光标定位，按键盘上的"←""→""↑""↓"箭头键可以移动插入点；利用【PgDn】键向前翻页、【PgUp】键向后翻页等；利用【Home】键移至行首、【End】键移至行尾；按【Ctrl+Home】组合键移至文档首，按【Ctrl+End】组合键移至文档尾。表 3-1 列出了用键盘移动插入点的常用键和功能。

表 3-1　用键盘移动插入点

按　键	执 行 操 作
←	左移一个字符
→	右移一个字符
Shift+Tab	在表格中左移一个单元格
Tab	在表格中右移一个单元格
↑	上移一行
↓	下移一行
End	移至行尾
Home	移至行首
Page Up	上移一屏
Page Down	下移一屏
Ctrl+Page Up	移至上页顶端
Ctrl+Page Down	移至下页顶端
Ctrl+End	移至文章结尾
Ctrl+Home	移至文章开头
Shift+F5	移至上一次修改的地方

2）设置"书签"移动光标

插入书签就是为文档中指定的位置或选中的文字、图形、表格等添加一个特殊标记，以便对它们快速定位。

（1）插入/删除书签。

选定要插入书签的文本或位置，在"插入"选项卡的"链接"组中单击"书签"按钮，打开"书签"对话框。在对话框的"书签名"文本框中输入书签名称，单击"添加"按钮，即可在文档中插入一个新书签。若要删除书签，选择要删除的"书签"名，单击"删除"按钮。

（2）将光标快速定位到书签。

① 在"书签"对话框的"书签名"文本框中选择要定位的"书签"名，单击"定位"按钮，如图 3-24 所示。

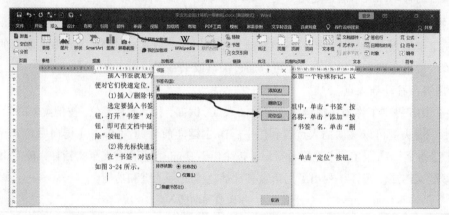

图3-24 "书签"定位

② 在"开始"选项卡中单击"编辑"按钮，在下拉列表框中选择"替换"命令，打开"查找和替换"对话框，单击"定位"选项卡，在"定位目标"下拉列表框中选择"书签"，在"请输入书签名称"下拉列表框中选择一个书签，单击"定位"按钮，如图 3-25 所示。

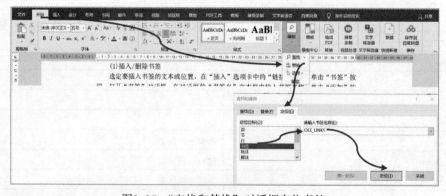

图3-25 "查找和替换"对话框定位书签

💡 提示

"查找和替换"对话框中的定位目标可以是页、节、行等。

2．文本的选定

文本的选定是文本编辑操作的第一步，可以用鼠标或键盘实现选定文本的操作。将鼠标指针移动到文档编辑区左边空白区域时，鼠标指针变为，这个空白区域称为选定区。

1）用鼠标选定文本

使用鼠标拖动的方法选择文本时，应首先把鼠标的 I 形指针置于要选定的文本之前，然后单击，向前或向后拖动鼠标，直到到达要选择的文本末尾，再松开鼠标左键。

实践提高　选定文本的快捷方法

选定一行文本：将鼠标指针移动到该行的左侧，直到指针变为指向右边的箭头，然后单击。

选定一个句子：按住【Ctrl】键，然后单击该句中的任何位置。

选定一个段落：将鼠标指针移动到该段落的左侧，直到指针变为指向右边的箭头，然后双击或者在该段落中的任意位置三击。

选定多个段落：将鼠标指针移动到段落的左侧，直到指针变为指向右边的箭头，再单击并向上或向下拖动鼠标。

选定多个不相邻段落：选择所需的第一个段落，按住【Ctrl】键选择所需的其他段落。

选定一大块文本：单击要选定内容的起始处，然后滚动到要选定内容的结尾处，在按住【Shift】键同时单击。

选定矩形文本：单击要选定内容的起始处，按住【Alt】键同时滚动要选定内容。

选定整篇文档：将鼠标指针移动到文档中任意正文的左侧，直到指针变为指向右边的箭头，然后三击。也可以在"开始"选项卡的"编辑"组中单击"选择"按钮，在下拉列表中选择"全选"命令。

2）用键盘选定文本

Word 2016 选定文本最常用的快捷键组合如表 3-2 所示。

表 3-2　常用键盘选定文本的组合键

组　合　键	选　定　功　能
Shift+→	向右选择一个字符
Shift+←	向左选择一个字符
Shift+↑	选定到上一行同一位置之间的文本
Shift+↓	选定到下一行同一位置之间的文本
Shift+Home	选择内容至行首
Shift+End	选择内容至行尾
Shift+Page Up	选择内容向上扩展一屏
Shift+Page Down	选择内容向下扩展一屏
Ctrl+Shift+Home	选择内容扩展至文档开始处
Ctrl+Shift+End	选择内容扩展至文档结尾处
Ctrl+A	选择整篇文档

理论拓展 扩展功能键【F8】

右击 Word 2016 窗口状态栏，在快捷菜单中选中"选定模式"命令，第一次按【F8】键，状态栏会出现"扩展式选定"提示信息，如图 3-26 所示。

第一次按【F8】键将进入扩展状态；

第二次按【F8】键选中插入点光标处的词组；

第三次按【F8】键选中插入点光标所在的句子；

第四次按【F8】键选中插入点光标所在的段落；

第五次按【F8】键选中整个文档。

按【Esc】键将退出 Word 2016 扩展模式。

图3-26　Word 2016扩展模式

3. 插入与删除文本

1）插入文本

在文本的某一位置中插入一段新的文本的操作是非常简单的。唯一要注意的是：当前文档处在"插入"方式还是"改写"方式，如果自定义状态栏中的相应信息项是"插入"，表示当前处于"插入"方式下，否则是在"改写"方式下。

插入方式下，只要将插入点移到需要插入文本的位置，输入新文本就可以了。插入时，插入点右边的字符和文字随着新的字符和文字的输入逐一向右移动。如在改写方式下，则插入点右边的字符或文字将被新输入的字符或文字所代替。

2）删除文本

删除一个字符或文字最简单的方法是：将插入点移到此字符或文字的左边，然后按【Delete】键可逐字删除；或者将插入点移到此字符或文字的右边，然后按【Backspace】键可逐字删除。

删除几行或一大块文本的快速方法是：首先选定要删除的文本，然后按【Delete】键。

如果删除之后想恢复所删除的文本，那么只要单击快速访问工具栏的"撤销"按钮即可。

4. 移动和复制文本

1）使用剪贴板移动和复制文本

用剪贴板移动文本和复制文本的工作原理大致相同，不同的是：复制文本是将选中的文本信息复制到剪贴板中，并不删除所选中的内容。移动文本则是将选中的文本内容复制到剪贴板的同时删除所选内容，形成所选内容被"剪切"的效果。

移动文本和复制文本的操作步骤基本相同，下面仅介绍复制文本的操作步骤，要移动文本，只需将以下步骤中的"复制"变成"剪切"即可。利用 Office 剪贴板复制文本的操作步骤如下：

（1）选中需要复制的文本内容。

（2）在"开始"选项卡的"剪贴板"组中，单击"复制"按钮，或者在所选文本上右击，在弹出的快捷菜单中选择"复制"命令。

（3）移动插入点至要插入文本的新位置。

（4）在"开始"选项卡的"剪贴板"组中单击"粘贴"按钮，或右击，在弹出的快捷菜单中选择"粘贴"命令，可将刚刚复制到剪贴板上的内容粘贴到插入符所在的位置。重复步骤（4）的操作，可以在多个地方粘贴同样的文本。

ⓘ 提示

　　Word 2016 提供的剪贴板默认存放 24 个最近剪切或复制的内容，用户可根据需要选择要粘贴的内容。

2）使用鼠标左键移动和复制文本

当在同一个文档中进行短距离的文本复制或移动时，可使用拖动的方法。由于使用拖动方法复制或移动文本时不经过"剪贴板"，因此，这种方法要比通过剪贴板交换数据简单一些。用拖动鼠标的方法移动或复制文本的操作步骤如下：

（1）选择需要移动或复制的文本；

（2）将鼠标指针移到选中的文本内容上，鼠标指针变成 形状；

（3）按住鼠标左键拖动文本，如果把选中的内容拖到窗口的顶部或底部，Word 将自动向上或向下滚动文档，将其拖动到合适的位置后释放鼠标，即可将文本移动到新的位置；

（4）如果需要复制文本，在按住【Ctrl】键的同时单击并拖动鼠标，将其拖到合适的位置上后松开鼠标，即可复制所选的文本。

实践提高　使用鼠标右键移动或复制文本

使用鼠标右键移动或复制文件与使用鼠标左键类似，只是在选定文本后，按住鼠标右键，将其拖动到合适的位置后释放鼠标，在弹出的快捷菜单中选择"移动到此位置"命令或"复制到此位置"命令。

5. 查找和替换

查找与替换是文档处理中一个非常有用的功能。Word 2016 允许对文字甚至文档的格式查找和替换，使查找与替换的功能更加强大有效。Word 2016 强大的查找和替换功能，使得在整个文档范围内进行修改工作变得十分迅速和有效。

1）查找

在"开始"选项卡中单击"编辑"按钮，在下拉列表框中单击"查找"右侧的下拉箭头，单击"高级查找"命令，打开"查找和替换"对话框，单击"更多"按钮，如图 3-27 所示。

输入"查找内容"，单击"查找下一处"按钮。Word 2016 将查找指定的文本，并用灰色底纹显示找到的一个符合查找条件的内容。如果想继续查找，可重复单击"查找下一处"按钮。若想终止查找工作，单击"取消"按钮，关闭"查找和替换"对话框，并返回到原文档中。

实践提高　Word 2016 的搜索选项设置

（1）搜索：选择文本查找的方向。可选择"向上"、"向下"或者"全部"。

（2）区分大小写：此项被选中时，区分大写和小写字符。

（3）全字匹配：搜索与查找内容完全一致的完整单词。

（4）使用通配符：此项被选中时，"?""*"表示通配符。"?"表示一个任意字符，"*"表示任意多个任意字符。

（5）同音（英文）：查找与目标内容发音相同的单词。

（6）查找单词的所有形式（英文）：选中此项，可找到查找文本框中单词的现在时、过去时、复数等所有形式。

（7）区分前缀：查找与目标内容开头字符相同的单词。

（8）区分后缀：查找与目标内容结尾字符相同的单词。

（9）区分全/半角：此项被选中时，区分字符的全角和半角形式。

（10）忽略标点符号：在查找目标内容时忽略标点符号。

（11）忽略空格：在查找目标内容时忽略空格。

（12）"格式"按钮：根据字体、段落、制表位等格式进行查找。

（13）"特殊格式"按钮：根据制表符、段落标记等特殊字符进行查找。

（14）"不限定格式"按钮：清除"查找内容"中"格式"搜索条件。

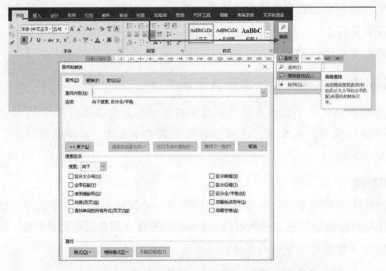

图3-27　"查找和替换"对话框"查找"选项卡

在文档中搜索也可以使用导航窗格，具体操作步骤如下：在导航窗格顶部的"搜索"框中，输入要查找的文本。单击某个结果可在文档中查看该结果，或通过单击向上和向下箭头浏览所有结果。在"视图"选项卡的"显示"组中选中"导航窗格"复选框，在工作区左侧打开"导航"窗格，如图 3-28 所示。

2）替换

替换选项卡如图 3-29 所示，在"查找内容"文本框中输入查找内容，在"替换为"文本框中输入替换内容或选择列表框中最近用过的内容。单击"全部替换"按钮，可以用新内容替换所有被查找到的内容。如果要实现有选择的替换，可以先单击一次"查找下一处"按钮，找到需替换的内容，若想替换则单击"替换"按钮；若不想替换则继续单击"查找下一处"按钮，如此反复即可。

图3-28　"导航"窗格设置　　　　图3-29　"查找和替换"对话框"替换"选项卡

如需查找有格式的文本，在"查找内容"文本框中输入查找内容，再单击"格式"按钮，然后选择所需格式。如需替换成有格式的文本，在"替换为"文本框中输入替换之后的内容，再单击"格式"按钮，然后选择所需格式。

ℹ️ 提示

在将文本替换成有格式的文本时，注意替换之前的内容和替换之后的内容格式是否符合要求。如将无格式文字"Word 2016"替换成红色、黑体"Word 2016"，则必须先选中"替换为"下拉列表框中文字"Word 2016"，再进行格式设置。如果错误设置了"查找内容"文本框中文字"Word 2016"的格式，则无法进行替换。此时，需先选中"查找内容"文本框中文字"Word 2016"，单击"不限定格式"按钮。

实践提高　Word 2016 特殊查找和替换技巧

1）"[]"指定[]中字符之一

如果使用"[画全半]幅"查找，所有"全幅""半幅""画幅"都将被查找到。

2）"[x-x]"指定范围内单个字符

如果输入"[x-z]our"查找，就可以在文中找到"your"这个词，因为 y 介于 x-z 之间。

3）"[!x-x]"排除范围内单个字符

如果输入"f[!a-c]m"查找，Word 就可以找到所有以 f 开头，以 m 结尾，但中间不含 a、b、c 字母的单词。

4）"{n}"指定前一字符的个数

如果输入"to{2}ls"查找，那么可在文中找到 tools 这个单词，就是说包含 2 个字符"o"。

5）"{x,y}"指定前一字符和范围

如输入"to{1,2}ls"查找，则说明包含前一字符"o"，数目范围是 1～2 个，则可以找到"tools"。

6）"@"指定一个以上前一字符

如输入"to@ls"查找，则可以找到"tools"。如果文中有"tooooooools"也可以找到。

7）"<（abc）"指定起始字符串

如果要查找以 Wi 开头的字符串，那么输入"<（Wi）"查找，就可以定位到相应的单词 Windows 了。另外，"（abc）>"指定结尾字符串，操作方法同上。

注意以上操作需要选中"使用通配符"复选框。

下面举例说明特殊替换技巧：

如果需要将"中国""英国""美国""德国""法国"替换为"中国人""英国人""美国人""德国人""法国人"，操作图解如图 3-30 所示。

图3-30　特殊替换图解

6. 撤销与恢复

快速访问工具栏中，有一个"撤销"按钮┗┛和一个"重复"（有时是"恢复"）按钮┗┛。对于编辑过程中的误操作（如误删了文本），可单击快速访问工具栏中的"撤销"按钮来挽回。单击"撤销"按钮右端标有 ▾ 的按钮可以打开记录了各次编辑操作的列表框，最上面的一次操作是最近的一次操作，单击一次"撤销"按钮撤销一次操作。如果选定撤销列表中的某次操作，那么这次操作上面的所有操作也同时被撤销。同样，所撤销的操作可以按"恢复"按钮重新执行。

3.2.6　多窗口编辑技术

1. 窗口的拆分

运用 Word 2016 的"窗口拆分"可以将一个大文档拆分为两个窗口，方便编辑和查看文档。在"视图"选项卡的"窗口"组中，单击"拆分"按钮，Word 2016 文档被分割为两个部分，如图 3-31 所示。

窗口拆分后，如果想调整窗口大小，把鼠标移到分割线上，鼠标指针变为上下箭头┿时，拖动鼠标可以调整上下窗口的大小。

取消窗口的拆分，在"视图"选项卡的"窗口"组中，单击"取消拆分"按钮，也可以按窗口分割线拖动到上方文档窗口顶部或者下方文档窗口底部。

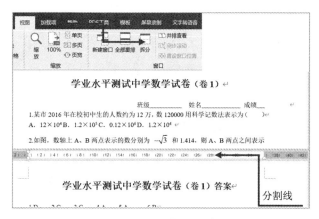

图3-31 文档的拆分

> **提示**
>
> 双击窗口分割线也可以取消拆分。

2. 多个文档窗口的编辑

Word 2016 允许同时打开多个文档进行编辑，每个文档对应一个窗口。在"视图"选项卡的"窗口"工作组中单击"切换窗口"按钮，在展开的列表中用编号方式列出了所有被打开的文档。其中只有一个文档名称前有√符号，表示该文档窗口是当前文档窗口。单击列表中的文档名称，可切换到相应的文档窗口。单击"窗口"组中的"全部重排"按钮 ，可以将所有文档窗口排列在屏幕上。

3.3 Word 2016的排版

3.3.1 文字格式的设置

设置字符的基本格式是 Word 2016 对文档进行排版美化的最基本操作，其中包括对文本的字体、字号、字形、字体颜色和字体效果等字体属性的设置。Word 2016 的字体默认格式为：汉字为宋体、五号，西文为 Times New Roman、五号。

1. "字体"对话框"字体"选项卡

选取需要设置字体的文本，在"开始"选项卡中单击"字体"对话框启动器▷，弹出"字体"对话框，如图 3-32 所示。

在"字体"选项卡中，可以设置字符的中文字体和西文字体，也可以设置字符的加粗和倾斜。"字号"的设置表示字符的大小，字号的设置有两种：字号的设置由初号到八号，号值越大，字越小；用磅值（5~72）表示字符的大小，磅值越大，字越大。还可以设置字体颜色、下画线类型和颜色、是否加着重号等。"效果"栏下方的多个复选框可为字符设置特殊格式，例如，可设置数学公式的上下标等。

2. "字体"对话框"高级"选项卡

在"字体"对话框"高级"选项卡中可以设置字符缩放、间距等，如图 3-33 所示。"缩放"框可横向扩展或压缩文字，"间距"框可扩展或压缩字符间距，"位置"框可提升或降低文字位置。

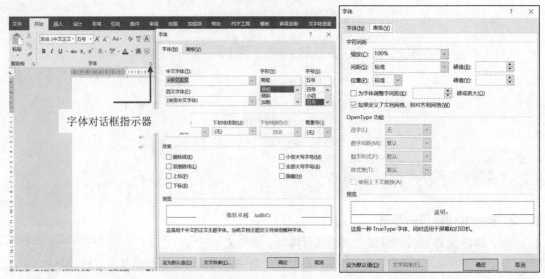

图3-32 "字体"对话框　　　　　　　　　图3-33 "高级"选项卡

ⓘ提示

在"字符间距"选项中，如果需要设置字符间距的缩放比例，不是预设的缩放比例，用户可自行输入缩放比例。

3. "开始"选项卡"字体"组

字体的设置也可以通过"字体"组中的相应按钮进行设置。"字体"组中各个按钮的含义如下：

（1）宋体(中文正文) "字体"按钮：设置所选文字的字体。

（2）五号 "字号"按钮：设置选定文字的字号。

（3）A⁺ "增大字体"按钮：增大所选文字的字号。

（4）A⁻ "缩小字体"按钮：减小所选文字的字号

（5）Aa "更改大小写"按钮：将选中的所有文字改为全部大写、全部小写或其他常见的大小写形式。

（6）⁴ᴮ "清除格式"按钮：清除所选文字的格式。

（7）ᵛᵂᵉⁿ "拼音指南"按钮：设置所选文字的标注拼音。

（8）Ⓐ "字符边框"按钮：为选中文字添加或取消边框。

（9）B "加粗"按钮：为选中文字添加加粗效果。

（10）I "倾斜"按钮：添加或取消选中文字的倾斜效果。

（11）U "下画线"：添加或取消选中文字的下画线。同样，单击按钮右侧的下三角按钮会弹出下画线类型下拉列表，从中选择一种所需的下画线。此外，用户还可设置下画线的颜色。

（12）　"删除线"按钮：为选中的文字添加或取消删除线。

（13）　"下标"按钮：在文字的基线下方创建小字符。

（14）　"上标"按钮：在文字的上方创建小字符。

（15）　"文本效果和版式"按钮：对所选文本应用外观效果，如阴影、发光和映像等。

（16）　"文本突出显示颜色"按钮：使文字看上去像是用荧光笔作了标记一样。单击右侧的下三角按钮，可在弹出的列表中设置所需的颜色。

（17）　"字体颜色"按钮：更改文字的颜色。单击右侧的下三角按钮可以在弹出的颜色下拉列表中选择颜色。

（18）　"字符底纹"按钮：对字符添加底纹背景。

（19）　"带圈字符"按钮：在字符周围放置圆圈或边框，加以强调。

实践提高　在 Word 2016 中设置空心字

方法一：选中文本，在"开始"选项卡"字体"组中单击"文本效果和版式"按钮，弹出的文字效果中可以直接选择一种空心效果。

方法二：选中文本后，在"开始"选项卡"字体"组中单击"文本效果和版式"按钮，弹出的列表中选择"轮廓"，级联菜单中选择"粗细"，再选择"其他线条"命令。页面右侧就会弹出"设置文本效果格式"窗格。在"文本轮廓"下选择轮廓为实线或者渐变线，再依次设置线条的颜色、宽度、透明度等参数。单击"文本填充"，选择"无填充"单选按钮，如图 3-34 所示。

图3-34　Word 2016中设置空心字

在"字体"组中需要重点强调的是"文本效果和版式"按钮，提供了阴影、发光和映像等选项，如图 3-35 所示。其中每个选项都提供了说明信息，请熟练掌握。

4．格式的复制和删除

一部分文字设置的格式可以复制到另一部分的文字上，使其具有同样的格式。设置好的格式如果觉得不满意，也可以清除它。使用"开始"选项卡"剪贴板"组中的"格式刷"按钮可以实现格式的复制。

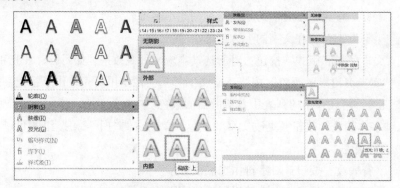

图3-35　阴影、发光和映像设置

1）复制格式

（1）选定已设置格式的文本。

（2）在"开始"选项卡"剪贴板"组中，单击"格式刷"按钮，此时鼠标指针变为刷子形。

（3）将鼠标指针移到要复制格式的文本开始处。单击，拖动鼠标直到要复制格式的文本结束处，放开鼠标左键就完成格式的复制。

> 💡 **提示**
>
> 　　使用"格式刷"按钮既能复制段落格式，也能复制字体格式，但不能复制文字内容。
>
> 　　单击"格式刷"按钮，可复制一次格式。为了多次复制同一格式可以双击"格式刷"按钮。取消格式刷设置，可单击"格式刷"按钮或按【Esc】键。

2）格式的清除

如果对于所设置的格式不满意，那么可以清除所设置的格式，恢复到 Word 默认的状态。格式的清除具体步骤如下：

（1）选定需要清除格式的文本。

（2）在"开始"选项卡"字体"组中，单击"清除所有格式"按钮，即可清除所选文本的所有样式和格式，只留下纯文本。

3.3.2　段落格式的设置

段落是一个独立的格式编排单位，它具有自身的格式特征，可以对单独的段落做段落编排。

1. 段落设置

选取需要设置格式的段落，在"开始"选项卡单击"段落"对话框启动器，弹出"段落"对话框，如图 3-36 所示。

在该对话框中包含了"缩进和间距""行和分页""中文版式"三个选项卡，通过设置文档中的段落格式，可以使文章整体更加美观。

1）对齐方式

在"常规"栏下方，通过"对齐方式"下拉列表框设置段落的对齐方式，也可以通过"开始"选项卡"段落"组中的对齐按钮 ▤ ▤ ▤ ▦ ▦ 设置。

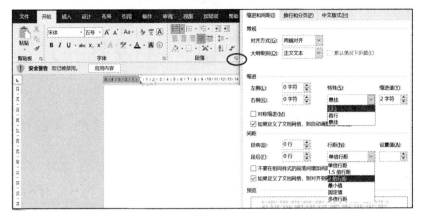

图3-36 "段落"对话框"缩进和间距"选项卡

段落有 5 种对齐方式：

① 左对齐：将文本向左对齐；

② 右对齐：将文本向右对齐；

③ 两端对齐：调整文字的水平间距，使其均匀分布在左右页边距之间。两端对齐使两侧文字具有整齐的边缘；

④ 居中对齐：将所选段落的各行文字居中对齐；

⑤ 分散对齐：将所选段落的各行文字均匀分布在该段左、右页边距之间。

提示

段落对齐的快捷键：

Ctrl+E：段落居中对齐。

Ctrl+J：两端对齐。

Ctrl+L：段落左对齐。

Ctrl+Shift+D：分散对齐。

Ctrl+R：段落右对齐。

2）缩进

在"缩进"栏下方的"左侧"和"右侧"微调框中可以设置左右缩进。在"特殊"格式下拉列表框中可设置首行缩进或悬挂缩进。也可以利用水平标尺上的缩进按钮设置段落缩进。水平标尺上的缩进按钮如图 3-37 所示。拖动相应的缩进标记可实现缩进功能。

首行缩进　左缩进　悬挂缩进　　　　　　　　　右缩进

图3-37 水平标尺上的缩进按钮

段落的缩进包括 4 种方式：

① 左缩进：设置段落与左页边距之间的距离；

② 右缩进：设置段落与右页边距之间的距离；

③ 首行缩进：段落中第一行缩进；

④ 悬挂缩进：段落中除第一行之外其他各行缩进。

单击"开始"选项卡"段落"组的"减少缩进量"按钮 或"增加缩进量"按钮 ，单击一次，所选文本段落的所有行就减少或增加一个汉字的缩进量。

3）行间距与段间距

行间距是指行与行之间的距离，段间距是两个相邻段落之间的距离。用户可以根据需要来调整文本的行间距和段间距。

（1）行间距的设置。

在用户没有设置行间距时，Word 自动设置段落内文本的行间距为一行，即单倍行距。在平常情况下，当行中出现图形或字体变化时，Word 会自动调节行距以容纳较大的图形或字体。只有当行间距设置为固定值时，增大图形或字体时行间距保持不变。在这种情况下，当增大字体时，较大的文本可能会显示不完整。

选取需要设置格式的段落，在"开始"选项卡上，单击"段落"对话框启动器，弹出"段落"对话框，在"行距"下拉列表框中可设置行距。预设的行距有 6 种。

① 单倍行距：此选项将行距设置为该行最大字体的高度加上一小段额外间距。额外间距的大小取决于所用的字体。

② 1.5 倍行距：此选项为单倍行距的 1.5 倍。

③ 双倍行距：此选项为单倍行距的两倍。

④ 最小值：此选项设置适应行上最大字体或图形所需的最小行距。

⑤ 固定值：此选项设置固定行距（以磅为单位）。

⑥ 多倍行距：此选项设置可以用大于 1 的数字表示的行距。例如，将行距设置为 1.15 会使间距增加 15%，将行距设置为 3 会使间距增加 300%（三倍行距）。

用户还可以通过在"开始"选项卡中单击"段落"组中的"行和段落间距"按钮 ，在弹出的下拉列表中选择段落行距，如图 3-38 所示。

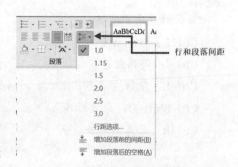

图3-38　行和段落间距设置

ℹ️ 提示

"增加段落前的间距"和"增加段落后的空格"设置段前间距和段后间距为 12 磅。

通过快捷键【Ctrl+1】设置单倍行距，【Ctrl+2】设置 2 倍行距，【Ctrl+5】设置 1.5 倍行距。

设置段落的左右缩进、特殊格式、间距时，可以采用指定单位，如左右缩进用"厘米"、首行缩进用"字符"、间距用"磅"等，只要在输入设置值的同时输入单位即可。

（2）段间距。

选取需要设置格式的段落，在"开始"选项卡上，单击"段落"对话框启动器，弹出"段落"对话框，在"间距栏"下方的"段前"和"段后"微调框中，可设置段前和段后的空白间距。通过增减按钮可以增加或减少段间距，单击向上按钮一次增加 0.5 行，单击向下按钮一次减少 0.5 行，也可以在文本框中直接输入数字和单位（如行、厘米或磅）。

2. 边框和底纹设置

为了突出文章中段落的视觉效果，将一些文字或段落用边框包围起来或附加一些背景修饰是文档排版编辑中的常用手段，Word 2016 将其称为边框和底纹。

选取需要添加边框或底纹的文本或段落，在"开始"选项卡中，单击"段落"组中"边框"右侧的按钮，在弹出的下拉列表中选择"边框和底纹"命令，弹出"边框和底纹"对话框，在该对话框中包含了"边框"、"页面边框"和"底纹"三个选项卡，如图 3-39 所示。

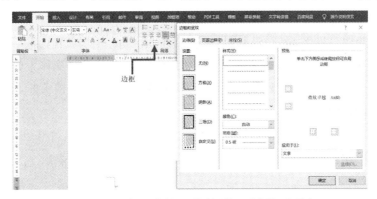

图3-39　"边框和底纹"对话框的"边框"选项卡

1）"边框"选项卡

在"边框"选项卡上，通过"设置"栏下方的五个按钮，可选择边框的样式，如方框、阴影和三维等。在"样式"列表框中，可选择某一线型，如单实线、虚线和双实线等。在"颜色"下拉列表框中，可选择某一种颜色。在"宽度"下拉列表框中，可选择线框宽度。通过"预览"栏下方的四个按钮，可以设置或取消四个边中的任意一边（仅对段落有效）。在应用于下拉列表框中选择段落，设置段落的边框；如果选择文字，则可设置选取文字的边框。

ⓘ**提示**

> 文字的四条边框只能同时添加或同时取消。段落四条边框可单独添加或取消。利用此方法可将页眉的底线设置为双线或三线。

2）"底纹"选项卡

单击"底纹"选项卡，在"填充"栏下方选择一种主题颜色或标准色，也可单击"其他颜色"命令，通过对 RGB 三种颜色值的设置自定义底纹颜色。在"图案"栏下方的样式下拉列表框中，选择一种显示在填充颜色上方的底纹图案，再在"颜色"下拉列表框中选择颜色。在"应用于"下拉列表框中选择"段落"，设置段落的底纹；如果选择"文字"，则可设置选取文字的底纹，如图 3-40 所示。

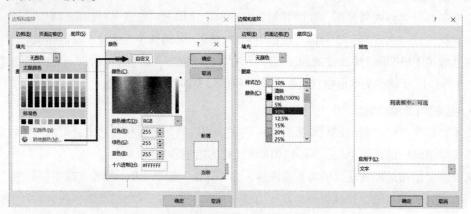

图3-40　"边框和底纹"对话框的"底纹"选项卡

3）"页面边框"选项卡

页面边框的设置与段落边框的设置相似，如图 3-41 所示，在"页面边框"选项卡中多了一个"艺术型"下拉列表框，在"艺术型"下拉列表框中可选择一种图案作为页面的边框图案。设置完毕后，在"应用于"下拉列表框中选择应用的范围，如整篇文档或本节。

3. 项目符号和编号

Word 2016 项目符号和编号功能，可给选取的段落或列表添加项目符号和编号，使文章易于阅读和理解。可创建多级列表，形成既包含数字又包含项目符号的列表。

1）项目符号

选取需要添加项目符号的段落，在"开始"选项卡上的"段落"组中，单击"项目符号"按钮 ，如图 3-42 所示。

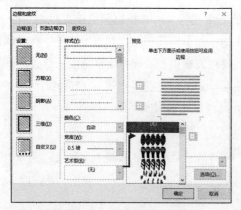

图3-41　"边框和底纹"对话框的"页面边框"选项卡

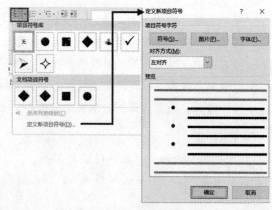

图3-42　项目符号

Word 2016 中已经内置了若干"项目符号"样式，可从中选择一种项目符号样式。如对系统预设的"项目符号"样式不满意，可以定义新项目符号样式。

2）编号

选取需要添加编号的段落，在"开始"选项卡上的"段落"组中，单击"编号"按钮 ，如图3-43所示。Word 2016中已经内置了若干"编号"样式，可从中选择一种编号样式。如对系统预设的"编号"样式不满意，可以定义新编号格式。

实践提高 制表位的设置

在"Word 选项"对话框中，切换到"显示"选项卡，在"显示"选项卡的右侧窗格中，选中"始终在屏幕中显示这些格式标记"下的"制表符"复选框，单击"确定"按钮即可在屏幕上显示制表符，如图 3-44 所示。

图3-43　编号

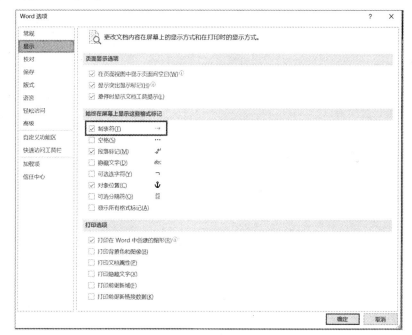

图3-44　显示制表符

标尺最左端有一个制表符，单击，即可在左对齐式制表符、居中对齐式制表符、右对齐式制表符、小数点对齐式制表符、竖线对齐式制表符、首行缩进和悬挂缩进中切换，如图 3-45 所示。

图3-45　制表符切换

在水平标尺上单击就可以添加制表位,其对齐方式与制表符类型一致。对于制表位的位置可以通过鼠标的拖动进行调整,如果想对其进行精准拖动,可按【Alt】键拖动。双击制表位,即可弹出"制表位"对话框,如图3-46所示。

在设置制表位时,可以设置带引导符的制表位,这一点对目录排版很有用。清除制表位,单击标尺上的制表位向下拖出即可清除,或者在"制表位"对话框中单击"清除"按钮,单击"全部清除"按钮一次删除所有设置的制表位。

3.3.3　版面设置

图3-46　"制表位"对话框

在创建 Word 2016 文档时,Word 2016 预设了一个以 A4 纸为基准的 Normal 模板,适用于大部分文档。可根据需要,调整页面的设置。

1. 页面设置

在"布局"选项卡上,单击"页面设置"对话框启动器,弹出"页面设置"对话框。在该对话框中包含了"页边距""纸张"、"布局"和"文档网格"四个选项卡,如图 3-47 所示。它们都是为整个页面排版布局而服务的。

1)"页边距"选项卡

在页边距选项卡中可以设置或调整文本距纸张的上、下、左、右的距离,以及装订线的位置和边距的值等,如图 3-47 所示。

图3-47　"页面设置"对话框

2)"纸张"选项卡

在"纸张"选项卡中可以设置纸张的大小等,常用的纸张大小有 16 开（18.4×26 厘米）、A4（21×29.7 厘米）等。如对系统预置的纸张大小不满意可自定义纸张大小,设置纸张的宽度和高度。

3)"布局"选项卡

在"布局"选项卡中可以对"页眉和页脚"设置"奇偶页不同"和"首页不同"以及页眉

页脚距边界的距离。

4）"文档网格"选项卡

在"文档网格"选项卡中可以设置"只指定行网格"或"指定行和字符网格"（即指定每页的行数、每行的字符数）。

> **提示**
>
> 若将文档网格设置为"文字对齐字符网格"，则段落对齐方式功能失效。在"布局"选项卡"页面设置"组中提供了"页面设置"的常用按钮，如图3-48所示。

图3-48 "页面设置"的常用按钮

2. 插入分页符

分页包括软分页和硬分页。软分页指文档排满一页后自动插入一个分页符，并将以后输入的文字放到下一页。硬分页指根据用户的需要在页面中插入一个分页符。

在"布局"选项卡的"页面设置"组中，单击"分隔符"按钮，在下拉列表中单击"分页符"按钮，或者按【Ctrl+Enter】组合键可以实现硬分页。也可以在"插入"选项卡的"页面"组中单击"分页"按钮，如图3-49所示。

在页面视图中，在"开始"选项卡的"段落"组中，单击"显示/隐藏编辑标记"按钮 ，显示人工分页符是一条水平虚线，单击水平虚线，按【Delete】键可删除硬分页符。

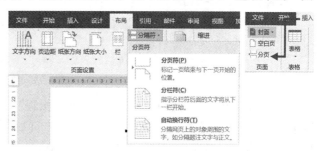

图3-49 硬分页设置

3. 插入页码

在页眉和页脚中可以添加页码，但若只需要页码，而不需要其他内容，在"插入"选项卡上的"页眉和页脚"组中，单击"页码"按钮，Word 2016中已经内置了若干"页码"样式，可在弹出的下拉列表中选择一种页码类型。如"页面底端"选项，再在弹出的列表中选择一种页码样式，如"普通数字 3"样式，即可在文档中插入页码。若需要设置"页码"格式，可在弹出的下拉列表中单击"设置页码格式"按钮，打开"页码格式"对话框，如图3-50所示。单击"编号格式"右侧的下拉按钮，在打开的下拉列表框中选择一种页码的格式。在"起始页码"右侧的微调框中可以设置文档的起始页码。

若要设置"页码"的对齐方式，在"开始"选项卡的"段落"组中，单击对齐方式按钮 。若要删除页码，选择页码，按【Delete】键即可。

4. 页眉和页脚

页眉是位于版心上边缘与纸张边缘之间的图形或文字，而页脚则是版心下边缘与纸张边缘之间的图形或文字。常常用来插入标题、页码、日期等文本，或公司徽标等图形、符号。用户可以根据自己的需要，对页眉和页脚进行设置。比如插入页码、插入图片，对奇数页和偶数页进行不同的页眉和页脚设置，还可以将首页的页眉或页脚设置成与其他页不同的效果等。

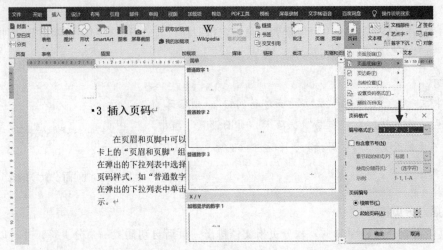

图3-50 "页码"设置

在"插入"选项卡上的"页眉和页脚"组中，单击"页眉"或"页脚"按钮，添加"页眉"或"页脚"，如图 3-51 所示。

图3-51 "页眉和页脚"组

Word 2016 中已经内置了若干"页眉"或"页脚"样式，可从中选择一种样式进入页眉或页脚编辑状态。也可以选择"编辑页眉"或"编辑页脚"按钮，进入页眉和页脚编辑状态。在页眉和页脚编辑状态下，新增了"页眉和页脚工具-设计"选项卡，如图 3-52 所示。

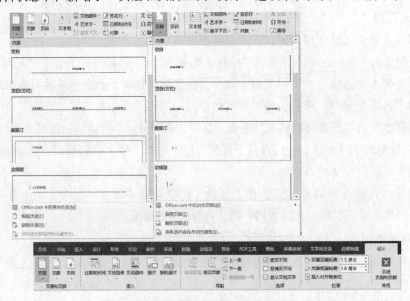

图3-52 "页眉和页脚工具-设计"选项卡

　　用户可以直接在页眉或页脚区输入相应的内容，输入完成后，单击"页眉和页脚工具-设计"选项卡中的"关闭页眉和页脚"按钮即可。若要设置"首页不同"的页眉和页脚，在"页眉和页脚工具-设计"选项卡的"选项"组中，选中"首页不同"复选框。若要设置"奇偶页不同"的页眉和页脚，在"页眉和页脚工具-设计"选项卡的"选项"组中，选中"奇偶页不同"复选框。

实践提高　设置自定义页眉和页脚

　　若要设置自定义页眉和页脚，如"第 X 页，共 Y 页"。可先输入"第"和一个空格，在"页眉和页脚工具-设计"选项卡的"插入"组中，单击"文档部件"按钮，然后单击"域"命令，如图 3-53 所示。

　　在"域名"列表中，单击"Page"，再单击"确定"按钮。在该页码后输入一个空格，再依次输入页、逗号、共，然后再输入一个空格。在"页眉和页脚工具-设计"选项卡的"插入"组中，单击"文档部件"按钮，然后单击"域"命令。在"域名"列表中，单击"NumPages"，然后单击"确定"按钮。在总页数后输入一个空格，再输入页。

图3-53　"文档部件"下的"域"代码应用

　　若要设置页眉距离顶端或页脚距离底端的高度，可在"页眉和页脚工具-设计"选项卡的"位置"组中进行设置。若要删除页眉和页脚，选择页眉和页脚，按【Delete】键即可。

实践提高　设置不同节之间不同的页眉和页脚

　　单击分节符插入点，再单击"布局"选项卡的"页面设置"组中的"分隔符"按钮，在下拉列表的"分节符"选项组中，选择"下一页"、"连续"、"偶数页"或"奇数页"选项插入"分节符"。在每一个需要设置不同页眉和页脚的位置都必须插入分节符。

　　双击页眉或页脚区域，进入页眉或页脚编辑状态，在首页输入页眉和页脚信息，此时整篇文档都会应用该信息，不同节的页眉或页脚中会提示"与上一节相同"。选择要改变页眉和页脚信息的页面，将光标定位在页眉或页脚中，单击"页眉和页脚工具-设计"选项卡的"导航"组中的"链接到前一节"按钮，则页眉和页脚中"与上一节相同"的提示信息消失，此时可以编辑修改页眉和页脚。

5. 分栏

为了美化版面的布局，杂志、报纸经常将一段或若干段文字按并列两排或多排显示，即对文字分栏排版。

选取需要设置分栏的段落，在"布局"选项卡中的"页面设置"组中单击"栏"按钮。Word 2016 中已经内置了若干"分栏"样式，可将段落分为一栏、两栏、三栏、偏左或偏右，如需分成更多栏，可单击"更多栏"按钮，弹出"栏"对话框，如图 3-54 所示。

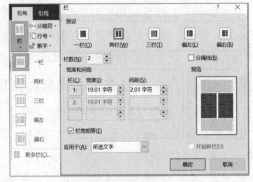

图3-54　分栏设置

通过"栏数"微调框设置可将段落分成多栏。

当分成两栏或多栏时，若每一栏的宽度相等，可选中"栏宽相等"复选框，若各栏的宽度不等，则在"宽度和间距"栏下方设置每一栏的宽度和间距。在每一栏之间若需分隔线，可选中"分隔线"复选框。

> ⓘ **提示**
>
> 　　在其他视图方式下不能显示出分栏排版的效果，只有在页面视图方式下才能显示出来。因此，在分栏排版时最好先将视图切换到页面视图方式。
>
> 　　对文章最后一段进行分栏排版时，在选取段落时，切勿选取段落标记，否则分栏排版无法实现。

6. 首字下沉

首字下沉是指对一个段落的第一个字符采用特殊格式显示，目的是使段落醒目，引起读者的注意。

将光标定位到要设置首字下沉的段落中，在"插入"选项卡中，单击"文本"组中的"首字下沉"按钮。首字下沉分为"下沉"和"悬挂"两种设置。单击"首字下沉选项"命令，弹出"首字下沉"对话框，如图 3-55 所示。在"位置"栏下方可选择"无"、"下沉"和"悬挂"三种位置。"下沉"是指段落首字下沉若干行，其余文字围绕在首字的右侧和下方显示；"悬挂"是指段落首字下沉若干行并将其显示在从段落首行开始的左页边距中。在"字体"下拉列表框中可设置首字字体。在"下沉行数"微调框中可设置首字下沉的行数。在"距正文"微调框中可设置字距正文的位置。

> ⓘ **提示**
>
> 　　选取一段中的前面若干字符，通过"首字下沉"按钮也可以实现这若干字符的下沉或悬挂。

7. 水印

水印是页面背景的形式之一。在"设计"选项卡下的"页面背景"组中，单击"水印"按钮，在下拉列表中选择"自定义水印"命令，打开"水印"对话框，如图3-56所示。

图3-55　首字下沉设置

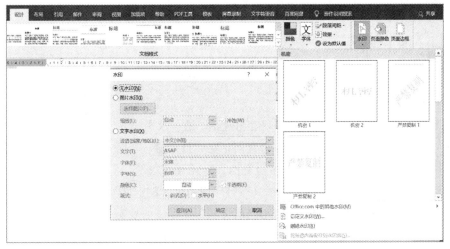

图3-56　水印设置

如果对系统预设的水印不满意，可以自定义文字水印或图片水印。如果选择文字水印，在文字文本框中输入水印文本，再设定字体、字号、颜色和版式。如果选择图片水印，则要选择一幅图片用作水印。如果要删除水印，在"水印"列表框中选择"删除水印"命令或在"水印"对话框中选择"无水印"单选按钮。

3.3.4　打印文档

文档创建整理完之后，常常需要通过打印机打印到纸张上，为了得到最终的打印效果，常在打印之前要对页面进行设置，并预览打印效果。如果符合要求就可以确定打印输出。Word中，用户可以只打印文档内容，亦可连同文档的相关信息一起打印。

1. 打印预览

利用 Word 2016 的"打印预览"功能，用户可以在正式打印之前就看到文档打印后的效果，方便用户在打印前对文档进行必要的修改。与页面视图相比，打印预览视图可以更真实地表现文档外观。用打印预览视图检查版面的操作步骤如下：

打开 Word 2016 文档，在"文件"选项卡上单击"打印"命令，在"打印"的右侧"打印窗口"面板上可以预览文档的效果，如图 3-57 所示。打印预览区中，包括"上一页""下一页"两个按钮，可向前或向后翻页，也可以调整打印预览窗口的大小。

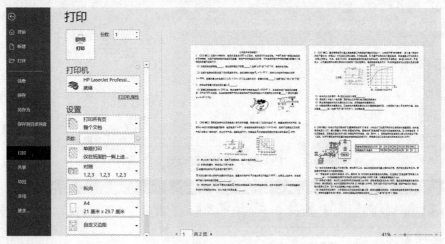

图3-57　打印预览

2. 打印文档

如果要打印文档，需要将文档编辑保存好之后，在"文件"选项卡单击"打印"命令。如果只打印一份文档，在"打印窗口"面板中单击"打印"按钮。如果要打印多份文档，在"份数"右边的微调框中设置要打印的份数。如果只需打印当前页，单击"打印所有页"右侧的下拉按钮，选择"打印当前页面"命令。如果要有选择地打印，单击"自定义打印范围"命令，确定打印的页码范围，如图 3-58 所示，如页码范围 1，2，4-15，则打印第 1 页、第 2 页、第 4 至第 15 页，也可以打印奇数页或偶数页。

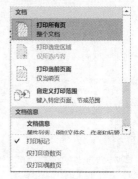

图3-58　确定打印范围

ℹ️ **提示**

打印时可以选择单面打印，也可以选择双面打印。双面打印可以选择从长边或短边翻转页面，也可以手动双面打印。

纵向打印一般选择翻转长边：一般情况下，包括绝大部分的书刊，如果是纵向打印，基本都是长边翻页，因此如果不知道需要哪一种翻页方式，可以按默认设置选择长边翻页。

横向打印一般选择翻转短边：在 Excel 文档进行横向打印双面的时候，选择短边翻页会更好。

▌ 3.4　Word 2016的表格制作

Word 2016 提供了强大的表格功能，包括创建表格、编辑表格、设置表格的格式以及对表格中数据进行排序和计算等。

3.4.1 表格的创建

1. 自动创建简单表格

1）用"插入表格"图形框创建表格

将光标移动到要插入表格的位置，在"插入"选项卡中的"表格"组中单击"表格"按钮，在下拉菜单中"插入表格"下拖动鼠标选择需要的行数和列数。这种方法最多可以创建8行10列的表格。

2）用"插入表格"命令创建表格

将光标移动到要插入表格的位置，在"插入"选项卡中的"表格"组中单击"表格"按钮，在下拉菜单中单击"插入表格"命令，打开"插入表格"对话框，如图3-59所示。在"插入表格"对话框中设置插入表格的行数和列数等，单击"确定"按钮，即在光标处插入表格。

3）用"快速表格"命令创建表格

在"插入"选项卡中的"表格"组中单击"表格"按钮，在下拉菜单中单击"快速表格"命令，在出现的列表中选择所需要的内置表格样式可以快速创建表格，如图3-60所示。

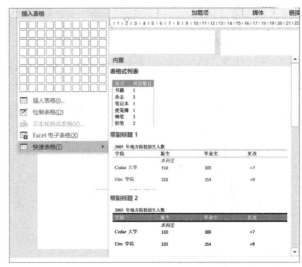

图3-59 "插入表格"对话框　　　　　图3-60 "快速表格"命令

4）用"文本转换成表格"功能创建表格

选中Word 2016中需要转换成表格的文本。在"插入"选项卡中的"表格"组中，单击"表格"按钮，在下拉列表中单击"文本转换成表格"命令。在"将文字转换成表格"对话框的"文字分隔位置"栏下，单击要在文本中使用的分隔符对应的选项。在"列数"框中选择列数，单击"确定"按钮即可。分隔符可以选用段落标记、半角逗号、制表符、空格等。图3-61演示了制表符分隔的文本转换为表格的过程。

表格也可以转化为格式化文本。单击表格任意单元格，在"表格工具-布局"选项卡下，单击"数据"组中的"转换为文本"按钮。在打开的"表格转换成文本"对话框中，选中"段落标记"、"制表符"、"逗号"或"其他字符"单选框，单击"确定"按钮即可，如图3-62所示。

图3-61 文字转换为表格　　　　　　图3-62 表格转化为格式化文本

2. 手动绘制表格

Word 2016 提供了用鼠标绘制任意不规则表格的功能，在"插入"选项卡中的"表格"组中单击"表格"按钮，在下拉菜单中单击"绘制表格"命令，鼠标指针会变为笔状 ；将笔形指针移动到要绘制表格的位置，按住鼠标左键拖动鼠标到适当位置释放，即可绘制一个矩形，即定义表格的外框，然后在该矩形内绘制行、列等，完成不规则表格的创建。要擦除一条线或多条线，将橡皮图标 移动到要擦除框线的一端，按住鼠标左键拖动到另一端释放，即可删除该框线。

3. 表格中输入文本

表格制作完成后，就需要在表格中输入内容，即在单元格中输入内容。输入完文本后，根据需要，可以对输入的文本进行编辑。在单元格中输入文本与在文档中输入文本的方法是一样的，单击要输入文本的单元格，即可将插入点移到要输入文本的单元格中，然后再输入文本。单元格中输入文本时，可以配合下面的快捷键在表格中快速地移动插入符。

【Tab】：移到同一行的下一个单元格中。

【Shift+Tab】：移到同一行的前一个单元格中。

【Alt +Home】：移到当前行的第一个单元格中。

【Alt +End】：移到当前行的最后一个单元格中。

【↑】：上移键。

【↓】：下移键。

【Alt+Page Up】：将鼠标移到插入点所在的列的最上方的单元格中。

【Alt +Page Down】：将鼠标移到插入点所在的列的最下方的单元格中。

输入完成后，可以对文本进行移动和复制等操作，在单元格中移动或复制文本的方法与文档中移动或复制文本的方法基本相同，使用鼠标拖动或快捷键等方法来移动复制单元格、行或列中的内容。

3.4.2 表格的编辑与修饰

表格创建完成以后，用户可以对其加以设置，如插入行和列、合并及拆分单元格等设置。

1. 单元格、行、列和表格的选择

1）单元格的选择

鼠标指针移到要选定的单元格的选定区，当指针由 I 变成 ➚ 形状时，按下鼠标向上、下、

左、右移动鼠标选定相邻多个单元格即单元格区域。选定一个单元格后，按住【Ctrl】键依次选定其他单元格，可同时选定分散的多个单元格。

2）行的选择

鼠标指针指向要选定的行的左侧，当指针变为箭头形状 ⌐ 时单击鼠标选定一行；向下或向上拖动鼠标选定表中相邻的多行。

3）列的选择

将鼠标指针移动到表格列的顶部，当指针变为向下的黑色箭头形状 ↓ 时单击可选定当前列，按住鼠标左键向左（或右）拖动可选定多列。

4）表格的选择

单击选择表格左上角控点 ✛ 选定整个表格，选择表格的右下角表格尺寸控点 □ ，可改变表格的尺寸。

ⓘ 提示

用菜单命令选择单元格、行、列、表格：

在"表格工具–布局"选项卡下的"表"组中，单击"选择"按钮，可选定单元格、行、列、表格，如图 3-63 所示。

图3-63　用菜单选择单元格、行、列和表格

2. 行高列宽设置

1）拖动鼠标改变行高或列宽

更改行高：将指针停留在要更改其高度的行的边框上，直到指针变为调整大小指针 ⬍，然后拖动边框。

更改列宽：将指针停留在要更改其宽度的列的边框上，直到指针变为调整大小指针 ⬌，然后拖动边框，直到得到所需的列宽为止。

若要显示行高的数值，在拖动鼠标的同时按住【Alt】键，垂直标尺上会显示行高的数值。

若要显示列宽的数值，在拖动鼠标的同时按住【Alt】键，水平标尺上会显示列宽的数值。

2）用菜单命令改变行高或列宽

在"表格工具–布局"选项卡下，单击"表"组中的"属性"按钮，打开"表格属性"对话框，在"行""列"选项卡中可精确设置行高和列宽值，如图 3-64 所示。

ⓘ 提示

行高值下拉列表框中可选择最小值或固定值；列宽度量单位有厘米或百分比，百分比是本列列宽占全表宽度的百分比。

3）用"单元格大小"组改变行高或列宽

将光标置于要设置大小的单元格中，在"表格工具–布局"选项卡中，"单元格大小"组的

"高度"和"宽度"微调框中调整数值,更改行高或列宽。单击"自动调整"下拉按钮,执行"根据内容自动调整表格"命令,即可实现自动调整表格行高和列宽的目的。单击"单元格大小"组中对话框启动器,打开"表格属性"对话框,在"行""列"选项卡中也可精确设置行高和列宽值,如图3-65所示。

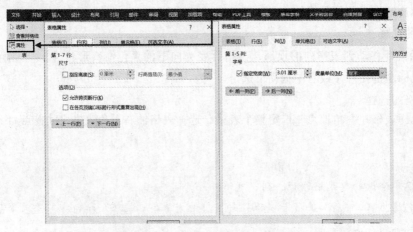

图3-64　菜单命令设置行高和列宽

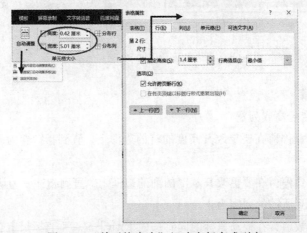

图3-65　"单元格大小"组改变行高或列宽

> ⓘ **提示**
>
> 　　若要统一多行或多列的尺寸,选中要统一其尺寸的行或列,在"表格工具-布局"选项卡下,单击"单元格大小"组中的"分布行"按钮或"分布列"按钮。

3. 单元格、行、列的插入和删除

1)单元格的插入

将光标定位在要插入单元格的位置,在"表格工具-布局"选项卡下,"行和列"组中单击"表格插入单元格"对话框启动器,弹出"插入单元格"对话框,如图3-66所示。在"插入单元格"对话框中可以完成单元格、行和列的插入。

图3-66　单元格的插入

2）行、列的插入

将光标定位在要插入行（列）的位置，在"表格工具-布局"选项卡"行和列"组中，单击"在上方插入"、"在下方插入"、"在左侧插入"或"在右侧插入"按钮，即可在选定行（列）的上、下方插入一行或左、右侧插入一列。如果要插入多行或多列，先选择多行或多列。

3）单元格、行、列、表格的删除

将光标定位在要删除的单元格或要删除的行（列）中，单击"表格工具-布局"选项卡中"行和列"组中的"删除"按钮，在下拉菜单中选择"删除单元格"、"删除列"、"删除行"或"删除表格"命令，如图 3-67 所示。

图3-67　单元格、行、列、表格的删除

4．合并、拆分单元格和拆分表格

选择要合并的单元格，在"表格工具-布局"选项卡下，单击"合并"组中的"合并单元格"按钮，即可将所选的单元格合并为一个单元格。

选择要拆分的单元格，在"表格工具-布局"选项卡下，单击"合并"组中的"拆分单元格"按钮，在打开的"拆分单元格"对话框中输入拆分的行数、列数数值，单击"确定"按钮即可拆分单元格。

要将一个表格分成两个表格，单击要成为第二个表格的首行的行，在"表格工具-布局"选项卡下，单击"合并"组中的"拆分表格"按钮；或将光标定位在要成为第二个表格的首行的行尾换行符处，按【Ctrl+Shift+Enter】组合键，实现表格的快速拆分，如图 3-68 所示。

图3-68　表格的拆分

👆 **实践提高** 两个表格的合并

单击选择第二个表格左上角控点 ✛ 选定整个表格,将鼠标指针移动到第二个表格第一行,鼠标指针变为 ↘ ,按住鼠标拖动到第一个表格的最后一行,即可实现两个表格的合并,如图 3-69 所示。

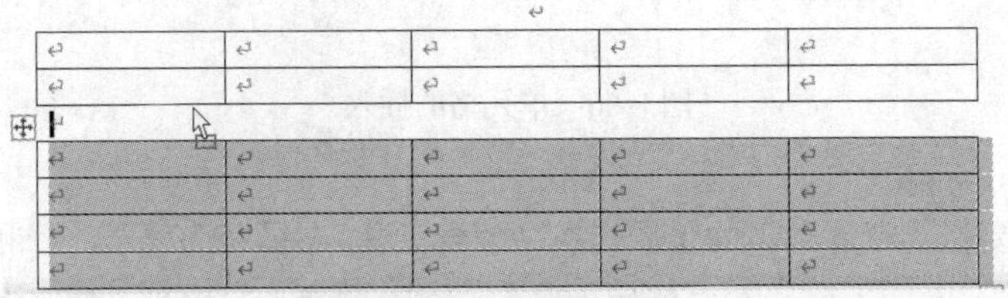

图3-69　表格的合并

5. 表格标题行的重复

为了使自动拆分成多页的表格在每页的第一行出现相同的标题行,首先选择第一行,在"表格工具–布局"选项卡下,单击"数据"组中的"重复标题行"按钮,使拆分后每页表格的首行都显示相同的标题;再次单击"数据"组中的"重复标题行"按钮,可以取消每页表格的首行显示相同的标题,如图 3-70 所示。

6. 表格格式的设置

表格创建完成以后,用户可以在表格中输入数据,并对表格中的数据格式及对齐方式等进行设置。同样,也可对表格设置边框和底纹、套用样式,以增强视觉效果,使表格更加美观。

1) 设置文本对齐方式

单元格默认的对齐方式为"靠上左对齐",即单元格中的文本以单元格的上框线为基准向左对齐。合理地设置表格中文本的对齐方式,可以使单元格和表格更美观。选择要设置文本对齐格式的单元格,在"表格工具–布局"选项卡下,单击"对齐方式"组中相应按钮,可以设置表格中文本对齐方式。单击"对齐方式"组中"文字方向"按钮,可以更改单元格中文本的水平和垂直排列方向,如图 3-71 所示。

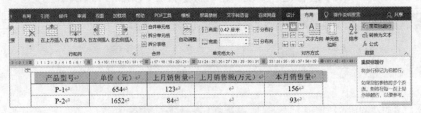

图3-70　重复表格标题行设置

图3-71　文本对齐方式

ℹ️ **提示**

在"对齐方式"组中,单击"单元格边距"按钮,打开"表格选项"对话框,如图 3-72 所示,可以调整单元格上、下、左、右边距。

2）表格对齐方式

如想要设置表格在文档中的对齐方式，必须先选定整张表格。在"表格工具–布局"选项卡下，单击"表"组中的"属性"按钮，打开"表格属性"对话框，如图 3-73 所示。在"尺寸"栏下选定"指定宽度"复选框，可设定具体的表格宽度。"对齐方式"栏下选择表格的对齐方式。在"文字环绕"栏下可设定文字环绕表格。

图3-72　单元格边距设置　　　　　　图3-73　表格属性设置

3）表格边框与底纹设置

选定行、列、表格，或将光标定位在某个单元格中，在"表格工具–设计"选项卡下，单击"表格样式"组中的"底纹"下拉按钮，在底纹的下拉列表中选择相应选项可设置单元格、行、列或表格的底纹。

选定行、列、表格，或将光标定位在某个单元格中，在"表格工具–设计"选项卡下，单击"边框"组中的"边框"下拉按钮，在边框的下拉列表中选择相应选项可设置单元格、行、列或表格的边框。

Word 2016 提供了多种不同风格的表格样式，可以通过自动套用样式快速设置表格样式。在"表格工具–设计"选项卡下，单击"表格样式"组中的列表框右侧的上、下箭头打开表格样式列表，单击选中需要的样式，表格会自动应用该样式，如图 3-74 所示。

图3-74　表格样式选择

实践提高

设置表格外框线、第一行与第二行之间的表格线为 1.5 磅红色（标准色)单实线，其余表格框线为 1 磅蓝色（标准色)单实线，表格填充"水绿色，个性色 5，淡色 60%"底纹。

操作步骤 1：选定表格，在"表格工具–设计"选项卡下，在"边框"组中"笔样式"下拉列表框中选择"实线"，"笔划粗细"下拉列表框中选择 1.5 磅，"笔颜色"下拉列表框中选择"标

准色 红色"，"边框"下拉列表框中选择"外侧框线"，设置表格的外部框线。

操作步骤2：选定表格，在"表格工具–设计"选项卡下，在"边框"组中"笔样式"下拉列表框中选择"实线"，"笔划粗细"下拉列表框中选择1磅，"笔颜色"下拉列表框中选择"标准色 绿色"，"边框"下拉列表框中选择"内部框线"，设置表格的内部框线。

操作步骤3：选定表格的第一行，在"表格工具–设计"选项卡下，在"边框"组中"笔样式"下拉列表框中选择"实线"，"笔划粗细"下拉列表框中选择1.5磅，"笔颜色"下拉列表框中选择"标准色 红色"，"边框"下拉列表框中选择"下框线"，设置表格的第一行与第二行之间的表格线，如图3-75所示。

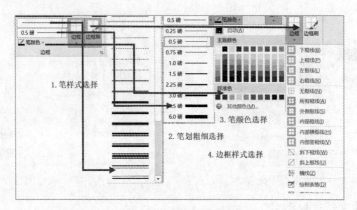

图3-75　表格框线设置

操作步骤4：选定表格，在"表格工具–设计"选项卡下，单击"表格样式"组中的"底纹"下拉按钮，在底纹的下拉列表中选择"水绿色，个性色5，淡色60%"底纹，如图3-76所示。

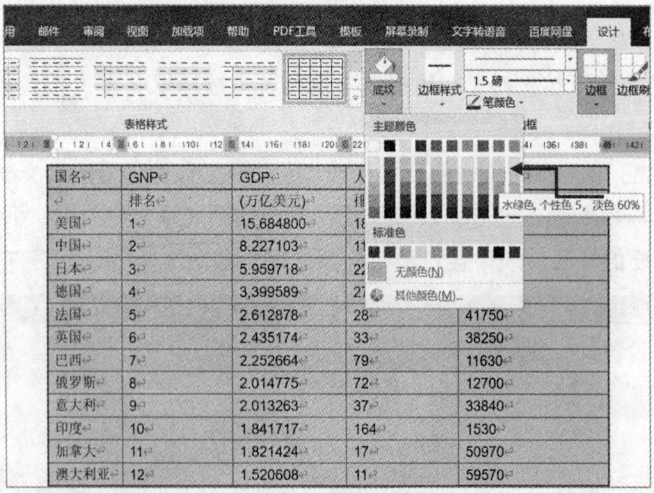

图3-76　表格底纹设置

3.4.3　表格的计算与排序

1. 表格的计算

将光标定位在需放置计算结果的单元格，在"表格工具–布局"选项卡下，单击"数据"组中的"公式"按钮，打开"公式"对话框。在公式对话框中，"公式"文本框中以"="开头，输入所需的公式。在"粘贴函数"下拉列表框中选择所需的函数，如 SUM 表示求和，AVERAGE

表示求平均值，COUNT 表示求个数，MAX
表示求最大值，MIN 表示求最小值。在函数
的括号中，LEFT 表示计算当前单元格左侧
的数据，ABOVE 表示计算当前单元格上方
的数据。在"编号格式"下拉列表框中输
入或选择显示计算结果的格式，如图 3-77
所示。

图3-77　"公式"设置

![理论拓展]

　　在表格数据的计算中，Word 是以域的形式将结果插入选定单元格的。如果更改了引用单元格中的值，选定该域，然后按【F9】键，即可更新计算结果。如果单元格中显示的是代码（如{=SUM(LEFT)}）而不是实际的求和结果，则表明 Word 正在显示域代码。要显示域代码的计算结果，按【Shift+F9】组合键，如图 3-78 所示。

| 10↵ | 20↵ | 30↵ | 60↵ | 域的值 |
| 10↵ | 20↵ | 30↵ | { =SUM(LEFT) }↵ | 域代码 |

图3-78　域代码和域的值切换

　　在表格数据的计算中，可用 A1、A2、B1、B2 的形式引用表格单元格，其中字母表示列，数字表示行。与 Microsoft Excel 不同，Microsoft Word 对"单元格"的引用始终是绝对引用，并且不显示美元符号。例如，在 Word 中引用 A1 单元格与在 Excel 中引用$A$1 单元格相同。如果需要计算单元格 A1 和 B4 中数值的和，应输入公式：=SUM（a1,b4）。

2. 表格的排序

　　表格排序是表格经常会进行的操作，表格可以按照字母、数字或日期顺序进行升序或降序排序。将光标定位在表格中，在"表格工具–布局"选项卡下，单击"数据"组中的"排序"按钮，在打开的"排序"对话框中，在"列表"栏下方选中"有标题行"单选按钮，则 Word 表格中的标题也会参与排序。如果选中"无标题行"单选按钮，则 Word 表格中的标题不会参与排序。单击"主要关键字"下拉列表选择排序的主要关键字。单击"类型"下拉列表，在"类型"列表中选择"笔画"、"数字"、"日期"或"拼音"选项。如果参与排序的数据是文字，则可以选择"笔画"或"拼音"选项；如果参与排序的数据是日期类型，则可以选择"日期"选项；如果参与排序的只是数字，则可以选择"数字"选项。选中"升序"或"降序"单选按钮设置排序的顺序类型。在对话框中按排序的优先次序选择关键字（最多可以选择 3 个关键字）并确定排序方式，单击"确定"按钮完成对表格的排序。如图 3-79 所示，首先按主要关键字"考生编号"升序、次要关键字"性别"升序、第三关键字"民族分类"升序排列。

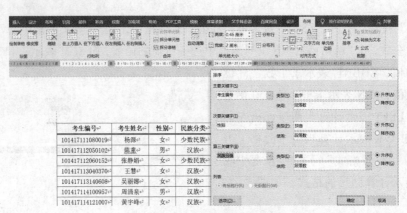

图3-79　表格的排序

3.5　Word 2016的图文混排

Word 2016 中，可以实现对各种图形对象的绘制、缩放、插入和修改等多种操作，还可以把图形对象与文字结合在一个版面上，实现图文混排，轻松地设计出图文并茂的文档。本节将介绍图片插入、图形的绘制、文本框的使用和艺术字的制作。

3.5.1　图片

一篇图文并茂的文档总比纯文本更美观、更具说服力。Word 2016 允许用户将来自文件的图片或其内部的剪贴画插入文档中。

1. 插入图片

在要插入图片的位置单击，在"插入"选项卡中的"插图"组中单击"图片"按钮，"插入图片来自"选择"此设备"，在弹出的"插入图片"对话框中找到图片所在位置，选择需要插入的图片即可，如图 3-80 所示。图片插入文档后，用户可以对其进行编辑以及设置有关的格式。

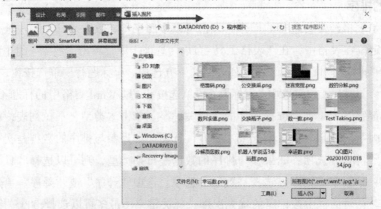

图3-80　插入图片

实践提高 把图片拖到 Word 中

在实际操作中，可以在资源管理器中找到需插入 Word 文档的图片，按住鼠标可以把图片拖动到 Word 中释放，也可以实现插入图片的功能，如图 3-81 所示。

图3-81　图片拖动到Word中

2. 图片格式设置

1）图片大小

单击选中图片，将打开"图片工具-格式"选项卡。在打开的"图片工具-格式"选项卡下，单击"大小"对话框启动器，弹出"布局"对话框"大小"选项卡，如图 3-82 所示。在"大小"选项卡中，可设置图片高度和宽度。在旋转栏下方可设置图片旋转的角度。在缩放栏下方可设置图片高度和宽度缩放的百分比。选中"锁定纵横比"复选框，可保持高度和宽度的比例不变。如果要自定义图片大小，则取消"锁定纵横比"复选框和"相对原始图片大小"复选框。

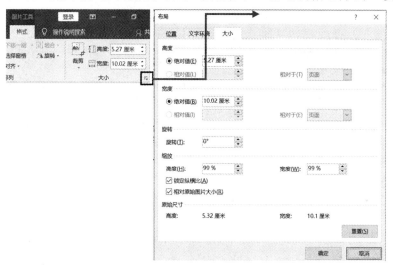

图3-82　图片大小设置

2）图片位置

不仅图片的大小可以改变，图片的位置也可以改变。选中图片，将打开"图片工具-格式"选项卡。在打开的"图片工具-格式"选项卡下，单击"排列"组中的"位置"按钮，在下拉列表中根据需要选择相应选项；或在下拉列表中选择"其他布局选项"命令，打开"布局"对话框，如图 3-83 所示。在"位置"选项卡中设置图片的水平和垂直对齐方式、绝对位置、书籍版式等。

3）环绕方式

选中图片，将打开"图片工具-格式"选项卡。在打开的"图片工具-格式"选项卡下，单击"排列"组中的"环绕文字"按钮，在下拉列表中列出了七种环绕方式，可根据需要选择相应的环绕方式；或选择"其他布局选项"命令，打开"布局"对话框，在"文字环绕"选项卡中设置图片环绕方式，如图 3-84 所示。

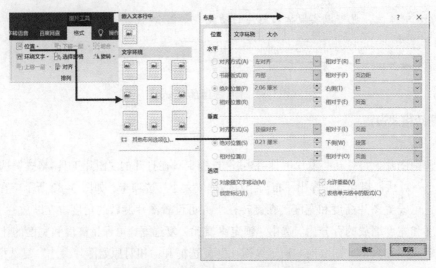

图3-83　"布局"对话框"位置"选项卡

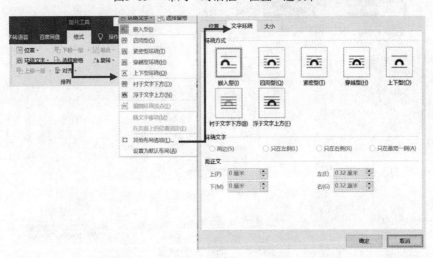

图3-84　"布局"对话框"文字环绕"选项卡

4）裁剪图片

在文档中插入图片后，可以利用裁剪功能将图片中多余的部分裁剪掉，只保留需要的部分。选中需要裁剪的图片，将打开"图片工具-格式"选项卡。在打开的"图片工具-格式"选项卡下，单击"大小"组中的"裁剪"按钮 ，在下拉菜单中根据需要选择相应命令；将鼠标指针移到图片的尺寸控制点上，按住鼠标左键并拖动进行所需的裁剪，直至得到需要的形状或大小，释放鼠标；在图片以外的空白处单击，完成裁剪操作。

提示

　　在裁剪图片时，在"图片工具-格式"选项卡下，单击"大小"组中的"裁剪"按钮。若要裁剪一边，向内拖动该边上的中心控点。若要同时相等地裁剪两边，在向内拖动任意一边上中心控点的同时，按住【Ctrl】键。若要同时相等地裁剪四边，在向内拖动角控点的同时，按住【Ctrl】键。

5）图片效果

（1）调整组。

选中图片，将打开"图片工具–格式"选项卡。在打开的"图片工具–格式"选项卡下，通过"调整"组可设置图片的亮度和对比度、颜色、艺术效果等，如图 3-85 所示。

单击要从中消除背景的图片，单击"删除背景"按钮。单击点线框线条上的一个句柄，然后拖动线条，使之包含希望保留的图片部分，并将大部分希望消除的区域排除在外。单击"关闭"组中的"保留更改"按钮。

（2）图片样式组。

选中图片，将打开"图片工具–格式"选项卡。在打开的"图片工具–格式"选项卡下，通过"图片样式"组可设置图片的阴影、发光、映像、柔化边缘等效果，如图 3-86 所示。

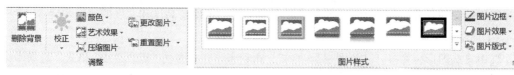

图3-85 "调整"组　　　　　　　　　　图3-86 "图片样式"组

选中图片，在"图片工具–格式"选项卡下的"图片样式"组中可以查看图片样式库，选择合适的样式应用到图片上。同时，可以在"图片样式"组中应用"图片边框"按钮设置图片边框线的宽度、线型和颜色；应用"图片效果"按钮对图片应用阴影、发光、柔化边缘、棱台、三维旋转等视觉效果；利用"图片版式"按钮更改图片样式为 SmartArt 图形。

3.5.2 自选图形

自选图形是指一组现成的形状，如矩形和圆等基本形状，以及各种线条和连接符、箭头总汇、流程图符号、星与旗帜和标注等。在要插入自选图形的位置单击，在"插入"选项卡中的"插图"组中单击"形状"按钮，在"形状"下拉列表中包含了上百种自选图形工具，通过使用这些工具，可以在文档中绘制出丰富多彩的形状，如图 3-87 所示。

1. 绘制自选图形

选择一种形状，如"思想气泡：云"，鼠标指针变成＋形状，在需要插入形状的位置按住鼠标左键并拖动，直至对形状的大小满意后松开鼠标左键。

有些自选图形绘制好后可以直接添加文字，如"思想气泡：云"等；有些图形绘制好后不能直接添加文字，如"基本形状"等。要在不能直接添加文字的自选图形中添加文字，右击要添加文字的自选图形，在弹出的快捷菜单中选择"添加文字"命令，Word 2016 会自动显示一个插入点，在光标处输入文字即可。

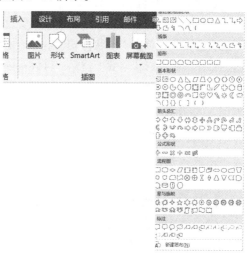

图3-87 插入形状

2. 自选图形设置

1）自选图形位置

选中自选图形，将打开"绘图工具–格式"选项卡。在打开的"绘图工具–格式"选项卡下，单击"排列"组中的"位置"按钮，在下拉列表中根据需要选择相应选项；或在下拉列表中选择"其他布局选项"命令，打开"布局"对话框，在对话框的"位置"选项卡中精确设置自选图形的位置。

2）自选图形大小

选中自选图形，将打开"绘图工具–格式"选项卡。在打开的"绘图工具–格式"选项卡下，单击"大小"对话框启动器，弹出"布局"对话框"大小"选项卡。在"大小"选项卡中，可设置自选图形高度和宽度。在旋转栏下方可设置图片旋转的角度。在缩放栏下方可设置图片高度和宽度缩放的百分比。选中"锁定纵横比"复选框，可保持高度和宽度的比例不变。

3）环绕方式

选中自选图形，将打开"绘图工具–格式"选项卡。在打开的"绘图工具–格式"选项卡下，单击"排列"组中的"环绕文字"按钮，在下拉列表中列出了七种环绕方式，可根据需要选择相应的环绕方式；或选择"其他布局选项"命令，打开"布局"对话框，在"文字环绕"选项卡中设置自选图形环绕方式。

3. 自选图形效果

设置自选图形效果包括形状填充、形状轮廓、形状效果和应用形状样式等。选中自选图形，单击"绘图工具–格式"选项卡下的"形状样式"组中的"形状填充"按钮或"形状轮廓"按钮，

可以设置相应的填充效果（如颜色、图片、渐变、纹理等）或形状轮廓的粗细、线型、颜色等；利用"形状效果"按钮，可以设置相应的阴影、三维旋转效果等；通过"形状样式"组中的样式库，可以快速地应用内置形状样式。

如果要自定义形状效果，可选中需要设置效果的自选图形，单击"形状样式"组对话框启动器，打开"设置形状格式"窗格，可以精确设置自选图形的填充效果、线条颜色、三维效果等，如图 3–88 所示。

图3–88　设置形状格式

4. 自选图形的叠放次序

两个或多个自选图形重叠时，最近绘图的自选图形总是处于顶层，改变它们之间叠放次序的操作步骤如下：

（1）选定要调整叠放次序的自选图形对象。

（2）在打开的"绘图工具–格式"选项卡下，单击"格式"选项卡的"排列"组中的"上移一层"或"下移一层"下拉按钮，在下拉列表中选择合适的选项，如"置于顶层""置于底层""浮于文字上方"等，如图 3–89 所示。

5. 组合自选图形

可以将绘制好的多个基本自选图形组合成一体，以进行同步的移动或改变大小等操作。组合自选图形的操作步骤如下：

（1）选定要进行组合的所有自选图形。

（2）在打开的"绘图工具–格式"选项卡下，单击"格式"选项卡的"排列"组中的"组合"按钮，在下拉菜单中选择"组合"命令，就可将选中的自选图形组合成一个整体。

（3）如果要取消自选图形的组合，选中要取消组合的自选图形，单击"格式"选项卡的"排列"组中的"组合"按钮，在下拉菜单中选择"取消组合"命令，就可取消自选图形的组合恢复原来绘制的多个"自选图形"，如图 3-90 所示。

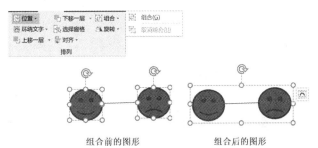

图3-89　自选图形叠放次序调整　　　　图3-90　图形的组合

提示

（1）选定多个自选图形的方法：按住【Shift】键，然后逐个单击要进行组合的图形。

（2）选择自选图形，该自选图形的周围会出现 2 个或 8 个控点，1 个旋转控点，有的图形还有 1 个黄色的调整控点，将鼠标置于旋转控点上并拖动，可旋转任意角度；将鼠标定位于黄色调整控点并拖动，可重调形状。

（3）在绘制形状时按住【Shift】键：绘制直线时，可以画出水平直线、竖直直线及与水平成 45°角的直线；在绘制矩形和椭圆图形时，按住【Shift】键，则绘制出来的是正方形和圆。拖动对象时按住【Shift】键：对象只能沿水平或竖直方向移动。

3.5.3　文本框

文本框是一种可以在 Word 2016 文档中独立进行文字输入和编辑的图片框，它如同一个容器，放到其中的对象将会随着文本框的移动而同时移动。

在"插入"选项卡中的"文本"组中单击"文本框"按钮。Word 2016 中已经内置了若干"文本框"样式，可从中选择一种"文本框"样式。如对系统预设的"文本框"样式不满意，可以在下拉列表中选择"绘制横排文本框"按钮，在文档中拖动鼠标可以绘制空白横向文本框；在下拉列表中选择"绘制竖排文本框"按钮，在文档中拖动鼠标可以绘制空白竖排文本框，输入文字即可，如图 3-91 所示。

在文本框中的操作和在普通文本中一样，可插入文本、图形、表格等，也可进行各种设置。选择文本框，将鼠标移至边框线上鼠标指针变成✥按住鼠标左键，可实现文本框的移动。将鼠标移至尺寸控点（尺寸控点：出现在文本框各角和各边上的小圆点），拖动文本框的尺寸控点，可改变文本框大小。

文本框的位置、大小和环绕方式与设置图形的方法一样，这里不再赘述。下面介绍文本框的格式设置。单击选中文本框，将打开"绘图工具-格式"选项卡。在"绘图工具-格式"选项卡下，通过"形状样式"组可以为文本框选择一种形状样式，如图 3-92 所示。

图3-91　插入文本框

图3-92　文本框形状样式

如对"形状样式"组中预设的样式不满意，单击"形状样式"组中右下角的对话框启动器，打开"设置形状格式"窗格，在该窗格中可以设置文本框的外边框、填充颜色、线型、阴影、三维格式等，如图 3-93 所示。

单击选中文本框，将打开"绘图工具-格式"选项卡。在"绘图工具-格式"选项卡的"文本"组中，单击"文字方向"按钮可设置文本框中文字的方向，如水平、垂直等。单击"对齐文本"按钮可设置文本框中文本的对齐方式，如图 3-94 所示。

实践提高　文本框的链接功能

文本框具有奇特的链接功能，同一个文档的多个文本框之间可以建立链接关系，建立了链接关系的文本框即使位于文档中的不同位置，文本框中的文本仍然是连为一体的。在前一个文本框中容纳不下的内容，会自动"流"到下一个文本框中；在前一个文本框中删除一些内容，下一文本框中的内容则会自动"回"到前一个文本框中。利用文本框的链接功能，可以更灵活地编辑排版。建立文档中多个文本框链接的具体步骤如下：选中第一个文本框，单击"绘图工具-格式"选项卡的"文本"组中的"创建链接"按钮 创建链接，鼠标指针变成一个直立水杯形状。将鼠标指针移到要链接的文本框上，鼠标指针变成倾倒水杯形状，单击即完成两个文本框的链接。如果要断开链接，选中要断开链接的文本框，单击"绘图工具-格式"选项卡的"文本"

组中的"断开链接" 断开链接 按钮即可。

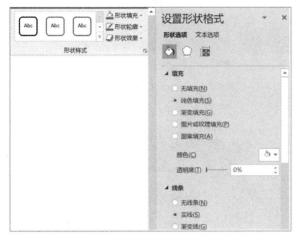

图3-93 文本框形状格式设置

图3-94 文本框文字方向和对齐方式设置

3.5.4 艺术字

在 Word 文档中，使用艺术字可以制作封面文字或标题文字，美化文档。

将光标移动到要插入艺术字的位置，在"插入"选项卡中的"文本"组中单击"艺术字"按钮，在下拉列表中选择需要的艺术字样式，如图 3-95 所示。在文档中出现的艺术字图文框中输入文字，即可在文档中插入所需的艺术字。

图3-95 制作艺术字

在"开始"选项卡下的"字体"组中可设置艺术字的字体、字号、加粗、倾斜。单击艺术字，将打开"绘图工具-格式"选项卡。通过"艺术字样式"组中的样式库，可以快速地应用内置艺术字样式。单击"文本填充"按钮，可以设置相应的填充效果，如颜色、图片、渐变、纹理等；单击"文本轮廓"按钮，可以设置形状轮廓的粗细、线型、颜色等；单击"文本效果"按钮，可以更改艺术字形状，如图 3-96 所示。

实践提高 艺术字文本转换效果设置

在"艺术字样式"组中，单击"文本效果"按钮，弹出的下拉列表框中选择"转换"命令，在级联菜单中选择一种转换效果，如图 3-97 所示。注意，每一种效果都有提示信息，请熟练掌握。

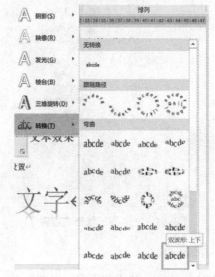

图3-96　艺术字样式设置　　　　　　　　图3-97　艺术字文本转换效果

3.6　Word 2016的主题

Word 2016 中提供了主题和样式集功能，能够更高效地处理文档格式。

3.6.1　主题设计

在"设计"选项卡"文档格式"组中单击"主题"按钮，在下拉列表中选择一种系统预置的主题样式，如图 3-98 所示。若要自定义"主题"，可单击"颜色""字体""效果""段落间距"按钮进行设置。主题颜色包含四种文字/背景颜色、六种着色和两种超链接颜色。主题字体包含标题字体和正文字体。主题效果是线条和填充效果的组合。

图3-98　主题设置

3.6.2　页面颜色

1．页面背景设置单色效果

如果用户要为文档背景设置单色效果，可以使用"页面颜色"列表来实现。打开 Word 2016

文档，在"设计"选项卡下的"页面背景"组中单击"页面颜色"按钮，展开页面颜色列表菜单，可以直接选中一种背景颜色，如浅蓝，即可应用于文档页面背景中。

2. 页面背景设置双色渐变效果

如果用户要为文档背景设置双色渐变效果，可以使用以下操作来实现。打开 Word 2016 文档，在"设计"选项卡的"页面背景"组中，单击"页面颜色"按钮，在展开的列表中选中"填充效果"选项。在"填充效果"对话框中，"渐变"选项卡中的"颜色"栏下，选中"双色"单选按钮。在"颜色 1"中设置一种渐变颜色；在"颜色 2"中设置一种渐变颜色。设置完颜色后，可以在"底纹样式"栏中选择"角部辐射"或者"中心辐射"单选按钮等，单击"确定"按钮，如图 3-99 所示。

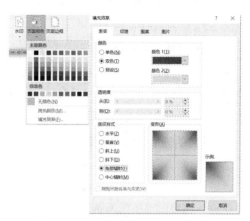

图3-99　页面背景设置双色渐变效果

实践提高 为页面背景应用预设效果

在"填充效果"对话框中选中"预设"单选按钮，可以选择系统提供的效果，如图 3-100 所示。

3. 页面背景设置纹理效果

如果用户要为文档背景设置纹理填充效果，可以使用以下操作来实现。打开 Word 2016 文档，在"设计"选项卡的"页面背景"组中，单击"页面颜色"按钮，在展开的列表中选中"填充效果"选项。在"填充效果"对话框中，切换到"纹理"选项卡，选择一种系统预设的纹理。注意，系统对使用的纹理有提示信息，如图 3-101 所示。

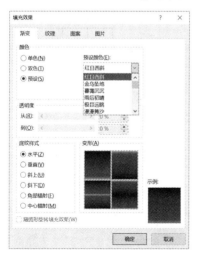

图3-100　系统预设填充效果

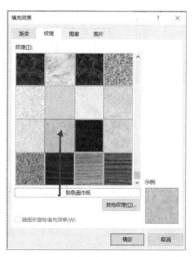

图3-101　页面背景设置纹理效果

3.7 本章重难点解析

Word 2016 的简繁转换、封面、主题等功能使得日常的学习、工作更加高效，下面就本章的这些重难点再做简要解析。

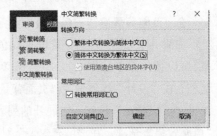

图3-102 "中文简繁转换"对话框

1. 简繁转换、繁简转换

在"审阅"选项卡下的"中文简繁转换"组中提供了简体和繁体的转换功能，如图 3-102 所示。单击"简繁转换"按钮，打开"中文简繁转换"对话框，完成简繁转换。

2. 图片的艺术效果、色调

选中图片，将打开"图片工具–格式"选项卡。在打开的"图片工具–格式"选项卡下，通过"调整"组可设置图片的亮度和对比度、颜色、艺术效果等。例如，调整图片的艺术效果为胶片颗粒，调整图片颜色为色温 5300K，如图 3-103 所示。

图3-103 调整图片的艺术效果和色调

3. 定义新的项目符号

在"开始"选项卡的"段落"组中单击"项目符号"右侧的下拉箭头，在打开的下拉列表中单击"定义新项目符号"命令，打开"定义新项目符号"对话框，单击"符号"按钮，打开"符号"对话框，可定义新的项目符号。如字体选择 Wingdings 3，字符代码选择 224，可定义新的项目符号，如图 3-104 所示。

4. 文档属性：作者，单位、文档主题

在"文件"选项卡中单击"信息"命令，可编辑文件的作者、单位，主题等信息，如图 3-105 所示。

5. 文字轮廓、RGB 颜色

在"开始"选项卡下的"字体"组中，单击"文本效果和版式"按钮，可定义文字的轮廓。如设置粗细 1.5 磅的圆点线。单击"字体颜色"按钮，可自定义 RGB 颜色，如图 3-106 所示。

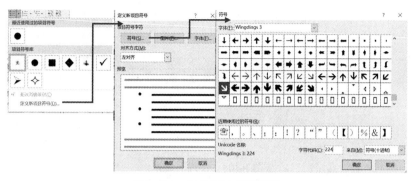

图3-104　定义新的项目符号

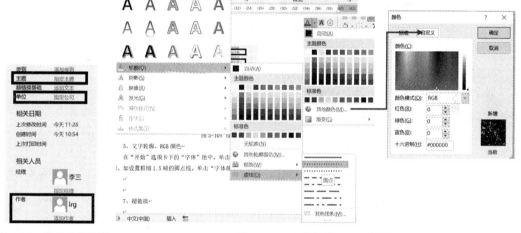

图3-105　设置文档属性　　　　　　　图3-106　文字轮廓、RGB设置

6．超链接

选中需要建立超链接的文本和图形，右击，在快捷菜单中选择"链接"命令，打开"插入超链接"对话框，输入需要链接的网站或电子邮件地址，如图 3-107 所示。

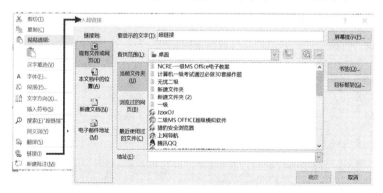

图3-107　插入超链接

7．公式计算

在 Word 2016 的公式计算，若要计算左边两列的乘积，可使用公式"=product（left）"。若

要计算左边两列的差价，可使用类似 Excel 2016 的地址引用方法，如图 3-108 所示。

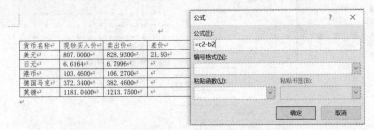

货币名称	现钞买入价	卖出价	差价
美元	807.0000	828.9300	21.93
日元	6.6164	6.7996	
港币	103.4600	106.2700	
德国马克	372.3400	382.4600	
英镑	1181.0400	1213.7500	

图3-108 公式的计算

8. 封面

在"插入"选项卡下的"页面"组中，单击"封面"按钮，选择一种合适的封面，如边线型、积分等，如图 3-109 所示。

9. 主题

在"设计"选项卡下的"文档格式"组中，选择适合本文档的主题。同时可对主题颜色、字体等进行设置，如图 3-110 所示。

图3-109 插入封面

10. 标题样式

在"开始"选项卡下的"样式"组中，预设了标题 1 至标题 4 样式。如果要应用标题 5 至标题 9 样式，单击"样式"组的对话框启动器，在"样式"窗格中单击"管理样式"按钮，打开"管理样式"对话框，在"推荐"选项卡下，显示标题 5 至标题 9，如图 3-111 所示。

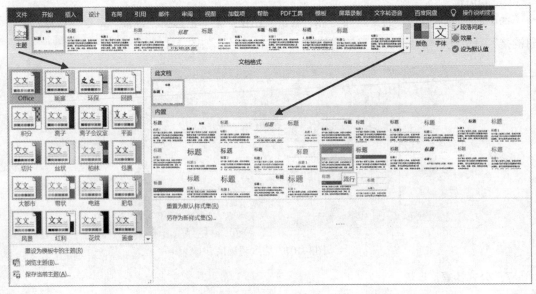

图3-110 主题设计

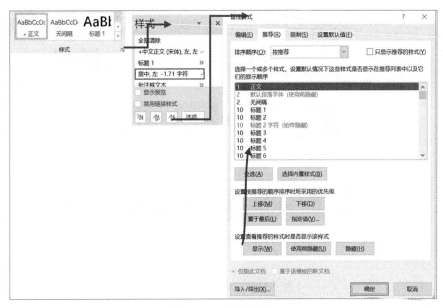

图3-111 样式设置

11. SmartArt 图形

SmartArt 图形是一种图形和文字相结合的图形，常用于建立流程图、结构图等。SmartArt 图形在 Word 2016 中拥有多种类型和布局，要利用 SmartArt 图来表现某种内容，需要选择适合的类型才能达到目的，下面简要介绍 Word 2016 中创建 SmartArt 图形。

在"插入"选项卡下的"插图"组中单击 SmartArt 按钮，打开"选择 SmartArt 图形"对话框，例如，单击"流程"中的"基本流程"，单击"确定"按钮。在"在此处键入文字"框中输入文字，如系统预设的三行不能满足需要，在第三行输入完毕按【Enter】键，系统自动增加新的一行，如图 3-112 所示。

图3-112 插入SmartArt图形

在文字输入完毕后，在"SmartArt 工具-设计"选项卡中，单击"SmartArt 样式"组中的一种样式，如"中等效果"，单击"更改颜色"按钮，选择一种合适的颜色，如"彩色-个性色"。版式根据需要可以调整，如图 3-113 所示。

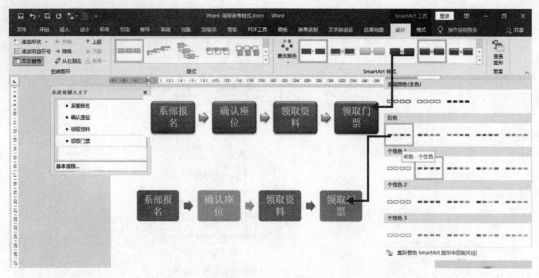

图3-113　SmartArt图形设置

习　题

操作题

1. 对"文档1.docx"中的文字进行编辑、排版和保存，具体要求如下：

（1）将文中所有错词"鹰洋"替换为"营养"；将标题段文字（"果品中的营养成分"）设置为二号、红色（标准色）、黑体、居中，文字间距加宽5磅；为标题段文字添加蓝色（标准色）双波浪下画线，并设置文字阴影效果为"外部向左偏移"；设置段后间距为1行。

（2）设置正文各段落（"果…身体健康。"）首行缩进2字符、1.25倍行距，为正文第3段至第6段（"糖类：..含磷较多。"）添加"1）、2）、3）、…"样式的编号。为正文第8段至第11段（"糖尿病患者：...较多的水果"）添加"◆项目符号；为表题（"部分水果每100克食品中可食部分营养成分含量一览表"）添加超链接"http://www.baidu.com.cn"。

（3）设置页面上、下、左、右页边距均为3.5厘米，装订线位于左侧1厘米处；在页面底端插入"普通数字3"样式页码，并设置页码编号格式为"i、ii、iii、…"，起始页码为"iii"；为文档添加文字水印，水印内容为"水果与健康"，水印颜色为红色（标准色）。

（4）将文中最后12行文字转换为12行6列的表格；设置表格居中，表格中第一行和第一列的内容水平居中、其余内容中部右对齐；设置表格列宽为2厘米、行高为0.6厘米；设置表格单元格的左边距为0.1厘米、右边距为0.4厘米。

（5）利用表格第一行设置表格"重复标题行"；按主要关键字"糖类（克）"列、依据"数字"类型升序，次要关键字"VC（毫克）"列、依据"数字"类型降序排列表格内容；设置表格外框线和第一、二行间的内框线为红色（标准色）1.5磅单实线，其余内框线为红色（标准色）0.5磅单实线。

文档 1.docx 内容

果品中的鹰洋成分

果品有鲜果和干果之分。鲜果即水果，它有着鲜艳的色泽，浓郁的果香，甜美的味道。干果即常说的硬果、坚果类。

水果的鹰洋成分和鹰洋价值与蔬菜相似，是人体维生素和无机盐的重要来源之一。各种水果普遍含有较多的糖类和维生素，而且还含有多种具有生物活性的特殊物质，因而具有较高的鹰洋价值和保健功能，其所含成分主要有：

糖类：水果中普遍含有葡萄糖、蔗糖、果糖，如苹果、梨等含果糖较多；柑橘、桃、李、杏等含蔗糖较多；葡萄含葡萄糖较多。各种水果的含糖量在10%至20%之间，超过20%含糖量的有枣、椰子、香蕉、大山楂等鲜果。含糖量低的有草莓、柠檬、杨梅、桃等。

维生素：水果中的维生素含量约为 0.5%至 2%，若过多，则肉质粗糙，皮厚多筋，食用质量低。

色素：水果的色泽是随着生长条件的改变或成熟度的变化而变化的。一般来说，深黄色的水果含胡萝卜素较多。水果的芳香能刺激食欲，有助于人体对其他食物的吸收，芳香油还有杀菌的作用。

无机盐：水果中含无机盐较为丰富，橄榄、山楂、柑橘中含钙较多，葡萄、杏、草莓等含铁较多，香蕉含磷较多。

吃水果虽然有益于健康，但也必须科学食用，食用不当也会影响人体健康。比如：

糖尿病患者：适宜吃菠萝、杨梅、樱桃等水果，它能改善胰岛素的分泌，有降糖的作用。

冠心病患者：应多吃桃、李、杏、草莓和鲜枣等，这些水果含丰富的尼克酸和 VC（维生素C），有降血脂和降胆固醇的作用。

心急梗塞患者：应多吃香蕉、桔子。

心力衰竭或水肿患者：不能食用含水量较多的水果。

水果可以为人体提供丰富的鹰洋物质，《黄帝内经》中就有"五谷为养，五果为助，五畜为益，五菜为充"的记载，所以，要尽可能地吃一些水果，这样才能有利于身体健康。

部分水果每100克食品中可食部分鹰洋成分含量一览表

名称	糖类（克）	VC（毫克）	钙（毫克）	铁（毫克）	磷（毫克）
苹果	12.5	5	11	0.3	9
梨	11.3	3	5	0.2	6
桃	7.9	6	8	0.1	20
西瓜	5.5	3	6	0.2	10
桔子	11.7	30	26	0.2	15
香蕉	20.8	8	7	0.4	28
草莓	5.7	47	18	1.8	27
葡萄	9.9	25	5	0.4	13
菠萝	9.5	18	12	0.6	9

樱桃	9.9	10	11	0.4	27
猕猴桃	11.9	62	27	1.2	26

2．对"文档2.docx"中的文字进行编辑、排版和保存，具体要求如下：

（1）将文中所有错词"受辱"替换为"收入"；自定义页面纸张大小为"19厘米（宽）×27厘米（高度）"；在页面底端按照"普通数字1"样式插入页码，设置起始页码为"2"；为页面添加内容为"国情知识"文字水印；设置页面颜色的填充效果样式为"纹理/羊皮纸"。

（2）将标题段文字（"中国人均GDP在世界上究竟处于怎样的位置？"）设置为三号、红色（标准色）、黑体、加粗、倾斜、居中、段后间距0.5行，并设置文字效果的"轮廓样式"中"宽度"为0.1磅。

（3）设置正文各段落（"世界银行……到数第三名。"）的中文为楷体，西文为Arial；设置正文各段落的行距为1.2倍行距;设置正文第一段首字下沉2行，距正文0.3厘米；设置正文第3段（"按世界银行数……门槛。"）悬挂缩进2字符；设置正文第4段（"从'下中等'……数第三名。"）首行缩进2字符，并将第四段分为等宽2栏，同时添加栏间分隔线。

（4）将文中最后14行文字转换成一个14行5列的表格，设置表格列宽为2.3厘米、行高为0.6厘米；设置表格居中，表格第3列和第5列的第3行至第14行内容中部右对齐，表格中其余内容水平居中；为表题段（"2012年部分国家GDP和人均GNI一览表"）添加脚注，脚注内容为"数据来源:世界银行相关报告"。

（5）设置表格所有单元格的左边距为0.05厘米、右边距为0.3厘米；设置表格第一、二行为"重复标题行"；分别将每一列的第一、二行单元格合并，并使合并后每个单元格的内容仅有一个段落；按"人均GNI排名"列依据"数字"类型升序排列表格内容；设置表格外框线、第一行与第二行之间的表格线为1.5磅红色（标准色）单实线，其余表格框线为1磅红色（标准色）单实线。

文档2.docx内容

中国人均GDP在世界上究竟处于怎样的位置？

世界银行根据各个经济体（国家或地区）的人均GNI（国民总受辱，其数值接近于GDP）水平，将经济体分为三大组：低受辱组，2010年人均GNI低于1006美元；中等受辱组，1006~12275美元；高受辱组，12275美元以上。这些受辱线不是固定的，世界银行每年都会根据情况变化作出调整。

由于"中等受辱组"人均GNI的一下一上两条线差得太远，世界银行又把这一组分为"下中等受辱"和"上中等受辱"两小组。2010年人均GNI在1006~3975美元的，列入"下中等受辱组"，3976~12275美元的，为"上中等受辱组"。

按世界银行数据，中国1999年的人均GNP（当时按GNP计算）为780美元，迈过了756美元的分界线，进入所谓"中等受辱"行列。这一年，"中等受辱组"的人均GNP范围是756~9265美元，因此中国又属于"下中等受辱组"，且排名差不多在最后。此后10多年里，中国经济保持了强劲的增长势头，世界银行的数据称，2009年中国人均GNI已达到3590美元，接近

2009 年"上中等受辱"3 946 美元的起始线水平；而 2010 年达到 4 260 美元，终于迈过了 3 976 美元的"上中等受辱"门槛。

从"下中等"到"上中等"，进步了，"标签"更好看，自然讨人喜欢。但若细细探究，会发现中国进入所谓"上中等受辱"俱乐部，未必值得兴奋。实际上，世界银行在对经济体按人均 GNI 进行分组时颇费了一番心思，不让太多国家或地区"沦陷"于"低受辱组"，有点照顾面子的意思。它发布的《2012 世界发展报告》提供了 167 个国家和地区的 2010 年人均 GNI 数字，其中落在"低受辱组"的只有 30 个，而进入"高受辱组"的为 37 个，其余 100 个国家和地区都按人为设定的标准划进了"中等受辱组"。46 个"上中等受辱组"经济体中，中国排在倒数第三名。

2012 年部分国家 GDP 和人均 GNI 一览表

国名	GNP 排名	GDP （万亿美元）	人均 GNI 排名	人均 GNI （美元）
美国	1	15.684 800	18	50 120
中国	2	8.227 103	112	5 740
日本	3	5.959 718	22	47 870
德国	4	3.399 589	27	44 010
法国	5	2.612 878	28	41 750
英国	6	2.435 174	33	38 250
巴西	7	2.252 664	79	11 630
俄罗斯	8	2.014 775	72	12 700
意大利	9	2.013 263	37	33 840
印度	10	1.841 717	164	1 530
加拿大	11	1.821 424	17	50 970
澳大利亚	12	1.520 608	11	59 570

3. 对"文档 3.docx"中的文字进行编辑、排版和保存，具体要求如下：

（1）将文中所有"奥林匹克运动会"替换为"奥运会"；在页面底端按照"普通数字 2"样式插入"Ⅰ、Ⅱ、Ⅲ ..."格式的页码，起始页码设置为"Ⅳ"；为页面添加"方框"型 0.75 磅、红色（标准色）、双窄线边框；设置页面颜色的填充效果样式为"纹理/蓝色面巾纸"。

（2）将标题段文字（"伦敦奥运会绚烂落幕"）设置为二号、深红色（标准色）、黑体、加粗、居中、段后间距 1 行，并设置文字效果的"发光"样式为"发光：5 磅；红色，主题色 2"。

（3）将正文各段落（"新华社……里约热内卢。"）设置为 1.3 倍行距；将正文第 1 段（"新华社……在伦敦闭幕。"）起始处的文字"新华社 2012 年 8 月 14 日电"设置为黑体；设置正文第 1 段首字下沉 2 行，距正文 0.3 厘米；设置正文第 2 段（"昨晨……掌声不息。"）首行缩进 2 字符；为正文其余段落（"在闭幕式……里约热内卢。"）添加项目符号"■"。

（4）将文中最后 9 行文字转换成一个 9 行 6 列的表格，设置表格列宽为 2.3 厘米、行高为 0.7 厘米；设置表格居中，表格所有文字水平居中，在"总数"列分别计算各国奖牌总数（总数

=金牌数+银牌数+铜牌数）。

（5）设置表格外框线、第 1 行与第 2 行之间的表格线为 0.75 磅红色（标准色）双窄线，其余表格框线为 0.75 磅红色（标准色）单实线；为表格第 1 行添加橙色（标准色）底纹；设置表格所有单元格的左、右边距均为 0.3 厘米；按"总数"列依据"数字"类型降序排列表格内容。

文档 3.docx 内容

伦敦奥林匹克运动会绚烂落幕

新华社 2012 年 8 月 14 日电 在沉静悠扬的乐声中，在全场观众的屏息凝视中，象征着 204 个参赛国家和地区的铜花瓣主火炬缓缓分离、熄灭。被国际奥委会主席罗格评价为"欢乐而荣耀"的第 30 届夏季奥林匹克运动会昨天凌晨在伦敦闭幕。

昨晨在伦敦碗体育场内，近 9 万名观众一起分享了"伦敦的一天"和富有英国特色的"音乐聚会"。大钟敲响，"报纸"展开，伦敦人一天的生活开始了。大本钟、伦敦眼、塔桥在"上班族"匆匆的脚步中告诉世界，这是一个复古的现代都市。随后，在璀璨灯光下，时而有乐如天籁的怀旧金曲，带着观众重温那熟悉感人的成长记忆；时而有激情舞步与流行乐曲擦出的绚烂火花，引得万人合唱，掌声不息。

在闭幕式的过程中，还举行了田径最后一项男子马拉松的颁奖仪式。罗格向为乌干达夺得 40 年来第一枚奥林匹克运动会金牌的斯·基普罗蒂奇颁发金牌。

志愿者代表也登上了舞台中央，在全场观众的欢呼声中，接受运动员代表的献花。

近一个半小时的表演后，伦敦市长鲍里斯·约翰逊将五环旗交给罗格，罗格再将五环旗交给里约市长爱德华多·帕埃斯，"里约 8 分钟"随之而来，现场狂欢再掀一个高潮。

4 年之后，奥林匹克运动会将第一次踏上南美大陆，奔向美丽的海滨之城——里约热内卢。

第 30 届夏季奥林匹克运动会奖牌榜（前八名）

名次	国家	金牌	银牌	铜牌	总数
1	美国	46	29	29	
2	中国	38	27	23	
3	英国	29	17	19	
4	俄罗斯	24	26	32	
5	韩国	13	8	7	
6	德国	11	19	14	
7	法国	11	11	12	
8	意大利	8	9	11	

第4章
Excel 2016 的使用

2015 年 9 月 22 日，微软公司发布了 Office 2016，它包括 Word、Excel、PowerPoint、Outlook 等应用软件，支持的操作系统环境为 Windows 7/8/10。Excel 2016 版本新增了一些实用的功能：

（1）六种图表类型。可视化对于有效的数据分析至关重要。在 Excel 2016 中，添加了六种新图表以帮助创建财务或分层信息的一些最常用的数据可视化，以及显示数据中的统计属性。在"插入"选项卡上单击"插入层次结构图表"，可使用"树状图"或"旭日图"图表，单击"插入瀑布图或股价图"可使用"瀑布图"，或单击"插入统计图表"可使用"直方图"、"排列图"或"箱形图"。

（2）一键式预测。在 Excel 的早期版本中，只能使用线性预测。在 Excel 2016 中，FORECAST 函数进行了扩展，允许基于指数平滑（如 FORECAST.ETS()…）进行预测。此功能也可以作为新的一键式预测按钮来使用。在"数据"选项卡上，单击"预测工作表"按钮可快速创建数据系列的预测可视化效果。在向导中，还可以找到由默认的置信区间自动检测、用于调整常见预测参数（如季节性）的选项。

（3）3D 地图。最受欢迎的三维地理可视化工具 Power Map 经过了重命名，现在内置在 Excel 中可供所有 Excel 2016 客户使用。这种创新的故事分享功能已重命名为 3D 地图，可以通过单击"插入"选项卡上的"3D 地图"按钮随其他可视化工具一起找到。

（4）快速形状格式设置。此功能通过在 Excel 中引入新的"预设"样式，增加了默认形状样式的数量。

（5）使用操作说明搜索框。Excel 2016 中的功能区上的一个文本框，其中显示"告诉我您想要做什么"。这是一个文本字段，可以在其中输入与接下来要执行的操作相关的字词和短语，快速访问要使用的功能或要执行的操作。还可以选择获取与要查找的内容相关的帮助，或是对输入的术语执行智能查找。

（6）墨迹公式。现在，可以任何时间转到"插入"→"公式"→"墨迹公式"命令，以便在工作簿中包含复杂的数学公式。如果拥有触摸设备，则可以使用手指或触摸笔手动写入数学公式，Excel 会将它转换为文本（如果没有触摸设备，也可以使用鼠标进行写入）。可以在进行过程中擦除、选择以及更正所写入的内容。

（7）新增主题颜色。现在可以应用三种 Office 主题：彩色、深灰色和白色。若要访问这些主题，请转到"文件"→"选项"→"常规"命令，然后单击"Office 主题"旁的下拉菜单。

通过本章的学习，应掌握：

（1）了解 Excel 的基本概念以及工作簿和工作表的建立、保存和保护等。

（2）掌握工作表的数据输入与编辑。

（3）熟练掌握工作表中运用函数和公式进行数据计算。

（4）熟练掌握工作表中单元格、行列设置、自动套用格式、条件格式等格式化设置。

（5）熟练掌握图表的建立、编辑与修饰。

（6）熟练掌握工作表数据清单的建立、排序、筛选和分类汇总等操作以及数据透视表的建立。

（7）了解工作表的页面设置和打印、工作表中超链接的建立。

4.1 Excel 2016概述

4.1.1 Excel基本功能

方便的表格操作。Excel 可以快捷地建立数据表格，即工作簿和工作表，输入和编辑工作表中的数据，方便、灵活地操作和使用工作表以及对工作表进行格式化设置。

（1）强大的计算能力。Excel 提供简单易学的公式和丰富的函数，利用自定义的公式和函数可以进行各种复杂的计算。

（2）丰富的图表表现。Excel 提供便捷的图表向导，可以轻松建立和编辑出多种类型的、与工作表对应的统计图表，并可对图表进行精美的修饰。

（3）快速的数据库操作。Excel 把数据表与数据库操作融为一体，利用 Excel 提供的选项卡和命令可以对以工作表形式存在的数据清单进行排序、筛选和分类汇总等操作。

（4）数据共享。Excel 提供数据共享功能，可以实现多个用户共享同一个工作簿文件，建立超链接等。

4.1.2 Excel基本概念

1. 启动 Excel 2016

（1）从桌面左下角的 Windows "开始"菜单启动：单击屏幕左侧"开始"按钮，单击"Excel"软件。

（2）从"任务栏"启动：单击屏幕左侧"开始"按钮，右击"Excel"软件，在弹出的快捷菜单中单击"更多"命令，级联菜单中单击"固定到任务栏"命令。这样每次启动 Excel 2016，可以直接从"开始"按钮右侧的"任务栏"启动 ，方便快捷。

（3）如果桌面创建 Excel 2016 应用程序快捷方式图标，可以双击它，启动 Excel 2016。

（4）如果计算机中有已创建的 Excel 文档文件（文件扩展名为.xlsx），可通过资源管理器找到该文件，双击该文件即可打开。

2. Excel 2016 窗口

启动 Excel 2016 后，可以看到如图 4-1 所示界面。工作窗口由功能区和工作表窗口组成，其中功能区包含工作簿标题、选项卡及相应命令；工作表窗口包括名称框、数据编辑区、状态栏、工作表区等。

在标题栏右侧单击"功能区显示选项"按钮 ，在打开的下拉列表中有三个选项：自动隐藏功能区；显示选项卡；显示选项卡和命令。Excel 提供了一组选项卡，每个选项卡包含若干组，根据操作对象的变化，还会增加相应的选项卡。工作表窗口主要对数据进行运算处理和必要的格式设置。状态栏用于显示当前窗口操作命令或工作状态的相关信息。

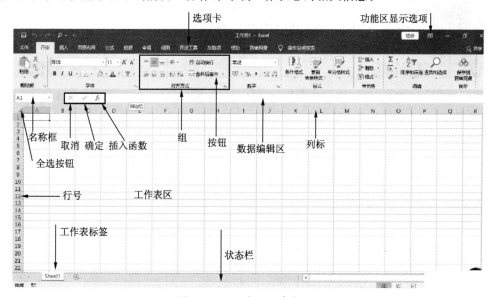

图4-1　Excel应用程序窗口

3. 工作簿、工作表和单元格

1）工作簿

一个工作簿由一个或多个工作表组成。当启动 Excel 2016 时，Excel 2016 将自动产生一个新的工作簿 1。在默认情况下，Excel 2016 为每个新建工作簿创建一张工作表，标签名为 Sheet1。一个工作簿最多可以包含 255 张工作表。单击"文件"选项卡"更多"中的"选项"命令，在打开的"Excel 选项"对话框中，单击"常规"选项卡，在"新建工作簿时"栏下方"包含的工作表"微调框中进行设置，如图 4-2 所示。

2）工作表

工作表是 Excel 2016 完成一项工作的基本单位，可以输入字符串（包括汉字）、数字、日期、公式等丰富的信息。工作表由 1 048 576 行、16 384 列组成。每张工作表有一个工作表标签与之对应（如 Sheet1）。用户可以直接单击工作表标签名来切换当前工作表。双击工作表表名，可以重命名工作表。工作表名的长度最多为 31 个字符（不区分汉字和西文）。

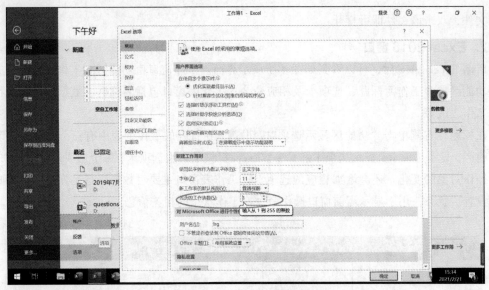

图4-2　工作表个数设置

ℹ️ **提示**

　　如果工作表数目较多，可以用工作表左下角的标签滚动按钮依次显示各工作表标签。如果按【Ctrl+单击】，则滚动到最后一个工作表；如果右击，则查看所有工作表。单击"新工作表"按钮，可以添加工作表，如图 4-3 所示。

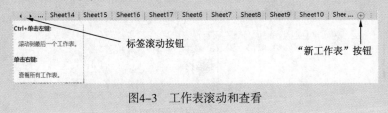

图4-3　工作表滚动和查看

　　3）单元格

　　行列交叉处称为单元格，是 Excel 工作簿的最小组成单位，在单元格内可以存放简单的字符或数据，也可以是多达 32 000 个字符的信息，单元格可通过地址来标识，即一个单元格可以用列号（列标）和行号（行标）来标识，如 A5。单击"文件"→"更多"→"选项"命令，在打开的"Excel 选项"对话框中，单击"公式"选项卡，在"使用公式"栏下方选中"R1C1 引用样式"复选框，使得单元格地址用行号（行标）和列号（列标）来标识，如 R5C1。注意：粗黑线框选的单元格是当前单元格，当前单元格的地址显示在名称框中，当前单元格的内容同时显示在当前单元格和数据编辑区中，如图 4-4 所示。

4. Excel 2016 的退出

　　若想退出 Excel 2016，只要单击功能区右上角的"关闭"按钮❎，或者单击"文件"选项卡上的"关闭"按钮，就可以退出 Excel 2016。也可以按快捷键【Alt+F4】结束 Excel 2016 的运行。

　　注意：如果是新建的工作簿或者是修改过的工作簿，则会弹出"保存"对话框，提示用户进行"保存"操作。

图4-4 单元格的显示方式

5. 使用帮助

用户在使用 Excel 2016 时，如果遇到不了解的操作，可以求助于联机帮助，如图 4-5 所示。

4.2 Excel 2016基本操作

4.2.1 建立与保存工作簿

1. 新建工作簿

图4-5 Excel 2016的联机帮助

单击"文件"选项卡下的"新建"命令，单击"空白工作簿"选项，自动创建一个空白工作簿。单击"更多模板"选项，可以基于系统已有的模板创建一个工作簿，如"蓝色发票"工作簿，如图 4-6 所示。

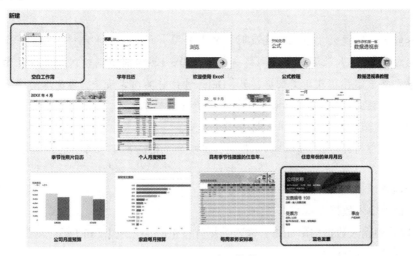

图4-6 新建工作簿

2. 保存工作簿

方法一：单击"文件"选项卡下的"保存"或"另存为"命令。

方法二：单击快速访问工具栏上的"保存"按钮🖫。

方法三：使用快捷键【Ctrl+S】。如果新建工作簿还没有保存过，执行保存文件操作时会弹出"另存为"对话框，在该对话框中可以指定文件保存的位置及类型。

4.2.2　输入和编辑工作表数据

1. 数据类型

1）字符型

文本可以是字母、汉字、数字、空格和其他字符，也可以是它们的组合。在默认状态下，所有字符型数据在单元格中均是左对齐。如果把数字作为文本输入（身份证号码、电话号码等），应先输入一个半角字符的单引号'，再输入相应的字符。例如，'0101。或者在编辑栏输入="字符"，如="0101"。

2）数值型

在 Excel 2016 中，数值型数据除了数字 0~9 外，还包括+（正号）、-（负号）、,（千分位号）、.（小数点）、/、$、%、E、e 等特殊字符。输入数值型数据默认右对齐。输入分数时，应在分数前输入 0（零）及一个空格，如分数 3/5 应该输入"0 3/5"。如果直接输入则系统认为是 3 月 5 日。输入负数时，应在负数前输入负号，或将其置于括号中。如-8 或（8）。如果要输入并显示多于 11 位的数字，可以使用内置的科学记数格式（即指数格式），而且只保留 15 位的数字精度。

3）日期时间型

Excel 2016 将日期和时间视为数字处理。在默认状态下，日期和时间型数据在单元格中右对齐。如果 Excel 2016 不能识别输入的日期或时间格式，输入的内容将被视作文本，并在单元格中左对齐。如果输入当天的日期，则按【Ctrl+;】（分号）。如果要输入当前的时间，则按【Ctrl+Shift+:】（冒号）。如果在单元格中既输入日期又输入时间，则中间必须用空格隔开。

> ⓘ 提示
>
> 当输入的文本宽度大于单元格宽度时，文本将溢出到下一个单元格中显示（除非这些单元格中已包含数据）。如果下一个单元格中包含数据，Excel 将截断输入文本的显示。
>
> 如果单元格中已存在日期型数据，用【Delete】键将其内容清除，再输入一个数字，Excel 会自动将数字转换成日期（从 1900 年 1 月 1 日开始计算）。
>
> 逻辑型数据 True 或 False 在单元格中居中对齐。
>
> 如果单元格中的数字被"######"代替，说明单元格的宽度不够，增加单元格宽度即可。

2. 数据输入

1）单元格中输入数据

单击要向其中输入数据的单元格，输入数据并按【Enter】或【Tab】键。双击已有数据的单元格，则可进行数据的修改。

2）同时在多个单元格中输入相同数据

选定需要输入数据的单元格区域，输入相应数据，然后按【Ctrl+Enter】键。

3）同时在多张工作表中输入相同的数据

按住【Ctrl】键，选定需要输入数据的多个工作表，在第一个选定单元格中输入相应的数据，然后按【Enter】或【Tab】键。

3. 数据验证设置

使用数据有效性可以控制单元格输入数据的类型和范围。选定单元格，在"数据"选项卡的"数据工具"组中单击"数据有效性"按钮，在下拉列表中选择"数据验证"命令，打开"数据验证"对话框，如图4-7所示。

图4-7　"数据验证"对话框

在"设置"选项卡中指定数据的有效性类型，在"允许"下拉列表框中可选择"整数""小数""日期""时间""序列"等，再设置相应的条件。如果希望空白单元格（空值）有效，选中"忽略空值"复选框。如果要避免输入空值，清除"忽略空值"复选框。

若要在单击该单元格后显示一个可选择的输入信息，单击"输入信息"选项卡，选中"选定单元格时显示输入信息"复选框，然后输入该信息的标题和正文。若要在单元格中输入无效数据时显示出错警告信息，单击"出错警告"选项卡，选中"输入无效数据时显示出错警告"复选框，在样式下拉列表框中选择"停止"、"警告"和"信息"，然后输入相应样式的标题和错误信息。

若要在单元格中输入数据时限制为下拉列表中的值，可在"数据验证"对话框中，单击"设置"选项卡。在"允许"下拉列表框中，选择"序列"选项。单击"来源"下拉列表框，然后键入用分隔符（默认情况下使用英文逗号）分隔的列表值。如"助理工程师，工程师，高级工程师，总工程师"，选中"提供下拉箭头"复选框，其效果如图4-8所示。

4. 删除或修改单元格内容

1）删除单元格

选定要删除内容的单元格或按住【Ctrl】键移动鼠标选取要删除内容的多个单元格区域或单击行/列的标题选取要删除内容的整行/整列，按【Delete】键即可删除内容。

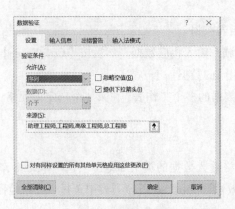

图4-8 数据有效性"序列"选择

> ⓘ **提示**
>
> 　　使用【Delete】键只删除单元格中的内容，单元格的格式等其他属性仍然保留。如果要删除其他属性，可选择"开始"选项卡中"编辑"组的"清除"按钮，进行"全部清除""清除格式""清除内容""清除批注"等操作，如图 4-9 所示。

图4-9 删除单元格

2）修改单元格

单击单元格，输入数据后按【Enter】键即完成单元格内容的修改，或者在"数据编辑区"内修改，按【Enter】键确认。

5. 移动或复制单元格内容

1）使用剪贴板移动或复制单元格内容

选定要移动或复制的单元格。若是移动单元格，单击"文件"选项卡"剪贴板"组中的"剪切"按钮 ✂，再选择粘贴区域的左上角单元格；若是复制单元格，单击"文件"选项卡"剪贴板"组中的"复制"按钮 📋，再选择粘贴区域的左上角单元格。最后单击"文件"选项卡"剪贴板"组中的 "粘贴"按钮 📋。

> ⓘ **提示**
>
> 　　单击"粘贴"下方的箭头，可选择的粘贴选项有：数值、公式等，也可以选择"选择性粘贴"命令，打开"选择性粘贴"对话框，如图 4-10 所示。选择"转置"复选框可实现列转换为行或行转换为列的功能。"粘贴链接"按钮可实现源和目标单元格数据的同步变化。

2）使用鼠标移动或复制单元格内容

选定需要被复制或移动的单元格区域，将鼠标指针指向选定区域的边框上，当指针变成十字箭头"✥"形状时，按住鼠标左键拖动鼠标到目标位置，可移动单元格内容和格式等；在拖动鼠标的同时按住【Ctrl】键到目标位置，可复制单元格内容和格式。

6. 自动填充单元格数据序列

在需要填充的单元格区域中选择第一个单元格输入初始值，在下一个单元格中输入值以创建序列。选定包含初始值的两个单元格，移动光标至选定区域右下角的填充柄上（鼠标指针由空心十字变为实心十字），如果要按升序排列，拖动鼠标从上到下或从左到右完成填充。如果要按降序排列，拖动鼠标从下到上或从右到左完成填充。右击填充柄完成填充时可通过选择"自动填充选项"来选择填充所选单元格的方式。例如，可选择"仅填充格式"、"复制单元格"、"填充序列"或"不带格式填充"命令，也可以选择"等差序列"、"等比序列"或"序列"命令进行更精确的设置，如图 4-11 所示。

图4-10　"选择性粘贴"对话框

图4-11　自动填充单元格数据

填充序列的另一种方法如下：选择填充区域，区域中第一个单元格开始至少有一个数据；在"开始"选项卡的"编辑"组中单击"填充"按钮，如图 4-12 所示，在弹出的下拉列表中选择"序列"命令，打开"序列"对话框。在"序列产生在"栏下方的单选按钮中选定行或列指定按行或列方向填充。在"类型"栏下方的单选按钮中选定序列的种类，如等差或等比序列。在"步长值"右边的文本框中输入等差序列的增减量或等比序列的比例因子。"终止值"右边的文本框中输入终止值。

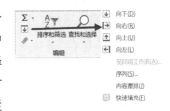

图4-12　填充序列

💧 **提示**

初值为纯数字型数据或文字型数据时，拖动填充柄在相应单元格中填充相同数据（即复制填充）。若拖动填充柄的同时按住【Ctrl】键，可使数字型数据自动增 1。

初值为文字型数据和数字数据混合体，拖动填充柄填充时文字不变，数字递增或递减。如初值为 A1，则填充为 A2、A3、A4 等。初值为 Excel 预设序列中的数据，则按预设序列填充。初值为日期时间型数据及具有增减可能的文字型数据，则自动增 1。若拖动填充柄的同时按住【Ctrl】键，则在相应单元格中填充相同数据。

实践提高　自定义序列

在单元格区域中，按照一定的次序输入主要关键字。例如，助理工程师、工程师、高级工程师、总工程师。选定相应的区域，在"文件"选项卡中单击"更多"中的"选项"命令，打开"Excel 选项"对话框，在"高级"选项卡中单击"编辑自定义列表"按钮，打开"自定义序列"对话框，在对话框中，单击"导入"按钮可导入自定义序列，如图4-13所示。

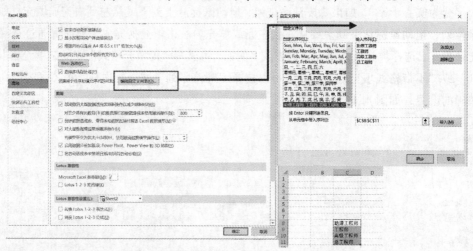

图4-13　自定义序列

4.2.3　使用工作表和单元格

1. 使用工作表

在 Excel 2016 中，新建一个空白工作簿后，会自动在该工作簿中添加 1 个空白工作表，命名为 Sheet1。可以通过工作表标签右侧的"新工作表"按钮 ⊕ 添加新的工作表。

1）选定工作表

（1）选定单张工作表：单击工作表标签。

（2）选定相邻的工作表：先选中第一张工作表的标签，再按住【Shift】键单击最后一张工作表的标签。

（3）选定不相邻的工作表：单击第一张工作表的标签，再按住【Ctrl】键单击其他工作表的标签。

（4）选定所有工作表：右击工作表标签，再单击快捷菜单上的"选定全部工作表"命令。

ⓘ **提示**

若要取消对工作簿中多张工作表的选取，请单击工作簿中任意一个未选取的工作表标签。

2）插入新工作表

（1）插入单张工作表：在"开始"选项卡的"单元格"组中单击"插入"按钮，在弹出的下拉列表中单击"插入工作表"命令。

（2）插入多张工作表：确定要添加工作表的数目。按住【Shift】键，然后在打开的工作簿中选择要添加的相同数目的工作表标签，在"开始"选项卡的"单元格"组中单击"插入"按钮，在弹出的下拉列表中单击"插入工作表"命令。

（3）右击工作表标签，再单击"插入"命令，在打开的"插入"对话框中可插入基于某种模板的工作表。

3）删除工作表

选定要删除的工作表，在"开始"选项卡的"单元格"组中单击"删除"按钮，在弹出的下拉列表中单击"删除工作表"命令。或者在工作表标签上右击，再单击快捷菜单上的"删除"命令。被删除工作表将永久删除，不能恢复。

4）重命名工作表

选定工作表，在"开始"选项卡的"单元格"组中单击"格式"按钮，在弹出的下拉列表中单击"重命名工作表"命令，输入新名称覆盖当前名称。也可以双击或右击工作表标签名实现工作表的重命名。

5）移动或复制工作表

选定需要移动或复制的多个工作表，在"开始"选项卡的"单元格"组中单击"格式"按钮，在弹出的下拉列表中单击"移动或复制工作表"命令，弹出如图 4-14 所示的"移动或复制工作表"对话框。若要将所选工作表移动或复制到新工作簿中，选择工作簿下拉列表框中"新工作簿"。在"下列选定工作表之前"框中，确定移动或复制的工作表的位置。若要复制而非移动工作表，选中"建立副本"复选框，单击"确定"按钮。

图4-14　移动或复制工作表

提示

若要在当前工作簿中移动工作表，可以沿工作表标签行拖动选定的工作表。若要复制工作表，按住【Ctrl】键拖动工作表，并在到达目的地释放鼠标按钮后，再放开【Ctrl】键。

6）拆分工作表

一个工作表窗口可以拆分为"两个窗口"或"四个窗口"。窗口拆分后，可同时浏览一个较大工作表的不同部分。

（1）拆分成两个窗口：选中工作表的某行或某列，在"视图"选项卡的"窗口"组中单击"拆分"按钮，工作表从当前行的上一行拆分成横向的两个窗口，或者从当前列的左一列拆分成纵向的两个窗口，如图 4-15 所示。

图4-15　拆分窗口

（2）拆分成四个窗口：选中工作表的某个单元格，在"视图"选项卡的"窗口"组中单击"拆分"按钮，一个窗口被拆分成四个窗口。将光标移动到水平或垂直分隔条，当光标呈现带箭头的十字形时，拖动鼠标改变窗口的大小。

将拆分条拖回到原来的位置，或在"视图"选项卡"窗口"组中单击"拆分"按钮可取消窗口的拆分。

7）冻结工作表

（1）在"视图"选项卡"窗口"组中单击"冻结窗格"按钮，在下拉列表中单击"冻结首行"命令可冻结首行。

（2）在"视图"选项卡"窗口"组中单击"冻结窗格"按钮，在下拉列表中单击"冻结首列"命令可冻结首列。

（3）在"视图"选项卡"窗口"组中单击"冻结窗格"按钮，在下拉列表中单击"冻结窗格"命令可冻结该行以上或者该列以左部分单元格内容。

如果要取消窗口冻结，在"视图"选项卡"窗口"组中单击"冻结窗格"按钮，在下拉列表中单击"取消冻结窗格"命令。

8）设置工作表标签颜色

选定工作表标签并右击，在弹出的菜单中选择"工作表标签颜色"命令，可设置工作表标签颜色。

2. 使用单元格

工作表的基本单元是单元格，工作表中的绝大多数操作是针对单元格的操作。

1）选定一个单元格

将鼠标指针移至需选定的单元格上单击，该单元格即被选定为当前单元格；或者在单元格名称框输入单元格地址，单元格指针可直接定位到该单元格，如 E4 。

2）选定一个单元格区域

方法一：单击要选定单元格区域左上角的单元格，按住鼠标左键并拖动鼠标到区域的右下方单元格，然后放开左键即选中单元格区域。或者在单元格名称框输入"左上方单元格地址:右下方单元格地址"（如"A2:B6"）选中单元格区域。

方法二：单击要选定单元格区域左上角的单元格，按住【Shift】键的同时单击区域右下角的单元格，可选中单元格区域。

3）选定不相邻单元格区域

选定第一个单元格区域后，按住【Ctrl】键，再选择其他单元格区域。

单击工作表行号可以选中整行；单击工作表列标可以选中整列；单击工作表左上角行号和列标交叉处（即全选按钮） 可以选中整个工作表；单击工作表行号或列标，并拖动行号或列标可以选中相邻的行或列；单击工作表行号或列标，按住【Ctrl】键，再单击工作表其他行号或列标，可以选中不相邻的行或列。在工作表中单击任一单元格即可取消原先的选择。

4）插入行、列与单元格

在完成选定"单元格"、"行"或"列"操作后，在"开始"选项卡的"单元格"组中单击"插入"按钮，在弹出的下拉列表中单击"插入单元格"、"插入工作表行"或"插入工作表列"命令。注意，单击"插入单元格"命令会弹出"插入"对话框，如图 4-16 所示。

图4-16　插入行、列与单元格

5）删除行、列与单元格

选定要删除的行、列或单元格，在"开始"选项卡的"单元格"组中单击"删除"按钮，即可完成行、列或单元格的删除，此时，单元格的内容和单元格将一起从工作表中消失，其位置由周围的单元格补充。而按【Delete】键只能删除单元格的内容，空白行、列或单元格仍保留在工作表中。删除单元格的四个选项为：右侧单元格左移、"下方单元格上移"、"整行"或"整列"。

6）单元格命名

为了使工作表的结构更加清晰，可以为单元格命名。选中需要命名的单元格或单元格区域，在单元格名称框输入相应的名称即可，如图 4-17 所示。

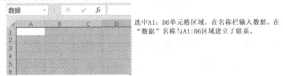

图4-17　单元格或单元格区域命名

7）批注

批注是为单元格加注释。一个单元格添加了批注后，会在单元格的右上角出现一个三角形标志，当鼠标指针指向这个标志时，显示批注信息。

选定要加批注的单元格，在"审阅"选项卡下"批注"组中单击"新建批注"命令（或右击选择"插入批注"命令），在弹出的批注框中输入批注文字，完成输入后，单击批注框外部的工作表区域即可退出。

选定有批注的单元格，右击，在弹出的菜单中选择"编辑批注"或"删除批注"命令，即可对批注信息进行编辑或删除已有的批注信息。

4.3 格式化工作表

4.3.1 设置单元格格式

工作表建立后，还可以对表格进行格式化操作，使表格更加直观和美观。Excel 可利用"开始"选项卡内的命令组对表格字体、对齐方式和数据格式等进行设置，还可以完成工作表的格式化设置。

单元格的格式化包括六部分：数字、对齐、字体、边框、填充和保护。选定要进行格式化的单元格或单元格区域，在"开始"选项卡的"单元格"组中单击"格式"按钮，在弹出的下拉列表中单击"设置单元格格式"命令，弹出"设置单元格格式"对话框。在"开始"选项卡下的"数字"组中，单击"数字格式"对话框启动器，也可以弹出"设置单元格格式"对话框，如图 4-18 所示。

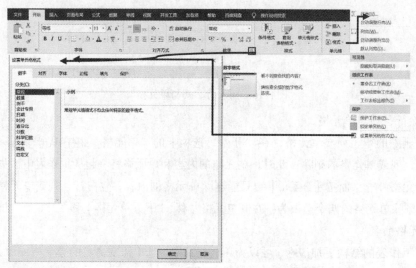

图4-18 "设置单元格格式"对话框

1. 设置数字格式

在"数字"选项卡中，可以对各种类型的数据进行相应的显示格式设置。例如，设置数值的小数位数、千分位分隔符、百分比的小数位数，也可以自定义数据的格式。在默认情况下，数字格式是"常规"格式。

提示

在"开始"选项卡的"数字"组中，提供了最常用的数字设置功能。

（1）"会计数字格式"按钮：设置数字格式为欧元、美元或其他货币。

（2）"百分比样式"按钮%：设置数字格式为百分比。

（3）"千分位分隔样式"按钮，设置数字千位分隔符。

（4）"增加小数位数"按钮：显示更多小数位数获得较高精度的值。

（5）"减少小数位数"按钮，显示较少小数位数。

2. 设置对齐和字体方式

在"对齐"选项卡中，可以对单元格中的数据进行水平对齐、垂直对齐及文本控制的格式设置。例如，设置单元格区域的跨列居中、合并单元格并居中、自动换行，也可以设置单元格文字的旋转，如图 4-19 所示。

在"字体"选项卡中，可以对字体、字形、字号、颜色等进行格式定义，也可以添加特殊效果，如删除线、上标、下标，如图 4-20 所示。

图4-19 "对齐"选项卡　　　　　　图4-20 "字体"选项卡

实践提高 自动换行和合并后居中功能

用 Excel 制作表格时，经常碰到一个单元格内要输入两行文字，或者单元格的宽度不够显示一行文字，需要两行显示，上述情况中可以手动换行，双击一个单元格，将光标移动到要换行位置，然后按【Alt+Enter】组合键即可。

在"开始"选项卡的"对齐方式"组中，"合并后居中"按钮有四个功能：合并单元格、合并后居中、跨越合并、取消单元格合并。下面详细解释它们的功能。

1) 合并单元格

选取需要合并的单元格区域，单击"合并单元格"按钮，实例效果如图 4-21 所示。A1 至 B2 四个单元格合并为一个单元格，内容仅保留左上角单元格内容，并靠下右对齐。

图4-21 合并单元格实例效果图

2) 合并后居中

"合并后居中"跟"合并单元格"的区别就是多了一个居中命令，如图 4-22 所示。

3) 跨越合并

对当前区域 A1:B2，A1:B1,A2:B2 分别按行合并，但列不会合并。内容仅保留每一行最左边一个单元格内容，右对齐，如图 4-23 所示。

4) 跨列居中

"跨列居中"没有合并单元格，只改变了单元格的显示，参加合并的单元格依然独立存在，如图 4-24 所示。

图4-22　合并后居中实例效果图　　　　　　　　图4-23　跨越合并实例效果图

图4-24　跨列居中实例效果图

3．设置单元格边框

在"边框"选项卡中，可以对单元格的边框以及边框类型、颜色等进行格式定义。操作时要注意先选择线条样式，再选择线条颜色，最后选择相应的边框类型，并且可以设置单元格的斜线表头，如图 4-25 所示。

4．设置单元格填充

在"填充"选项卡中，可以设置突出显示某些单元格或单元格区域，为这些单元格设置背景色和图案，如图 4-26 所示。

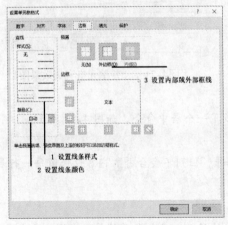
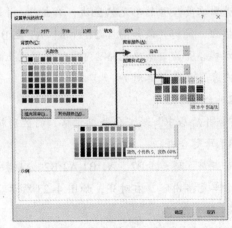

图4-25　"边框"选项卡　　　　　　　　　　图4-26　"填充"选项卡

4.3.2　设置行高与列宽

默认情况下，工作表的每个单元格具有相同的列宽和行高，但由于输入单元格的内容形式多样，用户可以自行设置列宽和行高。

1. 设置行高

方法一：拖动行标题的行边框来设置所需的行高。

方法二：双击行标题下方的行边框，使行高适合单元格中的内容（行高的大小与该行字符的最大字号有关）。

方法三：选定相应的行，在"开始"选项卡的"单元格"组中单击"格式"按钮，在弹出的下拉列表中单击"行高"命令，在"行高"对话框中输入所需的宽度（用数字表示），如图 4-27 所示。

图4-27　设置行高

2. 设置列宽

方法一：拖动列标列边框 + 来设置所需的列宽。

方法二：双击列标列边框，使列宽适合单元格中的内容（即与单元格中的内容的宽度一致）。

方法三：选定相应的列，在"开始"选项卡的"单元格"组中单击"格式"按钮，在弹出的下拉列表中单击"列宽"命令，在"列宽"对话框中输入所需的宽度（用数字表示），如图 4-28 所示。

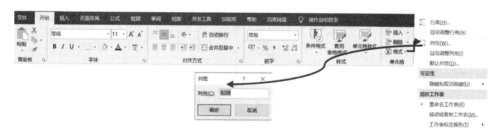

图4-28　设置列宽

方法四：复制列宽，如果要将某一列的列宽复制到其他列中，则选定该列中的单元格，并单击"文件"选项卡"剪贴板"组中的"复制"按钮，然后选定目标列。单击"文件"选项卡"剪贴板"组中的"粘贴"下方的箭头，选择"选择性粘贴"命令，打开"选择性粘贴"对话框，在弹出的"选择性粘贴"对话框中单击"列宽"选项。

4.3.3　设置条件格式

在工作表中有时为了突出显示满足设定条件的数据，可以设置单元格的条件格式，用于对选定区域各单元格中的数据是否满足设定的条件动态地为单元格自动设置格式。设置条件格式的操作办法是：选定要设置条件格式的单元格或单元格区域，在"开始"选项卡的"样式"组中，单击"条件格式"按钮，在打开的下拉列表中单击"突出显示单元格规则"等选项。

如果在下拉列表中选择"最前/最后规则"，级联下拉菜单中选择"前 10 项""前 10%""最后 10 项""最后 10%""高于平均值"或"低于平均值"等命令，打开相应对话框设置合适的显示格式，系统将自动对所选单元格区域数据进行分析，筛选出符合条件的数据，并将这些数据以设置的格式突出显示。

另外，还可以使用"数据条"、"色阶"或"图标集"，根据数据大小、高低不同，利用长短不一的颜色条、不同的图标或渐变色阶，直观地反映数据的分布和变化，也可以根据需要"新建格式规则"。

实践提高　条件格式设置

将"学生成绩表"工作表中成绩小于 60 分的单元格数据格式设置为红色、成绩大于等于 60 分的单元格数据格式设置为蓝色。

操作步骤一：选定"学生成绩表"工作表 D1: D6 数据区域，在"开始"选项卡的"样式"组中，单击"条件格式"按钮，在打开的下拉列表中单击"突出显示单元格规则"→"介于"命令。设置单元格数值范围在 60~100 之间，在"设置为"右侧的下拉列表框中选择"自定义格式"命令，在弹出的"设置单元格格式"对话框"字体"选项卡下设置字体为蓝色，单击"确定"按钮，如图 4-29 所示。

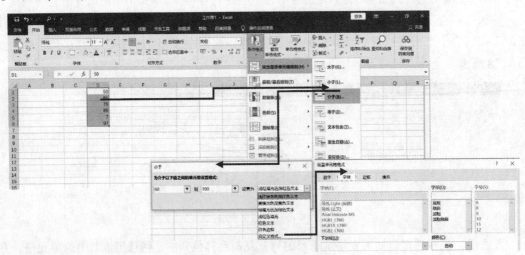

图4-29　大于等于60分的颜色设置

操作步骤二：选定"学生成绩表"工作表 D1: D6 数据区域，在"开始"选项卡的"样式"组中，单击"条件格式"按钮，在打开的下拉列表中单击"突出显示单元格规则"→"小于"命令，如图 4-30 所示。设置单元格数值范围为 60，在"设置为"右侧的下拉列表框中选择"红色文本"命令，单击"确定"按钮。

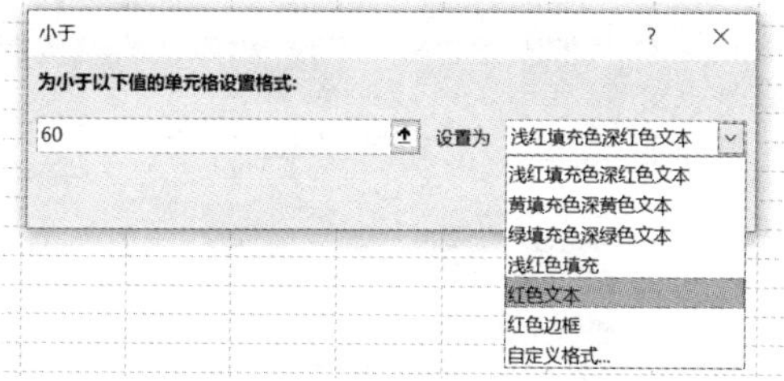

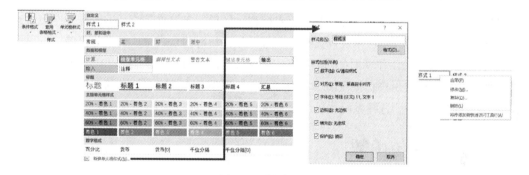

图4-30　小于60分的颜色设置

4.3.4　使用样式

样式是单元格字体、字号、对齐、边框和图案等一个或多个设置特性的组合，将这样的组合加以命名和保存供用户使用。应用样式即可以快速设置单元格多种属性。

样式包括内置样式和自定义样式。内置样式为 Excel 内部定义的样式，用户可以直接使用，包括常规、货币和百分比等；自定义样式是用户根据需要自定义的组合设置，需自定义样式名。样式设置是利用"开始"选项卡的"样式"组完成的，如图 4-31 所示。

图4-31　样式设置

在"样式"组中，单击"单元格样式"按钮，打开的下拉列表中可以选择系统预设的样式，也可以"新建单元格样式"，在打开的"样式"对话框中先给样式命名，然后修改"数字""对齐""字体"等的设置。若要删除自定义样式，右击自定义样式名，在弹出的快捷菜单中选择"删除"命令即可。

4.3.5　套用表格格式

套用表格格式是把 Excel 提供的显示格式自动套用到用户指定的单元格区域，可以使表格更加美观，易于浏览，主要有浅色、中等色和深色等格式。套用表格格式通过"开始"选项卡下的"样式"组完成。

实践提高 将表格 A1 至 F6 区域套用表格格式"蓝色，表样式中等深浅 9"

在"开始"选项卡下的"样式"组中，单击"套用表格格式"按钮，在下拉列表中选择"蓝色，表样式中等深浅 9"样式，如图 4-32 所示。

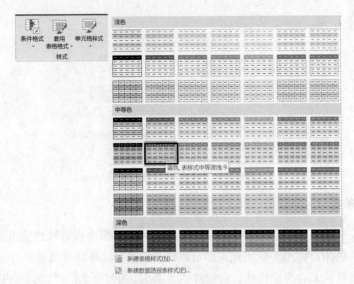

图4-32 套用表格格式

4.3.6 使用模板

模板是含有特定格式的工作簿，其工作表结构也已经预先设置。若某工作簿文件的格式以后要经常使用，为了避免每次重复设置格式，可以把工作簿的格式做成模板并存储，以后每当要建立与之相同格式的工作簿时，直接调用该模板，可以快速建立所需的工作簿文件。Excel已经提供了一些模板供用户直接使用。单击"文件"选项卡内"更多"下的"新建"命令，在弹出的"新建"窗口中，选择系统提供的模板建立工作簿文件。

▌ 4.4 公式与函数

公式和函数是 Excel 的"灵魂"，它提供了一系列函数满足用户分析处理的需要，可解决复杂计算问题，提高计算效率，降低计算过程的出错率。

4.4.1 自动计算

利用"公式"选项卡中的自动求和命令 ∑自动求和 或在状态栏上右击，无须公式即可自动计算一组数据的累加和、平均值、统计个数、最大值和最小值等。自动计算既可以计算相邻的数据区域，也可以计算不相邻的数据区域；既可以一次进行一个公式计算，也可以一次进行多个公式计算。

实践提高 自动计算求和

选定要计算和的单元格区域，在"公式"选项卡下的"函数库"组中，单击"自动求和"的下拉箭头，选择"求和"命令，如图 4-33 所示。

如果要将公式复制到相邻的单元格中，可以单击含有公式的单元格的右下角，鼠标指针变为黑色十字，向下或向右拖动鼠标，完成公式的复制，如图 4-34 所示。

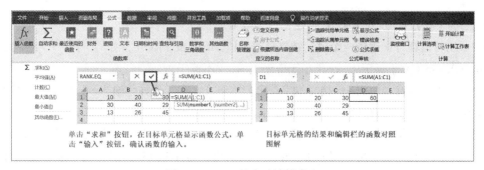

图4-33　Excel的自动计算求和

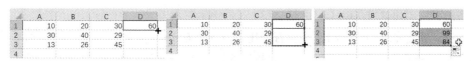

图4-34　自动求和公式的复制

如果要在 D1 至 D3 单元格一次计算出左边所有单元格的值，请运用数组公式，如图 4-35 所示。

图4-35　数组公式运用

在图 4-34 中，如果要计算 A1 至 C3 数据区域的和，计算结果放入 D4 单元格，可在编辑栏输入求和公式：=SUM（A1:C3），单击"输入"按钮。

如果要计算 A1 至 A3,C1 至 C3 数据区域的和，计算结果放入 D4 单元格，可在编辑栏输入求和公式：=SUM（A1:A3,C1:C3），单击"输入"按钮。

4.4.2　输入公式

Excel 可以使用公式对工作表中的数据进行各种计算，如算术运算、关系运算和字符串运算等。

1. 公式的形式

公式的一般形式为：=<表达式>。表达式可以是算术表达式、关系表达式或字符串表达式等，表达式可由运算符、常量、单元格地址、函数及括号等组成，但不能有空格，公式中<表达式>前面必须有"="号。

2. 运算符

运算符对公式中的元素进行特定类型的运算。Microsoft Excel 包含四种类型的运算符：算术运算符、比较运算符、文本运算符和引用运算符。

（1）算术运算符：完成基本的数学运算，如+（加号）、–（减号或负号）、*（星号或乘号）、/

（除号）、%（百分号）、∧（乘方），返回值为数值。

（2）比较运算符：比较两个值，结果是逻辑值 TRUE 或 FALSE，如=（等号）、>（大于）、<（小于）、>=（大于等于）、<=（小于等于）、<>（不等于）。

（3）文本运算符：使用&连接文本字符串产生组合文本。例如，输入="南京"&"财经"&"大学"，将产生"南京财经大学"的结果。

（4）引用运算符：使用引用运算符可以将单元格区域合并计算。例如，:（冒号）区域运算符，产生对包括在两个引用之间的所有单元格的引用（如 B5:B15）；,（逗号）联合运算符，将多个引用合并为一个引用（如=SUM(B5:B15,D5:D15)）；（空格）交叉运算符产生对两个引用共有的单元格的引用（如 B7:D7 C6:C8）。

运算符运算优先级：（冒号）→%（百分比）→^（乘幂）→*（乘）/（除）→+（加）-（减）&（连接符）→<>、<=、<、=、>、>=（比较运算符）。对于优先级相同的运算符，则从左到右进行计算。如果要修改计算顺序，则应把公式中需要首先计算的部分括在圆括号内。表 4-1 按运算符优先级从高到低列出各运算符及其功能。

表 4-1　常用运算符及功能

运　算　符	功　能	举　例
-	负号	-5、-C5
%	百分比	50%（即 0.5）
*、/	乘、除	8*2、8/3
+、-	加、减	5+2、5-2
&	字符串连接	"北京"&"2008"（即北京 2008）
=、<>	等于、不等于	5=2 的值为假、5<>2 的值为真
>、>=	大于、大于等于	5>2 的值为真、5>=2 的值为真
<、<=	小于、小于等于	5<2 的值为假、5<=2 的值为假

3. 公式的输入

公式是对工作表中数值执行计算的等式，公式要以等号（=）开始。例如，在下面的公式中，=5+2*3 结果等于 2 乘 3 再加 5。公式的输入操作过程如下：单击需输入公式的单元格，输入=（等号），输入公式内容，按【Enter】键。公式中可以包括函数、引用、运算符和常量。

4.4.3　复制公式

为了完成快速计算，经常需要进行公式的复制。

1. 公式的复制方法

方法一：选定含有公式的单元格，右击，在弹出的快捷菜单中选择"复制"命令，鼠标移动至目标单元格，右击，在弹出的快捷菜单中选择"粘贴公式"命令，即可完成公式复制，如图 4-36 所示。

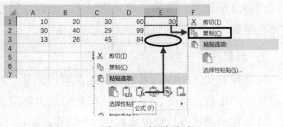

图4-36　粘贴公式

方法二：选定含有公式的单元格，拖动单元格右下角的自动填充柄，可完成相邻单元格公式的复制。

2. 单元格地址的引用

引用的作用在于标识工作表上的单元格或单元格区域，并指明公式中所使用的数据的位置。通过引用，可以在公式中使用工作表不同部分的数据，或者在多个公式中使用同一个单元格的数值。还可以引用同一个工作簿中不同工作表上的单元格和其他工作簿中的数据。引用不同工作簿中的单元格称为链接。Excel 单元格的引用有三种基本方式：相对引用、绝对引用和混合引用。Excel 默认为相对引用。

1）相对引用

单元格引用会随公式所在位置的变化而改变，公式的值将会依据更改后的单元格地址的值重新计算。例如，B2 的公式为：=A1，如果将单元格 B2 中的相对引用复制到单元格 B3，则 B3 的公式为：=A2。

2）绝对引用

公式中的单元格或单元格区域地址不随着公式位置的改变而发生改变。不论公式的单元格处在什么位置，公式中所引用的单元格位置都是其在工作表中的确切位置。绝对单元格引用的形式是列标及行号前各加一个\$符号，例如，B2 的公式为：=\$A\$1，如果将单元格 B2 中的绝对引用复制到单元格 B3，则 B3 的公式为：=\$A\$1。

3）混合引用

混合引用具有绝对列和相对行，或是绝对行和相对列。绝对引用列采用\$A1、\$B1 等形式。绝对引用行采用 A\$1、B\$1 等形式。如果公式所在单元格的位置改变，则相对引用改变，而绝对引用不变。如果多行或多列地复制公式，相对引用自动调整，而绝对引用不作调整。例如，B2 的公式为：=B\$1，如果将单元格 B2 中的混合引用复制到单元格 B3，则 B3 的公式为：=B\$1。

4）A1 引用样式

默认情况下，Excel 使用 A1 引用样式，此样式引用字母标识列从（A 到 XFD，共 16 384 列），引用数字标识行（从 1 到 1 048 576）。若要引用某个单元格，请输入列标和行号。例如，B2 引用列 B 和行 2 交叉处的单元格。A10:E20 引用列 A 到列 E 和行 10 到行 20 之间的单元格区域。引用同一工作簿其他工作表中的单元格的格式为：工作表名！+单元格引用。例如：在 Sheet3 的 A1 单元格内输入公式：=Sheet1!A1-Sheet2!A1。

在 Excel 中，不但可以引用同一工作簿中的单元格，还能引用不同工作簿中的单元格，引用格式为：[工作簿名]+工作表名!+单元格引用。例如，在 Book1 中引用 Book2 的 Sheet1 的第四行第六列，可表示为:[Book2]Sheet1!F4。

如果需要在相对引用、绝对引用和混合引用之间进行转换，先选定包含公式的单元格，然后在编辑栏的编辑框中选定要转换引用方式的单元格地址，反复按【F4】功能键，选定的单元格地址在相对引用、绝对引用和混合引用之间循环变化，直到转换为需要的引用方式，如图 4-37 所示。

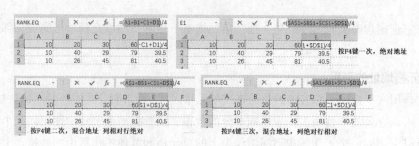

图4-37　按【F4】键进行引用转换

⏳·理论拓展 R1C1 引用样式

在"文件"选项卡"更多"中单击"选项"按钮，打开"Excel 选项"对话框，在"公式"选项卡中"使用公式"栏下方选中"R1C1 引用样式"复选框，使得单元格地址用行号（行标）和列号（列标）来标识。例如，R[-2]C 对在同一列、上面两行的单元格的相对引用，R[2]C[2] 对在下面两行、右面两列的单元格的相对引用。R2C2 对在工作表的第二行、第二列的单元格的绝对引用，R[-1]对活动单元格整个上面一行单元格区域的相对引用，R 对当前行的绝对引用。

4.4.4　函数应用

Excel 提供了强大的函数功能，包括数学与三角函数、日期与时间函数、财务函数、统计函数、查找与引用函数、数据库函数、文本和数据函数、工程函数、逻辑函数和信息函数等，函数实际上是 Excel 根据各种需要，预先设计好的运算公式，利用函数能更加方便地进行各种运算。可以利用"公式"选项卡下"函数库"组的"插入函数"按钮使用函数进行计算，也可以利用"公式"选项卡下的"函数库"中的"财务"、"逻辑"、"文本"、"日期和时间"、"查找和引用"和"数学和三角函数"等按钮完成相应功能的计算，如图 4-38 所示。

1. 函数形式

函数一般由函数名和参数组成，形式为：函数名（参数表）。其中函数名由 Excel 提供，函数名中的大小写字母等价，参数表由用逗号（,）分隔的参数 1、

图4-38　插入函数

参数 2、…、参数 N（$N \leqslant 30$）构成，参数可以是常数、单元格地址、单元格区域、单元格区域名称或函数等。

2. 函数引用

若要在某个单元格输入公式"=MAX(A2:A10)"，可以采用如下方法：

方法一：直接在单元格的编辑栏中输入"=MAX(A2:A10)"。

方法二：利用"公式"选项卡下的"插入函数"按钮，步骤如下：

操作步骤一：选定单元格，单击"公式"选项卡下的"插入函数"按钮，在"插入函数"对话框中选中函数"MAX"，单击"确定"按钮，打开"函数参数"对话框。

操作步骤二：在"函数参数"对话框第一个参数框"Number1"内输入"A2:A10"，单击"确定"按钮；也可以单击"切换"按钮"🔼"（隐藏"函数参数"对话框的下半部分），然后在工

作表上选定 A2:A10 数据区域，再次单击"切换"按钮 （恢复显示"函数参数"对话框的全部内容），单击"确定"按钮，如图 4-39 所示。

图4-39 插入MAX函数

3. 函数嵌套

函数嵌套是指一个函数可以作为另一函数的参数使用。例如：

ROUND(AVERAGE(A2:D2),2)

其中 ROUND 为一级函数，AVERAGE 为二级函数。先执行 AVERAGE 函数，再执行 ROUND 函数。一定要注意，AVERAGE 作为 ROUND 的参数，它返回的数值类型必须与 ROUND 参数使用的数值类型相同。Excel 函数最多可以嵌套七级。

4. Excel 常用函数

1）数学统计类函数

（1）SUM(参数 1,参数 2,…)：求和函数，求各参数的累加和。

（2）AVERAGE(参数 1,参数 2,…)：算术平均值函数，求各参数的算术平均值。

（3）COUNT(参数 1,参数 2,…)：求各参数中数值型数据的个数。

（4）COUNTA(参数 1,参数 2,…)：求"非空"单元格的个数。

（5）MAX(参数 1,参数 2,…)：最大值函数，求各参数中的最大值。

（6）MIN(参数 1,参数 2,…)：最小值函数，求各参数中的最小值。

（7）SUMIF(条件数据区,"条件",[求和数据区])：条件求和函数，在"条件数据区"查找满足"条件"的单元格，计算满足条件的单元格对应于"求和数据区"中数据的累加和。

实践提高 SUMIF 函数的应用

应用一：计算 B2、B3、B4、B5、B6 单元格中值大于或等于 32 的数值的和。应输入公式：=SUMIF(B2:B6,">=32")，如图 4-40 所示。

应用二：计算 B2、B3、B4、B5、B6 单元格中姓名为"john"，求和区域为 D2、D3、D4、D5、D6 单元格的数值的和。应输入公式：=SUMIF(B2:B6,"john",D2:D6)，如图 4-41 所示。

图4-40　SUMIF函数应用举例一

图4-41　SUMIF函数应用举例二

（8）SUMIFS(求和数据区，条件区域1，条件1，条件区域2，条件2，…)：多条件求和函数，对一组给定条件的单元格求和，最多可以给定127个条件。

实践提高 SUMIFS 函数的应用

计算销售地区为南部，销售类型为肉类的销售额总和。应输入公式：=SUMIFS(C2:C11,A2:A11,"南部",B2:B11,"肉类")，如图 4-42 所示。

图4-42　SUMIFS函数的应用

（9）AVERAGEIF(条件区域,条件,求平均值区域)：条件求平均值函数，对满足条件的单元格区域求平均值。

（10）AVERAGEIFS(求平均数据区,条件区域 1,条件 1,条件区域 2,条件 2,…)：多条件求平均值函数，对一组给定条件的单元格求平均值，最多可以给定 127 个条件。

（11)COUNTIF(区域,条件)：统计单元格区域中满足给定条件的单元格个数。例如：=COUNTIF（B2:B5,">=32")计算 B2、B3、B4、B5 单元格中值大于或等于 32 的个数。

（12）COUNTIFS(条件区域 1，条件 1，条件区域 2，条件 2，…)：统计一组满足给定条件的单元格个数，最多可以给定 127 个条件。

（13）RANK.EQ(数值,区域,排名方式)：计算某数值在一列数值中相对于其他数值的排名。排名方式为 0 或忽略，则按降序排名；排名方式为非 0 值时，则按升序排名。

实践提高 RANK.EQ 函数应用

按总成绩降序的次序计算成绩排名列的内容（利用 RANK.EQ 函数），如图 4-43 所示。

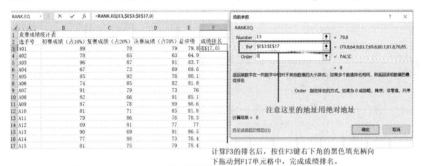

图4-43 RANK.EQ函数应用

（14）ABS(数值)：绝对值函数，返回给定数值的绝对值，即不带符号的数值。

（15）ROUND(数值型参数,n)：四舍五入函数，返回对数值型参数进行四舍五入到第 n 位的近似值。例如：ROUND(12456.3445,2)=12456.34

ROUND(12456.3445,0)=12456

ROUND(12456.3445,-2)=12500

（16）INT()向下取整函数。将数值向下取整到最接近的整数，不进行四舍五入，而是去掉小数部分取整数。

例如：INT(12456.3)=12456   INT(12456.6)=12456

INT(-12456.3)=-12457   INT(-12456.6)=-12457

（17）TRUNC(数值,截尾精度)：取整函数，将数值截取为整数或保留指定位数的小数，不四舍五入。截尾精度默认为 0，表示取整数；截尾精度为 1，表示保留一位小数。

例如：TRUNC(-12456.6)=-12456　　TRUNC(12456.6)=12456

2）逻辑运算类函数

条件函数 IF(逻辑表达式,表达式 1,表达式 2)

若"逻辑表达式"值为真，函数值为"表达式 1"的值；否则为"表达式 2"的值。

实践提高　IF 函数应用

同步增长率大于或等于 10% 的月份在"备注"栏内填"较快"信息，其他填"一般"信息，置 G3:G14 单元格区域内，如图 4-44 所示。

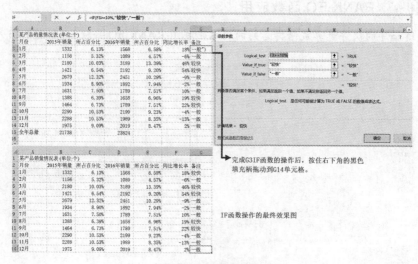

图4-44　IF函数应用

如果是多条件的 IF 函数，应该如何操作呢？如果在 A2：A9 单元格区域已填写成绩，在 B2：B9 单元格区域填写等级，具体要求为：成绩>=85 分，等级为良好；成绩>=60 分并且小于 85 分，等级为合格；成绩<60 分，等级为不合格，如图 4-45 所示。

3）文本处理类函数

（1）截取字符串函数 MID(文本字符串,起始位置,截取长度)。从"文本字符串"中指定的起始位置起返回指定截取长度的字符串。例如：= MID("I LOVE YOU" 3,4)，确认后显示"LOVE"字符。

（2）左侧截取字符串函数 LEFT(文本字符串,截取长度)。从文本字符串的左侧第一个字符开始返回指定截取长度的字符串。截取长度为可选参数，省略该参数时默认为 1。例如：= LEFT("LOVE YOU" 4)，确认后显示"LOVE"字符。

（3）右侧截取字符串函数 RIGHT(文本字符串,截取长度)。从文本字符串的右侧第一个字符开始返回指定截取长度的字符串。截取长度为可选参数，省略该参数时默认为 1。例如：= RIGHT("LOVE YOU"3)，确认后显示"YOU"字符。

（4）删除空格函数 TRIM(文本字符串)。删除文本字符串中首尾多余的空格，英文字符串中词与词之间间隔的空格保留，如图 4-46 所示。

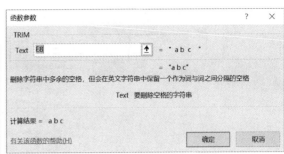

图4-45 多条件的IF函数应用 图4-46 TRIM函数

（5）字符个数函数 LEN(文本字符串)。返回文本字符串中的字符个数，包含空格。例如：=LEN("LOVE YOU")，值为8。

（6）TEXT(数值,单元格格式)。根据指定的单元格格式将数值（可以是公式的计算结果或对单元格的引用）转换为文本。单元格格式是文本形式的数字格式。例如：=TEXT(0.285,"0.0%")，结果为带一位小数的百分比格式28.5%。

4）日期时间类函数

（1）当前日期时间函数 NOW()。返回日期和时间格式的当前日期和时间，该函数不需要参数。例如：=NOW()，结果是 2021/3/5 10:36。

（2）当前日期函数TODAY()。返回日期格式的当前日期,该函数不需要参数。例如：=TODAY()，结果是 2021/3/5。

（3）当前年份函数 YEAR()。返回指定日期值对应的年份值，返回值是 1900 至 9999 之间的一个数字。例如：=YEAR(NOW())，结果是 2021。

5）查找引用类函数

（1）垂直引用类函数 VLOOKUP(条件值,指定单元格区域,查询列号,逻辑值)。搜索指定单元格区域第一列满足条件值的元素，返回与满足条件值的元素在同一行的查询列号上对应的值。在函数的参数列表中，如果逻辑值为 TRUE 或省略，表明要在第一列中查找大致匹配内容；如果逻辑值为 FALSE，表明要查找精确匹配内容。

实践提高 VLOOKUP 的应用

图 4-47 为全国计算机等级考试的报名表，Sheet1 工作表中 A 列为准考证号码，B 列为语种代码，C 列为语种名称，准考证号码的 3、4 两位代表语种代码，语种代码和语种名称的对照表在 Sheet2 工作表中，应用 MID 函数计算 B 列语种代码，应用 VLOOKUP 函数自动填写 C 列语种名称。

解答：在 Sheet1 工作表 B2 单元格中输入公式"=MID(A2,3,2)"，拖动 B2 单元格右下角的填充柄至 B5 单元格。在 Sheet1 工作表 C2 单元格中输入公式"=VLOOKUP(B2,Sheet2!$A$2:$B$5,2,TRUE)"，拖动 C2 单元格右下角的填充柄至 C5 单元格。

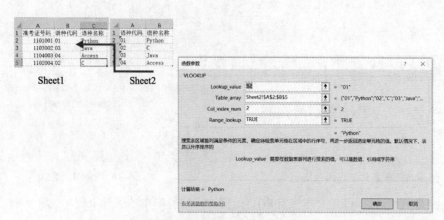

图4-47　VLOOKUP函数的应用举例

（2）查询函数 LOOKUP(查询值,指定单元格区域,结果区域)。在指定单元格区域查询满足查询值的单元格，返回结果区域中与满足查询值的单元格在同一行的单元格中的数据，LOOKUP函数使用前要求对指定单元格区域的值升序排列。

实践提高 LOOKUP 的应用

图 4-48 是姓名成绩对照表，现根据成绩查找学生的姓名，应该如何操作呢？例如，查找成绩为 95 分的学生姓名，应输入公式"=LOOKUP(E2,B2:B9,C2:C9)"。这里 B2:B9 为指定查找的单元格区域，C2:C9 为结果区域。

图4-48　LOOKUP函数应用举例一

如上图，如果要查找成绩为 85 分的姓名，但是成绩列中没有 85 分，应该返回哪个姓名呢？如图 4-49 所示。

从图 4-49 中可以看到，返回是小于等于 85 分的最大成绩 84 分，姓名杨宁。在 LOOKUP 函数中，注意指定单元格区域一定要升序排列，系统查找成绩姓名对照表是按照二分查找进行，如果事先不进行升序排列，结果会出错。

	A	B	C	D	E	F
1	准考证号码	成绩	姓名		查询成绩	查询姓名
2	1100005	56	俞浩		85	杨宁
3	1101001	67	孙云龙			
4	1102004	75	邹云			
5	1098006	84	杨宁			
6	1096007	88	葛信宁			
7	1103002	89	费斯杰			
8	1094008	90	李春蓉			
9	1104003	95	李乃媛			

图4-49　LOOKUP函数应用举例二

Excel 的"公式"选项卡内提供了分类使用的函数功能，"公式"选项卡内还包含"定义的名称""公式审核""计算"组。"定义的名称"组的功能是对经常使用的或比较殊的公式进行命名，当需要使用该公式时，可直接使用其名称来引用该公式；"公式审核"组的功能是帮助用户快速查找和修改公式，也可对公式进行错误修订。其他函数以及详细应用可查看 Excel 帮助信息。

实践提高　Excel 函数和公式综合应用

计算"销售额"列的内容（销售额=单价*销售数量）；计算 G4:I8 单元格区域内各种产品的销售额（利用 SUMIP 函数）、销售额的总计和所占百分比（百分比型，保留小数点后 2 位）。操作效果图如图 4-50 所示。

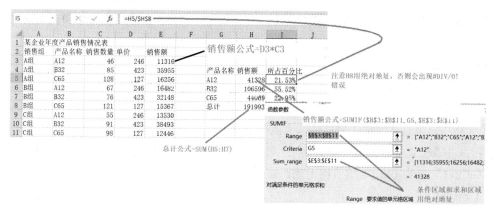

图4-50　Excel函数和公式综合应用

操作步骤一：在 E3 单元格内输入公式"=D3*C3"，单击"输入"按钮。按住 E3 单元格右下角的黑色填充柄，向下拖动到 E11 单元格。

操作步骤二：在 H5 单元格内输入公式"=SUMIF($B$3: $B$11,G5, $E$3: $E$11)"，单击"输入"按钮。计算产品名称为 A12 的销售额合计（注意：条件区域和求和区域用绝对地址），按住 H5 单元格右下角的黑色填充柄，向下拖动到 H7 单元格中。在 H8 单元格内，输入公式"=SUM(H5:H7)"，单击"输入"按钮。

操作步骤三：在 I5 单元格内输入公式"=H5/$H$8"，单击"输入"按钮。按住 H5 单元格右下角的黑色填充柄，向下拖动到 H7 单元格。

5．错误信息

在单元格输入或编辑公式后，有时会出现诸如"####!"或"#VALUE!"的错误信息。错误值一般以"#"符号开头，出现的错误值有以下几种原因。

1）####!

若单元格中出现"####!"错误信息，可能的原因是：单元格中的计算结果太长，该单元格宽度小，可以通过调整单元格的宽度来消除该错误；当格式为日期或时间单元格中出现负值也会提示"####!"信息。

2）#DIV/0!

若单元格中出现"#DIV/0!"错误信息，可能的原因是：该单元格的公式中出现被零除问题，即输入的公式中包含"0"除数，也可能在公式中的除数引用了零值单元格或空白单元格（空白单元格的值将解释为零值）。

解决办法是修改公式中的零除数或零值单元格或空白单元格引用，或者在除数的单元格中输入不为零的值。

3）#N/A

在函数或公式中没有可用数值时，会产生这种错误信息。

4）#NAME?

在公式中使用了 Excel 所不能识别的文本时将产生错误信息"#NAME?"。

5）#NUM!

在公式或函数中某个数值有问题时产生的错误信息。例如，公式产生的结果太大或太小，即超出范围：$-10^{307} \sim 10^{307}$。

6）#NULL!

单元格中出现此错误的原因是试图为两个并不相交的区域指定交叉点。

7）#REF!

单元格中出现这样的错误信息是因为该单元格引用无效的结果。设单元格 C2 中有数值 7，单元格 C3 中有公式"=C2+1"，单元格 C3 显示结果为 8。若删除单元格 C2，则单元格 C3 中的公式"=C2+1"对单元格 C2 的引用无效，就会出现该错误信息。

8）#VALUE!

当公式中使用不正确的参数时，将产生该错误信息。这时应确认公式或函数所需的参数类型是否正确，公式引用的单元格中是否包含有效的数值。如果需要数字或逻辑值时却输入了文本，就会出现这样的错误信息。

4.5　图表

图表是工作表数据的图形表示，用户可以很直观、容易地从中获取大量信息。Excel 2016 有很强的内置图表功能，可以很方便地创建各种图表。Excel 的图表可以作为其中的对象插入数据所在的工作表，也可以插入到一个新工作表。所有的图表都依赖于生成它的工作表数据，当数据发生改变时，图表也会随着作相应的改变。创建图表必须先进行图表数据源的选取，即确定图表产生在哪个数据区域，完成图表的创建工作，再对图表进行编辑。

一个图表主要由以下几部分构成。

（1）图表标题。描述图表的名称，默认在图表的顶端，可以省略。

（2）坐标轴与坐标轴标题。坐标轴标题是 X 轴和 Y 轴的名称，可以省略。

（3）图例。包含图表中相应的数据系列的名称和数据系列在图中的颜色。

（4）绘图区。以坐标轴为界的区域。

（5）数据系列。一个数据系列对应工作表中选定区域的一行或一列数据。

（6）网格线。从坐标轴刻度线延伸出来并贯穿整个"绘图区"的线条系列，可以省略。

（7）背景墙与基底。三维图表中会出现背景墙与基底，是包围在许多三维图表周围的区域，用于显示图表的维度和边界。

4.5.1　创建图表

1. 嵌入式图表与独立图表

嵌入式图表是创建在现有工作表中的图表，一般与源数据存放在同一张工作表中。独立图表是独立于工作表的图表，独立图表创建时被存放在一张新的工作表中，与源数据不在同一张工作表中，在打印时独立图表单独占一个页面。嵌入式图表与独立图表的区别在于它们存放的位置不同。如果要将创建好的嵌入式图表转换成独立图表，在"图表工具–设计"选项卡下"位置"组中单击"移动图表"按钮，在"移动图表"对话框中选中"新工作表"单选按钮，并输入工作表名称，单击"确定"按钮，嵌入式图表即可转换为独立图表，如图 4-51 所示。

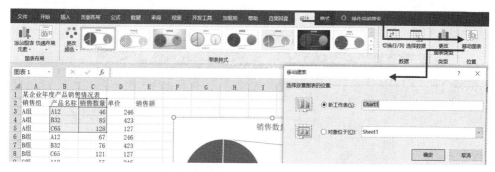

图4-51　嵌入式图表转化为独立图表

2. 图表的格式与设计选项

在生成图表后单击图表，功能区会出现"图表工具–设计"和"图表工具–格式"选项卡，可以完成对图表颜色、图表位置、图表标题、图例位置、图表背景墙的设计、布局以及颜色的填充等格式设计工作。运用"图表工具–设计"选项卡下的"图表布局"组可进行图表元素的添加和快速布局，也可更改图表数据系列颜色和图表样式。通过"图表工具–格式"选项卡下"当前所选内容"组的下拉菜单，可选取图表的相应元素，如图表标题、图例等进行重新设计。同时，当前工作表右侧会出现所选重新设计内容的窗格，单击图表的相应元素也可出现重新设计内容的窗格。例如，当前图表是三维簇状形图，现要将当前图表类型改为圆柱图，应先单击"数据系列"，在"图表工具–格式"选项卡中"当前所选内容"组中单击"设置所选内容格式"命令，在工作表右侧打开"设置数据系列格式"窗格，在"系列选项"组中"柱体形状"栏下方选择"圆柱形"单选按钮，也可设置圆锥图，如图 4-52 所示。

3. 创建图表

选定用于制作图表的数据区域，如果选取不连续的区域，按【Ctrl】键选择。在"插入"选项卡下的"图表"组中，单击相应图表类型的按钮，在下拉列表中选择合适的图形选项；或在"插入"选项卡下的"图表"组中，单击对话框启动器，打开"插入图表"对话框，单击"所有图表"选项卡，选择合适的图表类型和图形选项，创建相应的图表，如图 4-53 所示。

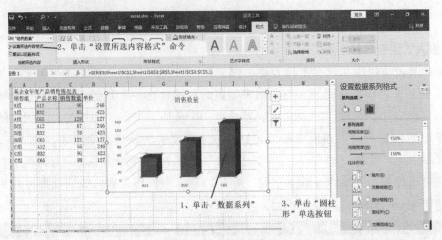

图4-52　更改图表类型

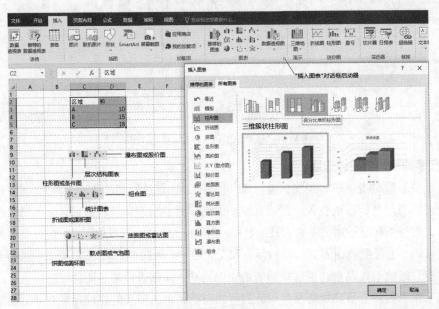

图4-53　创建图表

选定要绘图的数据区域，按【F11】键可以创建独立图表。

4.5.2　编辑和修改图表

图表编辑是指对图表及图表中各个元素进行编辑，包括更改图表类型、添加或删除数据、设置图表选项、更改图表样式或位置等。Excel 2016 中，单击图表可将图表选定，功能区出现"图表工具"下的"设计"和"格式"两个选项卡，利用这些选项卡中的按钮可以对图表元素进行设置。

1. 更改图表类型

选定图表，在"图表工具-设计"选项卡的"类型"组中单击"更改图表类型"按钮；或右击图表并在弹出的快捷菜单中选择"更改图表类型"命令，打开"更改图表类型"对话框，选择需要的图表类型，单击"确定"按钮，即可将已创建的图表更改为所选类型。

实践提高 将饼图转化为三维饼图，分离程度 30%

操作步骤一：单击图表，在"图表工具-设计"选项卡的"类型"组中单击"更改图表类型"按钮，打开"更改图表类型"对话框，选中"三维饼图"，单击"确定"按钮。

操作步骤二：单击"三维饼图"的数据系列，在"图表工具-格式"选项卡下的"当前所选内容"组中单击"设置所选内容格式"按钮，或者右击数据系列，在快捷菜单中单击"设置数据系列格式"命令，在工作表的右侧打开"设置数据系列格式"窗格，在"系列选项"栏下的"饼图分离"微调框中设置分离程度为 30%，如图 4-54 所示。

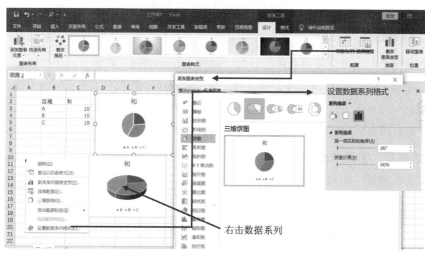

图4-54 设置分离形饼图

2. 修改数据源

1）在图表中添加数据源

如果要在图表中添加数据，选定图表，在"图表工具-设计"选项卡的"数据"组中单击"选择数据"按钮，或右击图表并在弹出的快捷菜单中选择"选择数据"命令，打开"选择数据源"对话框，在"图表数据区域"文本框中输入或用鼠标重新选择源数据的单元格区域，单击"确定"按钮，即可将数据添加到图表中。在"图例项（系列）"列表框中单击"添加"按钮，打开"编辑数据系列"对话框，在"系列名称"栏下方输入或用鼠标选择源数据的单元格区域，单击"确定"按钮，返回到"选择数据源"对话框中，单击"确定"按钮，可以添加图表中数据。在"图例项（系列）"列表框中选择要删除的数据系列，然后单击"删除"按钮，再单击"确定"按钮，可以删除图表中数据，如图 4-55 所示。

2）在图表中删除数据源

如图 4-55 所示，在"图例项（系列）"列表框中选择要删除的数据系列，然后单击"删除"按钮，再单击"确定"按钮，可以删除图表中数据。也可以在图表上单击要删除的数据系列，单击【Delete】键。如果要同时删除工作表和图表中的数据，只要删除工作表中的数据，图表数据系列就会自动更新。

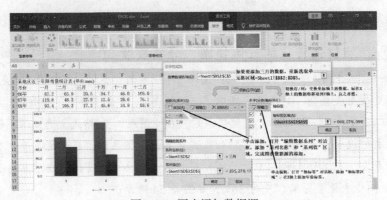

图4-55　图表添加数据源

4.5.3　修饰图表

图表建立完成后，可以对图表进行修饰，以便更好地表现工作表。利用"图表工具"下的"设计"和"格式"选项卡中的命令，可以对图表的网格线、数据表、数据标志等进行编辑和设置。此外，还可以对图表进行修饰，包括设置图表的颜色、图案、线形、填充效果、边框和图片等。还可以对图表中的图表区、绘图区、坐标、背景墙和基底等进行设置。

1．图表布局、图表样式

选中图表，应用"图表工具-设计"选项卡的"图表布局""图表样式"组中的按钮，可以快速将所选布局、样式应用到图表中，如图 4-56 所示。

图4-56　设置图表布局和图表样式

2．图表标题

单击图表区顶部的"图表标题"区域，选中"图表标题"，删除系统预设的标题，然后输入新标题。选定图表，在"图表布局"组中单击"添加图表元素"按钮，在下拉列表中选择"图表标题"，可以添加、删除图表标题或设置图表标题位置（如居中覆盖、图表上方），也可以选择"更多标题选项"命令，进行更详细地设置，如图 4-57 所示。

图4-57　设置图表标题

3. 坐标轴标题

选定图表，在"图表布局"组中单击"添加图表元素"按钮，在下拉列表中选择"坐标轴标题"，在下拉列表中选择合适的选项，可以添加、删除主要横坐标轴标题或主要纵坐标轴标题。可以选择"更多轴标题选项"命令进行详细设置，如图 4-58 所示。

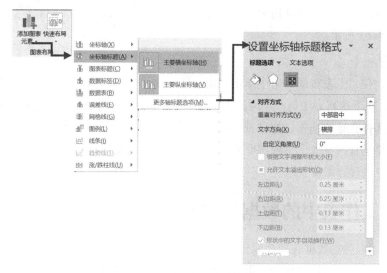

图4-58 设置坐标轴标题

4. 数据标签

选定图表，在"图表布局"组中单击"添加图表元素"按钮，在下拉列表中选择"数据标签"命令，在下拉列表中选择数据标签显示的位置。可以选择"其他数据标签选项"命令进行详细设置，如图 4-59 所示。

5. 图例

选定图表，在"图表布局"组中单击"添加图表元素"按钮，在下拉列表中选择"图例"命令，在下拉列表中选择合适的选项，可以添加、删除图表图例，设置是否显示图例和图例的位置。图例选项有无、在右侧显示图例、在顶部显示图例、在左侧显示图例、在底部显示图例。可以选择"其他图例选项"命令进行详细设置，如图 4-60 所示。

图4-59 设置数据标签　　　　　　　　　　图4-60 设置图例

6. 坐标轴

选定图表，在"图表布局"组中单击"添加图表元素"按钮，在下拉列表中选择"坐标轴"命令，在下拉列表中选择合适的选项：主要横坐标轴或主要纵坐标轴。可以选择"更多轴选项"命令进行详细设置，如图 4-61 所示。

7. 网格线

选定图表，在"图表布局"组中单击"添加图表元素"按钮，在下拉列表中选择"网格线"命令，在下拉列表中选择合适的选项，如主轴主要水平网

图4-61　设置坐标轴

格线、主轴主要垂直网格线、主轴次要水平网格线、主轴次要垂直网格线。可以选择"更多网格线选项"命令进行详细设置。

4.6　工作表中的数据库操作

Excel 提供了较强的数据管理功能，不仅能够通过记录单来增加、删除和移动数据，还能够按照数据库的管理方式对以数据清单形式存放的工作表进行各种排序、筛选、分类汇总、统计和建立数据透视表等操作。需要特别注意的是，对工作表数据进行数据管理与分析操作，要求数据必须按"数据清单"存放。工作表中的数据管理与分析的操作大部分通过"数据"选项卡下的命令完成。

4.6.1　建立数据清单

1. 数据清单

具有二维表性质的电子表格在 Excel 中被称为"数据清单"，数据清单类似于数据库表，其中行表示记录，列表示字段。数据清单的第一行必须为文本类型，为相应列的名称。在此行的下面是连续的数据区域，每一列包含相同类型的数据。在执行数据库表操作（如查询、排序等）时，Excel 2016 会自动将数据清单视作数据库表，并使用数据清单中的元素来组织数据：数据清单中的列是数据库表中的字段；数据清单中的列标志是数据库表中的字段名称；数据清单中的每一行对应数据库表中的一条记录。

用户在创建数据清单时应遵循以下规则：

① 一个数据清单最好占用一个工作表；

② 数据清单是一片连续的数据区域，不允许出现空行和空列；

③ 每一列包含相同类型的数据；

④ 在工作表的数据清单与其他数据间至少应留出一个空列和一个空行；

⑤ 不要在数据前面或后面输入空格，因为单元格开头和末尾的多余空格会影响排序与搜索。

2. 为单元格增加批注

建立数据清单后，可为某些单元格内的数据添加批注，也可随时删除批注。在"审阅"选项卡下的"批注"组中，单击"新建批注"命令，可以给单元格添加批注。右击含有批注的单元格，可以编辑、删除、显示和隐藏批注，如图 4-62 所示。

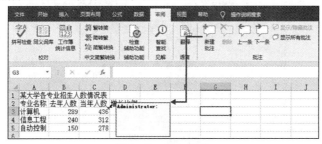

图4-62　增加批注

4.6.2　数据排序

在日常数据处理中，经常需要按某种规律排列数据。Excel 可以按字母、数字或日期等数据类型进行排序，排序有"升序"或"降序"两种方式，升序就是从小到大排序，降序就是从大到小排序。可以使用一列数据作为一个关键字段进行排序，也可以使用多列数据作为关键字段进行排序，最多按 64 个关键字排序。

数据升序和降序判断的原则：数字优先，按 1 ~ 9 位升序，从最小的负数到最大的正数进行排序。日期为数字类型按折合天数的数值排序，即从最远日期到最近日期为升序。文本字符，先排数字文本，再排符号文本，接着排英文字符，最后排中文字符。系统默认排序不分大小写字符。逻辑值按其字符串拼写排序，先"FALSE"再"TRUE"为升序。公式按其计算结果排序。空格始终排在最后。

1. 利用"数据"选项卡的排序命令进行排序

在需要排序的区域中单击任一单元格，在"数据"选项卡"排序和筛选"组中单击"排序"按钮，弹出"排序"对话框。在"主要关键字"右侧的下拉列表框中选择需要排序的列；在"排序依据"下拉列表框中选择"数值"、"单元格颜色"、"字体颜色"或"条件格式图标"选项；在"次序"下拉列表中选择"升序"、"降序"、"自定义序列"等排序方式。若要从排序中排除第一行数据（因该行为列标题），在"排序"对话框中选择"数据包含标题"复选框，如图 4-63 所示。

在"排序"对话框中单击"选项"按钮，打开"排序选项"对话框。若要执行区分大小写的排序，选中"区分大小写"复选框。在"方向"栏下方选中"按行排序"单选按钮，实现按行排序的功能。在"方法"栏下方可设置"字母排序"或"笔画"排序。如果要添加排序规则，在"排序"对话框中单击"添加条件"按钮，设置"次要关键字"。如果按一个关键字段排序，可以单击"数据"选项卡"排序和筛选"组中的"升序排序"　或"降序排序"　按钮。

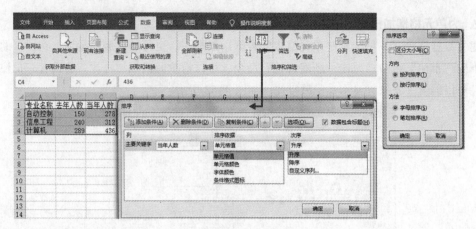

图4-63　排序

2. 自定义排序

在"排序"对话框中选择"次序"下的"自定义序列"选项，打开"自定义序列"对话框。在"输入序列"栏下方输入"助理工程师、工程师、高级工程师、总工程师"。单击"添加"按钮，单击"确定"按钮，即可按自定义序列排序，如图4-64所示。

图4-64　自定义排序

3. 排序数据区域选择

Excel 允许对全部数据区域和部分数据区域进行排序。如果选定的数据区域包含所有列，则对所有数据区域进行排序。如果所选的数据区域没有包含所有的列，则仅对已选定的数据区域排序，有可能会引起数据错误。

4. 恢复排序

Excel 排序后恢复至原有顺序的具体操作步骤如下：排序之后只要没有进行保存，可以使用快捷键【Ctrl+Z】来进行操作撤回，回到原来的排列顺序。

在排序前加一列序号辅助列，不管表格进行怎样的排序，只要选中"序号"单元格进行升序排序，就可以恢复排序前的数据，如图 4-65 所示。

	A	B	C	D	E	F	G	H
1	序号	月份	一月	二月	三月	十月	十一月	十二月
2	1	06年	87.2	65.9	20.5	34.7	46.0	109.0
3	2	07年	119.8	48.3	27.9	12.5	26.6	76.1
4	3	08年	93.4	105.3	17.3	45.6	34.9	88.6

增加"序号"辅助列，按"序号"进行升序排序即可恢复为排序前的数据清单。

图4-65　恢复排序

4.6.3 数据筛选

筛选是根据给定的条件，从数据清单中找出并显示满足条件的记录，不满足条件的记录被隐藏。Excel 2016 提供了两种筛选清单命令：自动筛选和高级筛选。与排序不同，筛选并不重排清单，只是暂时隐藏不必显示的行。

1. 自动筛选

单击需要筛选的数据清单中任一单元格，在"数据"选项卡的"排序和筛选"组中单击"筛选"按钮，在每个字段名右侧均出现一个下拉箭头。如果需要只显示含有特定值的数据行，则可以在相应字段的下拉列表"搜索"框下方单击需要显示的数值。如果用户要求显示最大的或是最小的几项，可以先单击含有待显示数据的数据列的下拉箭头，在下拉列表中选择"数字筛选"命令，在级联菜单中选择"前 10 项"命令，弹出"自动筛选前 10 个"对话框，在弹出的"自动筛选前 10 个"对话框中设置显示最大最小几项或者最大最小百分比，如图 4-66 所示。

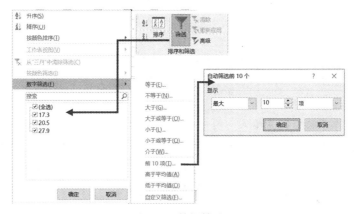

图4-66 数据筛选

如果要使用的比较运算不是简单的"等于"，则在选定的列上使用"自定义筛选"命令，弹出"自定义自动筛选方式"对话框。例如，要筛选出二月销售额在 90 ~ 100 之间的数据行，在"自定义自动筛选方式"对话框中输入筛选条件后按【Enter】键，显示筛选结果。也可以使用"介于"完成筛选，如图 4-67 所示。

图4-67 "自定义自动筛选方式"对话框

在"数据"选项卡的"排序和筛选"组中单击"清除"按钮，可取消筛选，恢复所有数据。此时筛选下拉箭头并不消失。如果要取消自动筛选状态，需再次单击"数据"选项卡的"排序和筛选"组中的"筛选"按钮。

2. 高级筛选

如果用户要使用高级筛选，一定要先建立一个条件区域。条件区域用来指定筛选的数据必须满足的条件。单击需要筛选的数据清单中任一单元格，在"数据"选项卡的"排序和筛选"组中单击"高级"按钮，弹出"高级筛选"对话框。用鼠标选定条件区域，如果列表区域显示的结果与要求不一致，用鼠标重新选定列表区域。如果将筛选结果复制到其他位置，选定"复制到"同一工作表列表区域外任一单元格。选中"选择不重复的记录"复选框可以隐藏重复的记录。

ⓘ 提示

从 Excel 列表中删除重复行也可以用高级筛选的方法实现，不需要选定条件区域，选中"选择不重复的记录"复选框可获取唯一的行，删除原始列表，然后使用筛选过的列表替换原始列表。原始列表必须有列标题。

👆 实践提高 高级筛选的应用

对工作表"图书销售情况表"内数据清单的数据进行高级筛选（条件区域设在 A46:F47 单元格区域，将筛选条件写入条件区域的对应列上），条件为少儿类图书且销售量排名在前二十名（请用"<=20"）。

操作步骤：在单元格 B46 中输入"图书类别"，在单元格 B47 中输入"少儿类"；在单元格 F46 中输入"销售量排名"，在单元格 F47 中输入"<=20"，任意选中数据清单中的一个单元格，在"数据"选项卡下"排序和筛选"组中单击"高级"按钮，在"高级筛选"对话框中按照图 4-68 进行操作，单击"确定"按钮，完成高级筛选操作。

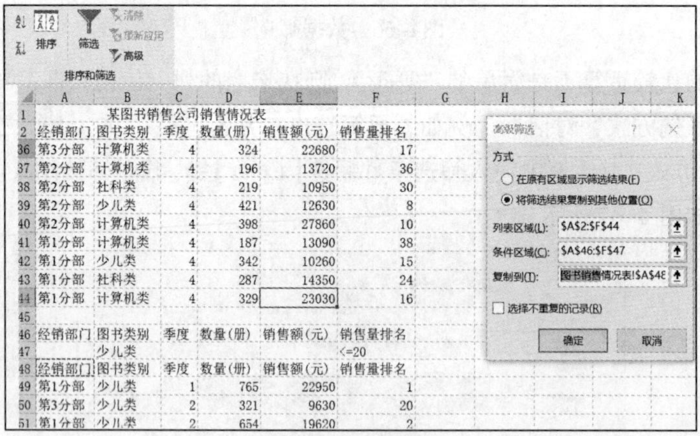

图4-68 高级筛选

ⓘ 提示

条件区域的第一行是作为筛选条件的字段名，字段名必须与数据清单中的字段名保持一致。条件区域的其他行输入筛选条件，与关系的条件必须出现在同一行内，或关系的条件不能出现在同一行内。条件区域与数据清单区域至少用一行隔开。

4.6.4　数据分类汇总

分类汇总是把数据清单中的数据分门别类地统计处理。不需要用户自己建立公式，Excel 将会自动对各类别的数据进行求和、求平均等多种计算，并且把汇总的结果以"分类汇总"和"总计"显示出来。在 Excel 2016 中分类汇总可进行的计算有：求和、平均值、最大值、最小值等。注意，数据清单中必须包含带有标题的列，并且数据清单必须先要对分类汇总的列进行排序。

分类汇总的操作过程：首先对分类汇总的列进行排序，然后在"数据"选项卡的"分级显示"组中单击"分类汇总"按钮，弹出"分类汇总"对话框。在"分类字段"下拉列表中选择要分类汇总的字段名；在"汇总方式"下拉列表中选择一种汇总函数，如求和、平均值等；在"选定汇总项"下的列表中选中要进行分类汇总的数值列的复选框；选中"汇总结果显示在数据下方"复选框，结果显示在数据列表的下面，否则结果显示在数据列表的上面。选中"每组数据分页"复选框，则在每个分类汇总后有一个自动分页符；选中"替换当前分类汇总"复选框，则覆盖已存在的分类汇总。

如果要插入嵌套分类汇总，首先要对分类汇总的多列进行排序。在已创建分类汇总的基础上，重复分类汇总操作，清除"替换当前分类汇总"复选框即可。

如果想清除分类汇总回到数据清单的初始状态，可以单击"分类汇总"对话框中的"全部删除"按钮。

实践提高

对工作表"图书销售情况表"内数据清单的内容按主要关键字"经销部门"升序，次要关键字"图书类别"升序进行排序，对排序后的数据进行分类汇总，分类字段为"经销部门"，汇总方式为"平均值"，汇总项为"销售额"，汇总结果显示在数据下方。

操作步骤：首先对工作表内数据清单按"经销部门"升序，次要关键字"图书类别"升序进行排序。在"数据"选项卡的"分级显示"组中单击"分类汇总"按钮，弹出 "分类汇总"对话框，按图 4-69 进行设置。

图4-69　分类汇总

在进行分类汇总时，Excel 会自动对数据清单中的数据进行分级显示。工作表窗口左边会出现分级显示区，通过单击分级显示区上方的级别按钮 1 2 3 ，可以对数据的显示进行控制。

单击级别按钮"1"，只显示数据清单中的字段名（列标题）和总计结果；单击级别按钮"2"，显示字段名（列标题）、各个分类汇总结果和总计结果；单击级别按钮"3"，显示数据清单中的全部数据、各个分类汇总结果和总计结果。分级显示区有显示明细数据符号"+"，单击它可以显示数据清单中的明细数据；还有隐藏明细数据符号"−"，单击它可以隐藏数据清单中的明细数据。

单击"数据"选项卡的"分级显示"组中的"取消组合"下拉按钮，在展开的下拉菜单中选择"清除分级显示"命令，可以清除汇总数据的分级显示。

4.6.5 数据合并

数据合并可以把来自不同源数据区域的数据进行汇总，并进行合并计算。不同数据源区域包括同一工作表、不同工作表中（同一工作簿）、不同工作簿中的数据区域。数据合并是通过建立合并表的方式来进行的。其中，合并表可以建立在某源数据区域所在工作表中，也可以建在同一个工作簿或不同的工作簿中。通过"数据"选项卡下的"数据工具"组中的命令可以完成"合并计算""数据有效性""模拟分析"等功能。

若要合并计算数据，必须组合几个数据区域中的值。例如，有一个用于每个地区办事处开支数据的工作表，可使用合并计算将这些开支数据合并到一个公司开支工作表中。数据合并计算有三种方法：使用三维公式、通过位置进行合并计算和按分类进行合并计算。

（1）使用三维公式：在合并计算工作表上单击用来存放合并计算数据的单元格，输入合并计算公式，公式中的引用应指向每张工作表中包含待合并数据的源单元格。例如，若要合并工作表 2 到工作表 7 的单元格 B3 中的数据，输入公式"=SUM(Sheet2:Sheet7!B3)"。如果要合并的数据在不同的工作表的不同单元格中，可以输入公式"=SUM(Sheet3!B4, Sheet4!A7, Sheet5!C5)"。

（2）根据位置或分类进行合并：在要显示合并数据的区域中，单击其左上方的单元格。在"数据"选项卡下的"数据工具"组中，单击"合并计算"按钮，弹出"合并计算"对话框，在"函数"下拉列表框中，单击需要用来对数据进行合并的汇总函数。单击"引用位置"下拉列表框，选取要进行合并的第一个区域，再单击"添加"按钮。对每个要合并的区域重复这一步骤。如果要在源区域的数据更改的任何时候都自动更新合并表，选中"创建指向源数据的链接"复选框。根据位置进行合并时，取消选中"标签位置"下的复选框。Microsoft Excel 不将源数据中的行或列标志复制到合并中，如果需要合并数据的标志，从源区域之一进行复制或手工输入。根据分类进行合并时，在"标签位置"下，请选中指示标志在源区域中位置的复选框：首行、最左列或两者都选。

实践提高 合并计算

图 4-70 为某电器销售公司两个分公司的月销售数据，应用合并计算功能实现合并汇总。

操作步骤：在新工作表中根据源数据清单内容在 A2 单元格输入品名，B2 单元格输入销售额，A3 至 A5 单元格

图4-70 合并计算原始素材

分别输入电视机、洗衣机和电冰箱。A1 与 B1 单元格合并居中并输入销售汇总表，选中 B3 至 B5 单元格，在"数据"选项卡下的"数据工具"组中，单击"合并计算"按钮，按图 4-71 进行设置。注意，合并计算结果以分类汇总的方式显示，单击左侧的+号可以显示源数据信息。

图4-71 合并计算设置

4.6.6 数据透视表

数据透视表主要用于分析不同字段数据之间的关系。数据透视表一般由七部分组成，分别是：页字段、页字段项、数据字段、数据项、行字段、列字段、数据区域。

创建数据透视表：在"插入"选项卡的"表格"组中单击"数据透视表"按钮，打开"创建数据透视表"对话框，如图 4-72 所示。

数据透视表的数据源可以是 Excel 的数据表格，也可以是外部数据表和 Internet 上的数据源，还可以是经过合并计算的多个数据区域以及另一个数据透视表。所需创建的报表类型可以是数据透视表或数据透视图。这里以数据透视表为例，用鼠标在工作表中选定要建立数据透视表的数据区域，可以设置数据透视表的显示位置是在新建工作表中还是在现有工作表中。单击"确定"按钮，弹出数据透视表工作界面。从"数据透视表字段列表"窗格中，将要在行中显示数据的字段

图4-72 数据透视表对话框

拖到"行"标签区域。从"数据透视表字段列表"窗格中，将要在列中显示数据的字段拖到"列"标签区域。对于要汇总数据的字段，将字段拖到"值"区域。如果要添加多个数据字段，在"数据透视表字段列表"窗格中依次选中要汇总其数据的字段，将字段拖到"值"区域。

实践提高

在现有工作表的 I6:N11 单元格区域内建立数据透视表，"行"标签为"图书类别"，"列"标签为"季度"，求和项为"销售额"。

操作步骤：在"创建数据透视表"对话框中，设置列表选择区域，在数据透视表放置区域中设置位置，将"图书类别"拖动到"行"标签，将"季度"拖动到"列"标签，将"销售额"拖动到"值"标签，如图 4-73 所示。

1. "数据透视表工具-设计"选项卡

在"布局"组中单击"总计"按钮，在下拉列表中可以设置行、列是否启用。在"布局"

组中单击"报表布局"按钮可以设置数据透视表的显示布局。在"数据透视表样式"组中可以选择一种数据透视表的样式，如图 4-74 所示。

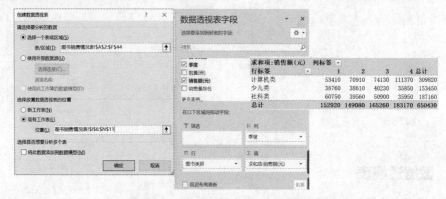

图4-73　数据透视表实例演示及效果图

图4-74　"数据透视表工具-设计"选项卡

2. "数据透视表工具-分析"选项卡

在"数据透视表"组中单击"选项"按钮，在下拉列表中选择"选项"命令，打开"数据透视表选项"对话框，可对数据透视表的报表和格式、数据等进行设置。例如，可设置是否显示行总计和列总计。在"活动字段"组中可对"活动字段"下方文本框中显示的文字进行修改。单击"字段设置"按钮，打开"值字段设置"对话框，在对话框中可以设置值字段汇总方式，如求平均、最大值、最小值等。单击"数字格式"按钮，可以设置汇总字段的数字显示格式。在"值显示方式"选项卡下可设置"值显示方式"，如"总计的百分比"等。在"操作"组中单击"移动数据透视表"按钮，将打开"移动数据透视表"对话框。在对话框中，可以将新工作表中的透视表数据移动到现有工作表中，可在"位置"框中设置数据透视表具体放置的位置，如图 4-75 所示。

图4-75　"数据透视表工具"的"分析"选项卡

4.6.7　数据透视图

数据透视图报表提供数据透视表中的数据的图形表示形式。与数据透视表一样，数据透视图报告也是交互式的。创建数据透视图报表时，数据透视图报表筛选将显示在图表区，以便排序和筛选数据透视图报表的基本数据。相关联的数据透视表中的任何字段布局更改和数据更改将立即在数据透视图报表中反映出来。

与标准图表一样，数据透视图报表显示数据系列、类别、数据标记。可以更改图表类型及其他选项，如标题、图例位置、数据标签和图表位置。在"插入"选项卡下的"图表"组中单击"数据透视图"按钮，打开"创建数据透视图"对话框进行操作。

实践提高

根据图书销售情况表的数据清单，在新工作表内建立数据透视图，轴（类别）为"图书类别"，图例（系列）为"季度"，∑值为求和项销售额（元）。

操作步骤：在"插入"选项卡下的"图表"组中单击"数据透视图"按钮，打开"创建数据透视图"对话框，设置列表选择区域，在"数据透视图字段"窗格中，按图4-76进行设置。

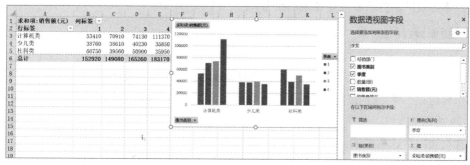

图4-76　数据透视图设置

注意，在建立数据透视图的同时也建立了数据透视表，在数据透视图中单击"图书类别"可以弹出图书类别筛选对话框，单击"季度"可以弹出季度筛选对话框，单击"求和项销售额（元）"，弹出菜单，单击"值字段设置"命令，在"值字段设置"对话框中，可设置值计算类型为计数、平均值、最大值、最小值等。单击"数字格式"按钮可改变数据显示的格式，如图4-77所示。

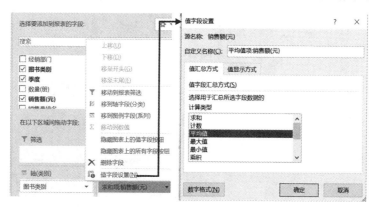

图4-77　数据透视图值字段设置

4.7　打印工作表和超链接

4.7.1　页面布局

在"页面布局"选项卡中，有"主题"组、"页面设置"组、"工作表选项"组。通过对这些功能的应用，可以打印出具有特色的工作表。"页面布局"选项卡的界面如图 4-78 所示。

图4-78　"页面布局"选项卡

1．"主题"组

在"页面布局"选项卡的"主题"组中，单击"主题"按钮，在下拉列表中选择一种系统预置的主题样式。若要自定义"主题"，可单击"颜色""字体""效果"按钮进行设置。主题颜色包含四种文本颜色及背景色、六种着色颜色和两种超链接颜色。主题字体包含标题字体和正文字体。主题效果是线条和填充效果的组合。

2．"页面设置"组

1）页边距

系统预置了"常规""宽""窄"三种页边距设置样式。如对系统预置的页边距样式不满意，可单击"页边距"按钮，在下拉列表中选择"自定义边距"命令，打开"页面设置"对话框，如图 4-79 所示。

在"页边距"选项卡下，在"上、下、左、右"栏中及"页眉、页脚"微调框中输入相应的数字，精确设置页边距及页眉、页脚的显示范围；在"居中方式"栏选择水平居中、垂直居中方式或两者皆选。

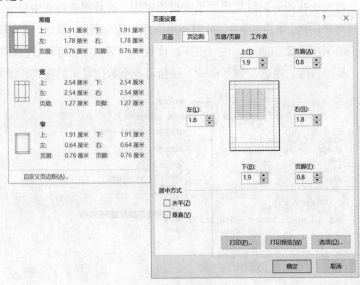

图4-79　页边距设置

2）纸张方向

"纵向"表示从左到右按行打印；"横向"表示将数据旋转90°打印。单击"纸张方向"按钮，在下拉列表中选择"纵向"或"横向"命令进行设置。

3）纸张大小

系统预置了18种纸张大小，如对预设的不满意，可单击"纸张大小"按钮，在下拉列表中选择"其他纸张大小"命令，打开"页面设置"对话框"页面"选项卡。根据实际需要指定缩放比例，选择纸张规格（如A4、B5等）。输入一个起始页码数字，确定工作表的起始页码，如图4-80所示。

图4-80　纸张大小设置

单击"选项"按钮，打开"打印机属性"对话框，可设置打印质量。

4）打印标题

单击"打印标题"按钮，打开"页面设置"对话框"工作表"选项卡。在此选项卡中，可设置打印区域；设置每页是否打印顶端标题行；先列后行或先行后列；是否打印网格线、行和列标题等，如图4-81所示。

5）页眉/页脚

单击"页面设置"对话框启动器，在打开的"页面设置"对话框中单击"页眉/页脚"选项卡，设置页眉或页脚内容，可以自定义页眉/页脚。单击"自定义页眉"按钮，出现"页眉"对话框。在此对话框中有一排按钮，可设置文本格式、插入页码、日期、时间、文件路径、文件名或标签名，可插入图片并可设置图片格式。页脚的定义同页眉。页眉/页脚也可以设置成首页不同、奇偶页不同，如图4-82所示。

图4-81　工作表设置

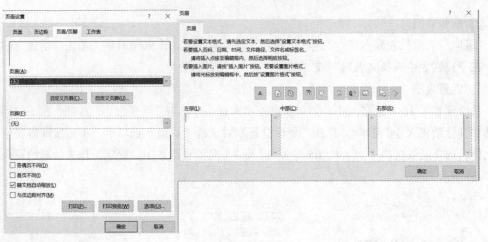

图4-82　页眉设置

4.7.2　打印工作表

打印之前，最好先进行打印预览观察打印效果，在"页面设置"对话框中的"工作表"选项卡下，单击"打印预览"按钮，单击"打印"按钮可进行工作表的打印。

4.7.3　工作表的链接

工作表中的链接包括超链接和数据链接两种情况，超链接可以从一个工作簿或文件快速跳转到其他工作簿或文件，超链接可以建立在单元格的文本或图形上；数据链接是使得数据发生关联，当一个数据发生更改时，与之相关联的数据也会改变。

1.　建立链接

（1）首先选定要建立超链接的单元格或单元格区域，右击，在弹出的快捷菜单中选择"链接"命令。

（2）打开"插入超链接"对话框，在"链接到"栏中单击"本文档中的位置"选项（单击"现有文件或网页"可链接到其他工作簿中）。

（3）在右侧的"请键入单元格引用"文本框中输入要引用的单元格地址（如 A1），在"或在此文档中选择一个位置"处，选择"产品价格表"。

（4）单击对话框右上角的"屏幕提示"按钮，打开"设置超链接屏幕提示"对话框，在对话框内输入信息，当鼠标指针放置在建立的超链接位置时，显示相应的提示信息，如"产品价格表"，单击"确定"按钮即完成，如图 4-83 所示。

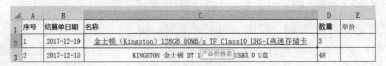

	A	B	C	D	E
1	序号	结算单日期	名称	数量	单价
2	1	2017-12-19	金士顿（Kingston）128GB 80MB/s TF Class10 UHS-I高速存储卡	3	
3	2	2017-12-15	KINGSTON 金士顿 DT 1产品价格表USB3.0 U盘	48	

图4-83　建立数据链接

利用"编辑超链接"对话框可以对超链接信息进行修改，也可以取消超链接。选定已建立超链接的单元格或单元格区域，右击，在弹出的命令中选择"取消超链接"命令即可取消超链接。

2. 建立数据链接

选择工作表中需要被引用的数据，单击"复制"按钮；打开相关联的工作表，在工作表中指定的单元粘贴数据，在"粘贴选项"中选择"粘贴链接"可以建立数据链接，如图 4-84 所示。

图4-84　数据链接设置

4.8　数据保护

Excel 可以有效地对工作簿中的数据进行保护。如设置密码，不允许非法访问；也可以保护工作表单元格的数据，防止无关人员非法修改；还可以把工作簿、工作表和单元格中的重要公式隐藏起来。

4.8.1　保护工作簿和工作表

1. 设置工作簿的密码

在"文件"选项卡中单击"另存为"命令，打开"另存为"对话框，单击"工具"→"常规选项"命令，打开"常规选项"对话框，设置"打开权限密码"和"修改权限密码"，如图 4-85 所示。

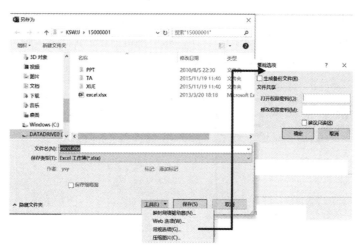

图4-85　工作簿的密码设置

2. 对工作簿、工作表和窗口的保护

1）保护工作簿

在"审阅"选项卡的"保护"工作组中，单击"保护工作簿"命令，打开"保护结构和窗口"对话框，输入密码（可选），选中"结构"复选框，表示保护工作表的结构，工作簿中的工作表不能进行移动、删除、插入等操作；如果选中"窗口"复选框，每次打开工作簿时保持窗口的固定位置和大小，工作簿的窗口不能移动、缩放、隐藏、取消隐藏，如图 4-86 所示。

2）保护工作表

除了保护整个工作簿外，还可以保护工作簿中指定的工作表。选择需要保护的工作表，在"审阅"选项卡的"保护"工作组中，单击"保护工作表"命令，在弹出的"保护工作表"对话框中可以对工作表中的相关内容进行设置，可以输入密码以防止他人取消工作表保护，如图 4-87 所示。

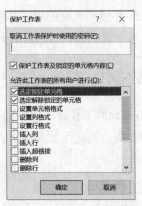

图4-86　保护工作簿　　　　　　　　图4-87　保护工作表设置

3）保护公式

在工作表中，可以将单元格公式隐藏起来，具体操作步骤如下：选择需要隐藏公式的单元格，在"开始"选项卡下"单元格"组中，单击"格式"命令，在下拉列表中选择"设置单元格格式"命令，打开"设置单元格格式"对话框，在"保护"选项卡下选择"隐藏"复选框，如图 4-88 所示。在"审阅"选项卡下的"保护"组中单击"保护工作表"命令，完成对公式的保护。若要撤销公式保护，单击"撤消工作表保护"命令。

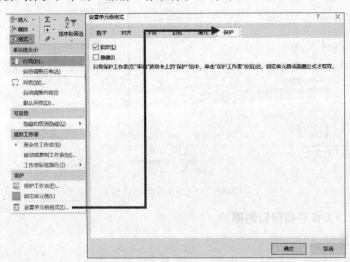

图4-88　隐藏公式

在"保护"组中单击"允许编辑区域"命令，可以设置允许用户编辑的单元格区域，起到保护数据的目的。

4.8.2　隐藏工作簿、行和列

在"视图"选项卡下"窗口"组中单击"隐藏"按钮可以隐藏工作簿中工作表的窗口，隐藏工作表后，屏幕上不再出现该工作表，但可以引用该工作表中的数据。如果对工作簿实施了"结构"保护，就不能隐藏其中的工作表。

隐藏工作表的行或列。选定需要隐藏的行（列），右击，在弹出的快捷菜单中选择"隐藏"命令，则相应的行（列）将不显示，但可以引用其中单元格的数据，行或列隐藏处出现一条黑线。选定已隐藏行（列）的相邻行（列），右击，在弹出的快捷菜单中选择"取消隐藏"命令，则可显示隐藏的行或列。

4.9 本章重难点解析

Excel 提供了强大的计算能力，包括公式和函数的使用，如熟练掌握公式和函数，可以对日常的学习和工作带来很大的便利。下面通过一些实例帮助读者理解常用的函数操作。

1. SUM、SUMIF、SUMIFS 函数

实例素材图如图 4-89 所示。

（1）在 H2 单元格中计算实发工资的和。

在 H2 单元格输入函数：=SUM(G2:G11)。

（2）在 H3 单元格中计算出勤天数为 30 天的实发工资的和。

在 H3 单元格输入函数：=SUMIF(C2:C11,30,G2:G11)。

（3）在 H4 单元格中计算出勤天数 25 天以上并且基本工资 2 500 元以上的实发工资的和。

在 H4 单元格输入函数：=SUMIFS(G2:G11,C2:C11,">25",D2:D11,">2500")。

	A	B	C	D	E	F	G	H	I	J
1	序号	姓名	出勤天数	基本工资	金额	奖金	实发工资			
2	1	李乃媛	21	2000			1380.00			
3	2	丁嘉悦	30	3000			3050.00			
4	3	盛望	25	2500			2083.33			
5	4	李春蓉	24	2000			1580.00			
6	5	黄昊泽	22	3000			2180.00			
7	6	唐贝晨	23	2100			1590.00			
8	7	殷越	30	2300			2350.00			
9	8	王许博	25	2600			2166.67			
10	9	宦博文	30	2300			2350.00			
11	10	周楷涵	30	2100			2150.00			

图4-89 实例素材图

2. AVERAGE、AVERAGEIF、AVERAGEIFS 函数

实例素材图如图 4-89 所示。

（1）在 I2 单元格中计算实发工资的平均值。

在 I2 单元格输入函数：=AVERAGE(G2:G11)。

（2）在 I3 单元格中计算出勤天数为 30 天的实发工资的平均值。

在 I3 单元格输入函数：=AVERAGEIF(C2:C11,30,G2:G11)。

（3）在 I4 单元格中计算出勤天数 25 天以上并且基本工资 2 500 元以上的实发工资的平均值。

在 I4 单元格输入函数：=AVERAGEIFS(G2:G11,C2:C11,">25",D2:D11,">2500")。

3. COUNT、COUNTIF、COUNTIFS 函数

实例素材图如图 4-89 所示。

（1）在 J2 单元格中计算实发工资的人数。

在 J2 单元格输入函数：=COUNT(G2:G11)。

（2）在 J3 单元格中计算出勤天数为 30 天的实发工资的人数。

在 J3 单元格输入函数：=COUNTIF(C2:C11,30)。

（3）在 J4 单元格中计算出勤天数为 25 天以上并且基本工资 2 500 元以上的实发工资的人数。

在 J4 单元格输入函数：=COUNTIFS(C2:C11,">25",D2:D11,">2500")。

4．VLOOKUP、HLOOKUP、LOOKUP 函数

实例素材图如图 4-89 所示。

（1）在 I8 单元格求序号 10 的人员基本工资。

在 I8 单元格输入函数：=VLOOKUP(A11,$A$2:$G$11,4,TRUE)。

（2）在 I9 单元格求王许博的基本工资。

在 I9 单元格输入函数：=HLOOKUP(D1,A1:G11,9,FALSE)。

（3）求基本工资为 2 500 的人员名单。

注意：在应用 LOOKUP 函数进行查找时，必须按基本工资升序排列，否则结果会出错。系统默认的查找方法是二分法，当有多个符合条件的结果时，返回最后一个符合条件的记录。当没有符合条件的记录时，返回小于查找值的最大值的那条记录。

本题的公式是：=LOOKUP(2500,$D$2:$D$11,$B$2:$B$11)。本题的实例效果如图 4-90 所示。

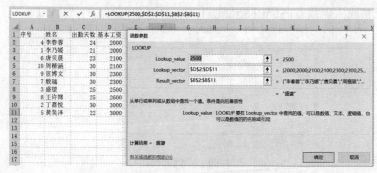

图4-90　LOOKUP函数公式

5．IF 函数

实例素材图如图 4-89 所示。工资表中如果满勤 30 天金额为 50 元，少于 25 天扣 20 元，大于等于 25 天少于 30 天为 0 元。

在 E2 单元格输入函数：=IF(C2=30,50,IF(C2<25,−20,0))。

6．年月日函数

（1）当前日期时间函数。

例如：=NOW()　结果为：2021/4/1 11:03。

（2）当前年份函数。

例如：=YEAR(NOW())　结果为：2021。

（3）当前月份函数。

例如：=MONTH(NOW())　结果为：4。

（4）当前日函数。

例如：=day(NOW())　结果为：1。

理论拓展

运用 TEXT 函数也可计算年、月、日的值，若 E1 单元格的日期值为 2021/4/2，在 E2 单元格输入公式：=TEXT(E1,"YYYY")，输出四位年份 2021（字符型）。

在 E3 单元格输入公式：=TEXT(E1,"m")，输出不带前导零的月份 4（字符型）。

在 E4 单元格输入公式：=TEXT(E1,"d")，输出不带前导零的日 2（字符型）。

7. RANK.EQ 函数

按基本工资的降序计算排名，结果填写在 K2 至 K11 单元格中，使用 RANK.EQ 函数。实例素材图如图 4-89 所示。

在 K2 单元格输入函数：=RANK.EQ(D2,$D$2:$D$11,0)，按住 K2 单元格的右下角填充柄拖动到 K11 单元格。

8. MAX 函数和 MIN 函数

（1）计算基本工资的最大值，结果填写在 D12 单元格。

在 D12 单元格输入函数：=MAX(D2:D11)。

（2）计算基本工资的最小值，结果填写在 D13 单元格。

在 D13 单元格输入函数：=MIN(D2:D11)。

9. TRUE 和 False 函数

如果希望返回值为 TRUE 或 FALSE，可使用此函数。例如，如果图书类别为"生物科学"，返回 TRUE，否则返回 FALSE，可输入函数：=IF(B2="生物科学",TRUE(),FALSE())。

10. AND 和 OR 函数

（1）AND 主要功能。

返回逻辑值：如果所有参数值均为逻辑"真(TRUE)"，则返回逻辑"真(TRUE)"，反之返回逻辑"假(FALSE)"。例如，在 C5 单元格输入公式：=AND(A5>=60,B5>=60)。如果 C5 中返回 TRUE，说明 A5 和 B5 中的数值均大于等于 60；如果返回 FALSE，说明 A5 和 B5 中的数值至少有一个小于 60。

（2）OR 主要功能。

返回逻辑值，仅当所有参数值均为逻辑"假(FALSE)"时返回函数结果逻辑"假(FALSE)"，否则都返回逻辑"真(TRUE)"。例如，在 C62 单元格输入公式：=OR(A62>=60,B62>=60)。如果 C62 中返回 TRUE，说明 A62 和 B62 中的数值至少有一个大于或等于 60；如果返回 FALSE，说明 A62 和 B62 中的数值都小于 60。

习 题

操作题

1. 打开 EXCEL1.XLSX 工作簿文件，按照下列要求完成对此表格的操作并保存。

（1）选择 Sheet1 工作表，在第一列数据前插入 2 列，在 A1 和 B1 单元格分别输入文字"年份"和"月份"；将 Sheet1 工作表命名为"每日门店销售"；利用"日期"列的数值和 TEXT 函数，计算出"年份"列的内容（将年显示为四位数字）和"月份"列的内容（将月显示为不带前导零的数字）；利用 IF 函数给出"业绩表现"列的内容：如果收入大于 500，在相应单元格内填入"业绩优"，如果收入大于 300，在相应单元格内填入"业绩良好"，如果收入大于 200，在相应单元格内填入"业绩合格"，否则在相应单元格内填入"业绩差"；利用条件格式修饰 M2:M358 单元格区域，将单元格设置为"实心填充"的"浅蓝色数据条"；为数据区域 A1:N358 套用表格格式"表样式中等深浅 2"。

（2）选取"按年统计"工作表，利用"每日门店销售"工作表"收入"列的数值和 SUMIF 函数，计算出工作表中 C3 和 C4 单元格数值（货币型，保留小数点后 2 位），选取"按月统计"工作表，利用"年份"、"月份"和"销售统计"列（B2:D26）数据区域的内容建立"带数据标记的折线图"，图表标题为"销售统计图"，删除图例，纵坐标标题为"月收入"；设置绘图区填充效果为"软木塞"的纹理填充；将图表插入到"按月统计"工作表的 E2:P26 单元格区域内。

（3）选择"销售清单"工作表，对工作表内数据清单的内容按主要关键字"类别"的降序和次要关键字"销售额"的升序进行排序，对排序后的数据进行筛选，条件：A1 销售员销售出去的空调和冰箱，保存 EXCEL1.XLS 工作簿。

2. 打开 EXCEL2.XLSX 工作簿文件，按照下列要求完成对此表格的操作并保存。

（1）选择 Sheet1 工作表，在第一行数据前插入一行，在 A1 单元格输入文字"销售订单"，将 A1:J1 数据区域合并为一个单元格，内容居中对齐；设置合并后的单元格文字格式为隶书、36 磅、底色填充为"浅绿"；将 Sheet1 工作表命名为"产品销售"。

（2）利用 VLOOKUP 函数给出"单价"列（E3:E72）的内容：与名称对应的单价在"产品价格表"工作表的"单价"列中。利用公式计算"销售额"列（F3:F72）的内容（货币型，保留小数点后 1 位）。利用 SUM 函数计算数量、销售额的合计，分别置于 D73、F73 单元格内。利用 IF 函数给出"销售表现"列的内容：如果销售额所占百分比大于 5%或者数量所占百分比大于 10%，在相应单元格内填入"优"；如果销售额所占百分比小于 0.1%，在相应单元格内填入"差"；否则填入"中等"。利用条件格式修饰 J3:J72 单元格区域，将所有销售表现为优的单元格设置为"浅红填充色深红色文本"样式，所有销售表现为差的单元格设置为"绿填充色深绿色文本"样式。

（3）将"产品销售表"工作表复制为"产品销售表备份"工作表，对"产品销售表备份"工作表内数据清单（A2:J72）的内容按主要关键字"供货商"的升序和次要关键字"销售额"的降序进行排序；完成对各供货商销售额合计的分类汇总，汇总结果显示在数据下方，并且只显示到 2 级，工作表名改为"销售统计"，保存 EXCEL2.XLSX 工作簿。

3. 打开 EXCEL3.XLSX 工作簿文件，按照下列要求完成对此表格的操作并保存。

（1）选择 Sheet1 工作表，将 A1:G1 数据区域合并为一个单元格，内容居中对齐。利用 AVERAGE 函数计算每个学生的平均成绩置于"平均成绩"列（F3:F32，数值型，保留小数点后 1 位）。利用 IF 函数计算"备注"列（G3:G32），如果学生平均成绩大于或等于 80，填入"A"，否则填入"B"。利用 AVERAGEIF 函数分别计算一班、二班、三班的数学、物理、语文平均成绩（数值型，保留小数点后 1 位）置于 J6:L8 单元格区域相应位置。利用条件格式将 F3:F32 单元格区域高于平均值的值设置为"绿填充色深绿色文本"样式、低于平均值的值设置为"浅红色填充"样式，设置 A2:G32 单元格区域套用表格样式"表样式浅色 8"。

（2）选取 Sheet1 工作表 I5:L8 数据区域的内容建立"三维簇状柱形图"，图表标题为"平均成绩统计图"，位于图表上方，设置图例位置靠上，设置图表背景墙为纯色填充"白色，背景 1，深色 15%"；将图表插入到当前工作表的"I10:N25"数据区域内，将 Sheet1 工作表命名为"平均成绩统计表"。

（3）选择"图书销售统计表"工作表，对工作表内数据清单的内容进行高级筛选（在数据清单前插入四行，条件区域设在 A1:G3 数据区域，请在对应字段列内输入条件），条件是：图书类别为"生物科学"或"农业科学"且销售额排名在前 20 名（请用<=20），保存 EXCEL3.XLSX 工作簿。

4. 打开 EXCEL4.XLSX 工作簿文件，按照下列要求完成对此表格的操作并保存。

（1）选择 Sheet1 工作表，将 A1:H1 数据区域合并为一个单元格，内容居中对齐；计算"地区月气温平均值"行（利用 AVERAGE 函数）、"地区月气温最高值"行（利用 MAX 函数）、"地区月气温最低值"行（利用 MIN 函数）的内容（均为数值型，保留小数点后 0 位）；设置 C2:H8 数据区域的列宽为 8 cm；利用条件格式中"3 个三角形"修饰 C3:H5 数据区域；计算北部地区、中部地区、南部地区第三季度和第四季度气温平均值，置于 K3:L5 数据区域内。

（2）选取 Sheet1 工作表 B2:H5 数据区域的内容建立"三维折线图"，图表标题为"地区平均气温统计图"，位于图表上方，图表主要纵坐标轴标题为"气温"（竖排标题），设置图例位于底部；将图表插入到当前工作表的 A10:H24 数据区域内，将 Sheet1 工作表命名为"地区平均气温统计表"。

（3）选择"图书销售统计表"工作表，对工作表"图书销售工作表"内数据清单的内容建立数据透视表，按行标签为"图书类别"，列标签为"经销部门"，数值为"销售额（元）"求和布局，并置于现工作表的 I5:N11 数据区域，保存 EXCEL4.XLSX 工作簿。

5. 打开 EXCEL5.XLSX 工作簿文件，按照下列要求完成对此表格的操作并保存。

（1）选择 Sheet1 工作表，将 A1:E1 数据区域合并为一个单元格，内容居中对齐；计算"合计"列置于 E3:E24 数据区域（利用 SUM 函数，数值型，保留小数点后 0 位）；计算"高工""工程师""助工"职称的人数置于 H3:H5 数据区域（利用 COUNTIF 函数），计算人数总计置于 H6 单元格；计算各工资范围的人数置于 H9:H12 数据区域（利用 COUNTIF 函数），计算每个区域人数占人员总人数的百分比置于 I9:I12 数据区域（百分比型，保留小数点后 2 位）；利用条件格式将 E3:E24 数据区域高于平均值的单元格设置为"绿填充色深绿色文本"样式、低于平均值的单元格设置为"浅红色填充"样式。

（2）选取 Sheet1 工作表中"工资合计范围"列（G8:G12）和"所占百分比"列（I8:I12）数据区域的内容建立"三维簇状柱形图"，图表标题为"工资统计图"，删除图例，为图添加模拟运算表；设置图表背景墙为"橄榄色，个性色 3，淡色 80%"纯色填充；将图表插入到当前工作表的 G15:M30 数据区域内，将 Sheet1 工作表命名为"工资统计表"。

（3）选择"图书销售统计表"工作表，对工作表内数据清单的内容按主要关键字"经销部门"的升序和次要关键字"图书类别"的降序进行排序；对排序后的数据进行筛选，条件为：第 1 分部和第 3 分部、销售额排名小于 20，保存 EXCEL5.XLSX 工作簿。

6. 打开 EXCEL6.XLSX 工作簿文件，按照下列要求完成对此表格的操作并保存。

（1）将 Sheet1 工作表的 A1:H1 数据区域合并为一个单元格，文字居中对齐；计算"第一季度销售额（元）"列的内容（数值型，保留小数点后 0 位），计算各产品的总销售额，置 G15 单元格内（数值型，保留小数点后 0 位），计算各产品销售额排名（利用 RANK.EQ 函数，降序），置 H3:H14 数据区域；计算各类别产品销售额（利用 SUMIF 函数）置 J5:J7 数据区域，计算各类别产品销售额占总销售额的比例，置"所占比例"列（百分比型，保留小数点后 2 位）。

（2）选取"产品型号"列（A2:A14）和"第一季度销售额（元）"列（G2:G14）数据区域的内容建立"三维簇状柱形图"，图表标题位于图表上方，图表标题为"产品第一季度销售统计图"，删除图例，设置数据系列格式为纯色填充"橄榄色，个性色 3，深色 25%"；将图插入到表 A16:F36 数据区域，将工作表命名为"产品第一季度销售统计表"。

（3）对工作表"产品销售情况表"内数据清单的内容按主要关键字"季度"的升序和次要关键字"产品名称"的降序进行排序，完成对各季度、按产品名称销售额总和的分类汇总，汇总结果显示在数据下方，保存 EXCEL6.XLSX 文件。

第 5 章
PowerPoint 2016 的使用

PowerPoint 2016 版本新增了一些实用的功能：

1）使用"操作说明搜索"框

在 PowerPoint 2016 功能区上有一个搜索框"告诉我您想要做什么"，这是一个文本字段，可以在其中输入想要执行的功能或操作，非常人性化。

2）彩色、深灰色和白色 Office 主题

有四个可应用于 PowerPoint 的 Office 主题：彩色、深灰色、黑色和白色。单击"文件"中"更多"下的账户，然后单击"Office 主题"旁边的下拉菜单进行设置。

3）屏幕录制

在"插入"选项卡下的"媒体"组中，单击"屏幕录制"按钮，录制计算机屏幕和相关音频，并将其直接插入到演示文稿中。

4）墨迹公式

在"插入"选项卡的"符号"组中，单击"公式"下的"墨迹公式"，可以手动输入复杂的数学公式。如果拥有触摸设备，则可以使用手指或触摸笔手动写入数学公式，PowerPoint 2016 会将它转换为文本。可以在进行过程中擦除、选择以及更正所写入的内容。

通过本章的学习，应掌握：

（1）演示文稿的创建、打开、关闭与保存。

（2）演示文稿视图的使用，幻灯片版式的选择，添加、移动、复制和删除幻灯片。

（3）幻灯片基本制作（文本、图片、形状、艺术字、表格和 SmartArt 图形）。

（4）演示文稿主题的选择和幻灯片背景设计。

（5）演示文稿放映效果设计（动画、切换、超链接和放映方式）。

（6）演示文稿的打包和打印。

5.1 PowerPoint 2016基础

5.1.1 PowerPoint 2016启动与退出

1. 启动 PowerPoint 2016

启动 PowerPoint 2016 的方法多种，常用的启动方法有以下四种：

（1）从桌面左下角的 Windows"开始"菜单启动：单击屏幕左侧"开始"按钮，单击"PowerPoint"软件。

（2）从"任务栏"启动：单击屏幕左侧"开始"按钮，右击"PowerPoint"软件，在弹出的快捷菜单中单击"更多"命令，级联菜单中单击"固定到任务栏"命令。这样每次启动 PowerPoint 2016，可以直接从"开始"按钮右侧的"任务栏"启动，方便快捷。

（3）如果桌面创建 PowerPoint 2016 应用程序快捷方式图标，可以双击它，启动 PowerPoint 2016。

（4）如果计算机中有已创建的 PowerPoint 文档文件（文件扩展名为.pptx），可通过资源管理器找到该文件，双击该文件即可打开。

2. 退出 PowerPoint 2016

要退出 PowerPoint 2016，只需单击"关闭"按钮✕即可。如果演示文稿已经被修改，PowerPoint 会提示用户退出前是否要保存。

5.1.2 PowerPoint 2016窗口

PowerPoint 程序窗口主要由标题栏、快速访问工具栏、选项卡、编辑工作区、幻灯片/大纲编辑区、备注窗格和状态栏等几个部分构成，如图 5-1 所示。

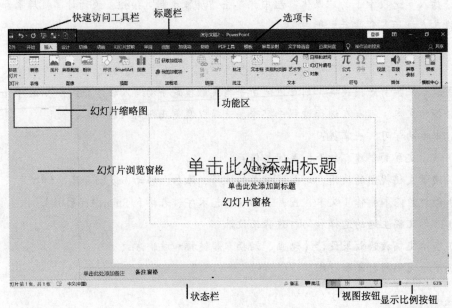

图5-1 PowerPoint 2016窗口组成

1. 标题栏

显示正在使用的演示文稿名称、程序名称及窗口控制按钮等。

2. 快速访问工具栏

快速访问工具栏位于 PowerPoint 2016 工作界面的左上角，由最常用的工具按钮组成。如"保存"按钮、"撤销"按钮和"恢复"按钮等。单击快速访问工具栏上的按钮，可以快速实现相应的功能。用户也可以添加自己的常用命令到快速访问工具栏。

3. 选项卡

选项卡通常有"文件""开始""插入""设计"等 9 个常用的选项卡，不同选项卡包含不同的组，方便操作。有的选项卡在某种特定情况下会自动显示，提供相应按钮，一般称为上下文选项卡。例如，在幻灯片中插入艺术字的情况下会显示"绘图工具–格式"选项卡。

4. 功能区

功能区用于显示与选项卡相对应的按钮。一般系统对各种按钮分组显示。

5. 演示文稿编辑区

功能区下方的演示文稿编辑区分为 3 个部分：左侧为幻灯片浏览窗格，右侧上方是幻灯片窗格，右侧下方是备注窗格。通过调整窗格之间的分隔线可以调整各窗格的大小，如图 5-2 所示。

图5-2　调整窗格的大小

1）幻灯片浏览窗格

幻灯片浏览窗格显示各幻灯片缩略图，单击某幻灯片缩略图，将立即在幻灯片窗格中显示该幻灯片。通过幻灯片浏览窗格可以重新排列、添加或删除幻灯片。

2）幻灯片窗格

幻灯片窗格位于 PowerPoint 2016 工作界面的中间，用于显示和编辑当前的幻灯片。可以直接在虚线边框标识占位符中键入文本或插入图片、图表和其他对象。

3）备注窗格

备注窗格是在普通视图中显示的用于输入关于当前幻灯片的备注。

6. 视图按钮

视图是当前演示文稿的显示方式。通过视图按钮，可以根据自己的要求更改正在编辑的演示文稿的显示模式。视图按钮有："普通视图"按钮、"灯片浏览视图"按钮、"阅读视图"按钮和"幻灯片放映视图"按钮，如图 5-3 所示。

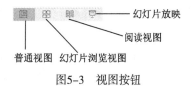

图5-3　视图按钮

7. 显示比例

更改正在编辑的演示文稿的缩放设置。

8. 状态栏

状态栏位于当前窗口的最下方，用于显示当前幻灯片的序号、当前演示文稿幻灯片的总数、视图按钮组、显示比例和调节页面显示比例的控制块等。其中，单击不同的视图按钮可以在视图中进行相应的切换。

5.1.3 打开与关闭演示文稿

1. 打开演示文稿

要编辑或放映演示文稿，必须先打开它。打开演示文稿的方法有几种：

1）使用"文件"选项卡中的"打开"命令

打开 PowerPoint 2016 后，可以使用"文件"选项卡中的"打开"命令打开演示文稿。单击"文件"选项卡中的"打开"命令，在"打开"对话框中，选中要打开的演示文稿，单击"打开"按钮，所选演示文稿文件即可打开。

> **ⓘ提示**
>
> 在演示文稿"打开"对话框中，单击"打开"按钮右侧的下拉箭头，可以选择演示文稿的打开方式，如图5-4所示。
>
> "以只读方式"打开的演示文稿只能浏览、不允许修改。若修改则只能以其他文件名保存。"以副本方式"打开的演示文稿，对副本的修改不会影响原演示文稿。

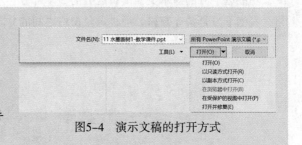

图5-4　演示文稿的打开方式

2）通过资源管理器打开演示文稿

打开资源管理器，找到演示文稿，双击该文件，出现 PowerPoint 启动屏幕，并显示演示文稿。

3）从"最近所用文件"中打开演示文稿

单击"文件"选项卡上的"最近所用文件"命令，从"最近使用的演示文稿"列表中单击要打开的演示文稿。

2. 关闭演示文稿

演示文稿编辑完成后，若不再需要对演示文稿进行其他的操作，可将其关闭。关闭演示文稿的常用方法有以下几种。

1）通过命令关闭

在打开的演示文稿中选择"文件"选项卡中的"关闭"命令，可关闭当前演示文稿，但是不退出 PowerPoint。

2）单击"关闭"按钮

单击 PowerPoint 2016 工作界面标题栏右上角的 ✕ 按钮，可关闭演示文稿并退出 PowerPoint 程序。

3）通过快捷菜单关闭

在 PowerPoint 2016 工作界面标题栏上右击，在弹出的快捷菜单中选择"关闭"命令。

提示

关闭 PowerPoint 时，如果编辑的演示文稿的内容还没有进行保存，将打开信息提示对话框。在其中单击"保存"按钮，保存对文档的修改并退出 PowerPoint 2016；单击"不保存"按钮将不保存对文档的修改并退出 PowerPoint 2016；单击"取消"按钮，可返回 PowerPoint 继续编辑。

5.2 制作演示文稿

5.2.1 创建演示文稿

创建演示文稿主要有如下几种方式：创建空白演示文稿、根据主题或模板创建演示文稿。模板是一个演示文稿的样板，它包含了幻灯片的背景颜色、背景图案、主题和各部分文字的格式等外观设置。若要使演示文稿具有统一和较高质量的外观、匹配背景、字体和效果协调的幻灯片版式，将需要应用一个主题。同时可以通过使用主题功能来快速美化和统一演示文稿中每一张幻灯片的风格。

1. 创建空白演示文稿

启动 PowerPoint 2016 后，选择"文件"选项卡中的"新建"命令，在"新建"栏下单击"空白演示文稿"图标，即可创建一个空白演示文稿。

2. 用主题（模板）创建演示文稿

启动 PowerPoint 2016 后，选择"文件"选项卡中的"新建"命令，在"新建"栏下列出了多种 PowerPoint 2016 的主题（模板）样式，可从中进行选择。例如，选择"平面"模板，PowerPoint 会显示模板的信息，并且有颜色供选择，如图 5-5 所示。

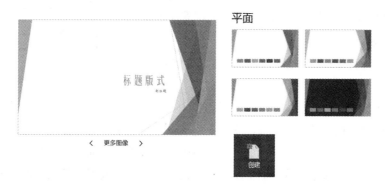

图5-5　主题选择

在联网情况下，可以联网搜索模板和主题，例如，搜索"儿童游戏"，可创建"儿童游戏指导演示文稿"，如图 5-6 所示。

图5-6 "儿童游戏指导演示文稿"设计

5.2.2 编辑幻灯片中的文本信息

在 PowerPoint 2016 中，输入文本的具体操作方法有几种。在"文本占位符"中输入文本是最基本、最方便的一种输入方式。幻灯片中"文本占位符"的位置是固定的，如果想在幻灯片的其他位置输入文本，可以通过绘制一个新的文本框来实现。

1. 输入文本

1）将文本添加到占位符中

演示文稿中每张幻灯片中都有一些虚线框，这些虚线框即为占位符。通过占位符可以输入文字、插入对象等信息。若要在幻灯片上的文本占位符中添加文本，单击占位符，光标出现在占位符中，此时占位符处于文本编辑状态。在编辑状态下可进行文本的输入、编辑等操作。

2）将文本添加到文本框中

若要在幻灯片的某一特定位置输入文本，可以通过占位符的复制粘贴来实现，也可以通过插入文本框来实现文本的输入。使用文本框可将文本放置在幻灯片上的任何位置，若要添加文本框并向其中添加文本，打开演示文稿，在"插入"选项卡的"文本"组中，单击"文本框"下拉按钮，选择"横排文本框"或"竖排文本框"命令，将鼠标移到需要放置文本框的位置，按下鼠标左键拖动到适当的位置后释放，就完成文本框绘制。绘制完文本框后，文本框处于文本编辑状态，可以向其中输入或粘贴文本，如图 5-7 所示。

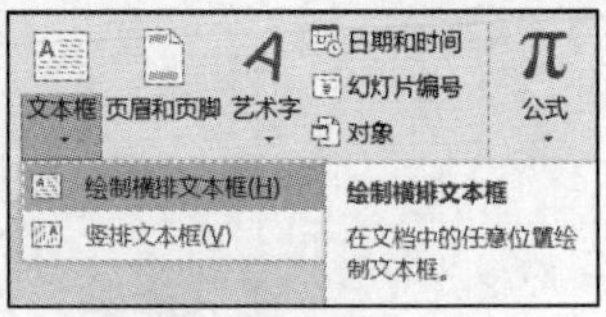

2. 选择文本

要对某文本进行编辑，必须先选择该文本。选择文本的操作方法如下：

图5-7 绘制文本框

打开演示文稿，在要选择文本的左侧单击，出现一个闪烁的竖线状光标，按住鼠标左键在要选择的文本上拖动，选中文本呈反相显示状态，当所需文本全部选中时，释放鼠标左键。如果选择的文本是一个词组或英文单词，可以在这个词组或英文单词内的任意位置双击；如果要选择的文本是一个段落，在这个段落的任意位置用鼠标快速三次单击。

3. 复制文本

当用户需要重复使用一些文本时，可以对已有的文本进行复制。当复制的文本较长或次数较多时，效果会更好。具体的操作方法如下：

打开演示文稿，选中要复制的文本；执行"开始"选项卡中的"复制"命令，或使用快捷键【Ctrl+C】，还可以通过右击在快捷菜单中选择"复制"命令，这三种方法都可以将要复制的文本内容复制到内存的剪贴板中；在需要粘贴文本的地方单击，执行"开始"选项卡中的"粘贴"命令，或使用快捷键【Ctrl+V】，还可以通过右击在快捷菜单中选择"粘贴"命令，这三种方法都可以在指定位置粘贴所需要的文本内容。

4．移动文本

打开演示文稿，选中要移动的文本；执行"开始"选项卡中的"剪切"命令，或使用快捷键【Ctrl+X】，还可以通过右击在快捷菜单中选择"剪切"命令；在目标位置单击，执行"开始"选项卡中的"粘贴"命令，或使用快捷键【Ctrl+V】，还可以通过右击在快捷菜单中选择"粘贴"命令。

5．删除文本

如果输入了错误的文本或一些文本内容不再需要时，需要使用删除文本操作，具体方法如下：选中要删除的文本；按键盘上的【Delete】键，即可删除选中的文本。

5.2.3　添加、删除、复制和移动幻灯片

1．选择幻灯片

在幻灯片中输入内容之前，首先要掌握选择幻灯片的方法。根据实际情况不同，选择幻灯片的方法也有所区别，主要有以下几种：

1）选择单张幻灯片

在幻灯片浏览窗格或幻灯片浏览视图中，单击幻灯片缩略图，可选择单张幻灯片。

2）选择多张连续的幻灯片

在幻灯片浏览窗格或幻灯片浏览视图中，单击要连续选择的第 1 张幻灯片，按住【Shift】键不放，再单击需选择的最后一张幻灯片，释放【Shift】键后两张幻灯片之间的所有幻灯片均被选择。

3）选择多张不连续的幻灯片

在幻灯片浏览窗格或幻灯片浏览视图中，单击要选择的第 1 张幻灯片，按住【Ctrl】键不放，再依次单击需选择的幻灯片，可选择多张不连续的幻灯片。

4）选择全部幻灯片

在幻灯片浏览窗格或幻灯片浏览视图中，按【Ctrl+A】组合键，可选择当前演示文稿中所有的幻灯片。

2．插入幻灯片

打开演示文稿后，在状态栏上单击"幻灯片浏览"按钮，切换到幻灯片浏览视图，在要插入新幻灯片的位置单击，在两张幻灯片之间出现一条红线。在"开始"选项卡下的"幻灯片"组中，单击"新建幻灯片"按钮，在下拉列表中选择一种幻灯片版式，在两张幻灯片之间插入一张选定版式的新幻灯片。幻灯片浏览视图中插入幻灯片的优点是，浏览视图中可以更清楚、

方便地选择要新建的新幻灯片的位置，如图 5-8 所示。

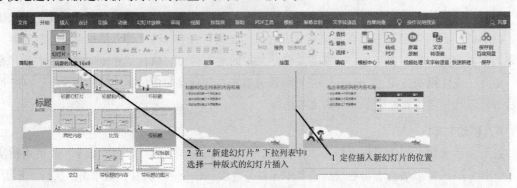

图5-8　插入新幻灯片

💡提示

打开演示文稿后，在状态栏上单击"普通视图"按钮，切换到普通视图，在幻灯片浏览窗格中，选定一张幻灯片，按【Enter】键或者按【Ctrl+M】组合键，可在选中幻灯片下方快速添加一张与所选幻灯片版式相同的空白幻灯片。

3. 删除幻灯片

方法一：选中要删除的一张或多张幻灯片，按【Delete】键。

方法二：选中要删除的一张或多张幻灯片，右击在弹出的快捷菜单中选择"删除幻灯片"命令。

方法三：选中要删除的一张或多张幻灯片，右击在弹出的快捷菜单中选择"剪切"命令，也可以删除幻灯片。如果误删除了某张幻灯片，可单击"快速访问工具栏"上的"撤销"按钮。

4. 移动幻灯片

方法一：打开演示文稿后，在状态栏上单击"幻灯片浏览"按钮，切换到幻灯片浏览视图，单击选中要移动的幻灯片，按住鼠标拖动幻灯片到需要的位置即可，如图 5-9 所示。

方法二：选中要移动的幻灯片，在"开始"选项卡下的"剪贴板"组中，单击"剪切"按钮，或按【Ctrl+X】组合键，或右击，在弹出的快捷菜单中选择"剪切"命令，再选中目标幻灯片，在"开始"选项卡下的"剪贴板"组中，单击"粘贴"按钮，或按【Ctrl+V】组合键，或右击，在弹出的快捷菜单中的"粘贴选项"中选择需要的粘贴方式，则所选幻灯片移动到目标幻灯片下方。

5. 复制幻灯片

方法一：选中要复制的幻灯片，在"开始"选项卡下的"幻灯片"组中，单击"新建幻灯片"旁边的下拉按钮，在下拉列表中选择"复制所选幻灯片"命令，复制的幻灯片出现在所选幻灯片下方。

图5-9　移动幻灯片

方法二：选中要复制的一张或者多张幻灯片，在"开始"选项卡的"剪贴板"组中，单击"复制"按钮，或按【Ctrl+C】组合键，再将插入点定位于要复制的位置，在"开始"选项卡的"剪贴板"组中，单击"粘贴"按钮，或按【Ctrl+V】组合键，即可完成复制操作。

6. 重用幻灯片

利用"重用幻灯片"功能，可以从幻灯片库或其他演示文稿中批量复制幻灯片。在"开始"选项卡下的"幻灯片"组中，单击"新建幻灯片"旁边的下拉按钮，在下拉列表中选择"重用幻灯片"命令，打开"重用幻灯片"窗格，如图 5-10 所示。在"重用幻灯片"窗格中通过"浏览"按钮选择打开源演示文稿，根据需要将选中的幻灯片添加到当前演示文稿中，若要保持要复制的幻灯片的当前格式，选择"保留源格式"复选框。如果清除此复选框，复制的幻灯片将采用插入位置前面的幻灯片的格式。

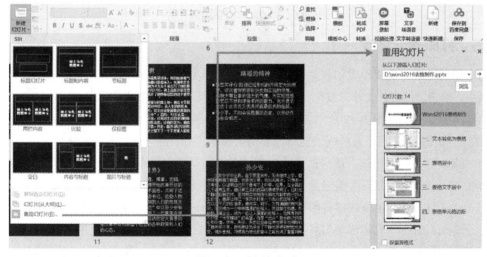

图5-10　重用幻灯片

5.2.4　保存演示文稿

在 PowerPoint 中退出时必须保存。保存时，演示文档将作为"文件"保存在计算机上。

1. 直接保存演示文稿

单击"文件"选项卡中"保存"命令；如果演示文稿是第一次保存，则会出现"另存为"对话框；对于只能在 PowerPoint 2016 打开的演示文稿，在"保存类型"列表中选择"PowerPoint 演示文稿(*.pptx)"。对于可在 PowerPoint 2016 或早期版本的 PowerPoint 中都能打开的演示文稿，选择"PowerPoint 97–2003 演示文稿（ *.ppt）"。在"另存为"对话框中，单击要保存演示文稿的文件夹或其他位置。在"文件名"文本框中，输入演示文稿的名称，或者使用默认文件名，然后单击"保存"按钮。演示文稿在保存过一次后，可以按下键盘上的【Ctrl+S】组合键或单击 PowerPoin 窗口顶部附近的"保存"按钮，可随时快速保存演示文稿。

2. 自动保存演示文稿

在制作演示文稿的过程中，为了减少不必要的损失，可为正在编辑的演示文稿设置定时保存。其方法是：选择"文件"选项卡中的"选项"命令，打开"PowerPoint 选项"对话框，选择"保存"选项卡，在"保存演示文稿"栏中进行设置，如图 5–11 所示。

图5–11 自动保存时间间隔设置

5.2.5 打印演示文稿

打印幻灯片前，先要设置幻灯片的大小和方向等相关参数。在"设计"选项卡下的"自定义"组中，单击"幻灯片大小"按钮，在下拉列表中选择"自定义幻灯片大小"命令，打开"幻灯片大小"对话框，如图 5–12 所示。

在"幻灯片大小"栏下方的列表框中设置幻灯片的尺寸，也可以自定义幻灯片大小，在"宽度"和"高度"文本框中输入所需的尺寸。在"方向"栏下方可设置幻灯片和备注、讲义和大纲打印的方向。通过"幻灯片编号起始值"右侧的微调框可设置幻灯片编号起始值。

单击"文件"选项卡下的"打印"命令，打开"打印"界面，可以对"打印机"、打印范围（"打印全部幻灯片"、"打印选定幻灯片"、"打印当前幻灯片"和"自定义范围"等）、"打印版式"（"整页幻灯片"和"讲义"等）、"颜色"（颜色、"灰度"和"纯黑白"）、纸张方向、打印份数等进行设置。讲义是指在一页纸上打印一张、两张、三张、四张、六张或九张幻灯片的缩略图，并可设置幻灯片在纸张上的布局，并且可以给幻灯片加框，如图 5–13 所示。

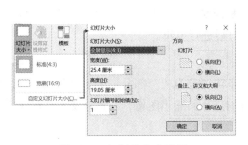

图5-12　幻灯片大小设置　　　　　　　　　图5-13　讲义幻灯片打印设置

5.3　演示文稿的显示视图

　　PowerPoint 可以提供多种显示演示文稿的方式，可以从不同角度有效管理演示文稿。这些演示文稿的不同显示方式称为视图。PowerPoint 中有五种视图：普通视图、幻灯片浏览视图、阅读视图、备注页视图、大纲视图。采用不同的视图会为某些操作带来方便，例如，在幻灯片浏览视图下因能显示更多幻灯片缩略图，移动多张幻灯片非常方便，而普通视图更适合编辑幻灯片内容。切换视图的常用方法有两种：采用功能区命令和单击视图按钮。

　　1）功能区命令

　　在"视图"选项卡下的"演示文稿视图"组中有"普通"视图、"幻灯片浏览"视图、"阅读视图"、"备注页"视图和"大纲视图"按钮供选择。单击相应按钮，即可切换到相应视图，如图 5-14 所示。

图5-14　切换视图

　　2）视图按钮

　　在 PowerPoint 窗口底部有四个视图按钮（"普通"视图、"幻灯片浏览"视图、"阅读"视图和"幻灯片放映"视图），单击视图按钮就可以切换到相应的视图。

1. 普通视图

　　普通视图是创建演示文稿的默认视图。在普通视图下，窗口由三个窗格组成：左侧的幻灯片浏览窗格、右侧上方的幻灯片窗格和右侧下方的备注窗格。可以同时显示演示文稿的幻灯片缩略、幻灯片和备注内容。

　　一般来说，普通视图下幻灯片窗格面积较大，但显示的三个窗格大小是可以调节的，通过拖动两部分之间的分界线即可。若将幻灯片窗格尽量调大，此时幻灯片上的细节一览无余，最适合编辑幻灯片，如插入对象、修改文本等。

2. 幻灯片浏览视图

在幻灯片浏览视图下，可以从整体上浏览所有幻灯片的效果，并可进行幻灯片的复制、移动、删除等操作。但此种视图中，不能直接编辑和修改幻灯片的内容，如果要修改幻灯片的内容，则可双击某个幻灯片，切换到幻灯片编辑窗口后进行编辑。

3. 备注页视图

备注页视图是系统提供用来编辑备注页的，备注页分为两个部分：上半部分是幻灯片的缩小图像，下半部分是文本预留区。可以一边观看幻灯片的缩小图像，一边在文本预留区内输入幻灯片的备注内容。

4. 阅读视图

在阅读视图下，只保留幻灯片窗格、标题栏和状态栏，其他编辑功能被屏蔽，目的是幻灯片制作完成后的简单放映浏览。通常是从当前幻灯片开始放映，单击可以切换到下一张幻灯片，直到放映最后一张幻灯片退出阅读视图。放映过程中随时可以按【Esc】键退出"阅读"视图，也可以单击状态栏右侧的其他视图按钮，退出阅读视图并切换到相应视图。

5. 大纲视图

大纲视图显示为由每张幻灯片中的标题和主文本组成的大纲。每个标题都显示在"幻灯片浏览"窗格的左侧，并显示幻灯片图标和幻灯片编号。主文本在幻灯片标题下缩进。

6. 幻灯片放映视图

创建演示文稿，其目的是向观众放映和演示。创建者通常会采用各种动画方案、放映方式和幻灯片切换方式等手段，以提高放映效果。在幻灯片放映视图下不能对幻灯片进行编辑，若不满意幻灯片效果，必须切换到普通视图等其他视图下进行编辑修改。

只有切换到幻灯片放映视图，才能全屏放映演示文稿。方法是：在"幻灯片放映"选项卡下的"开始放映幻灯片"组中，单击"从头开始"按钮，就可以从演示文稿的第一张幻灯片开始放映，也可以选择"从当前幻灯片开始"按钮，从当前幻灯片开始放映。另外，单击窗口底部"幻灯片放映"按钮，也可以从当前幻灯片始放映。

幻灯片放映视图下，单击可以从当前幻灯片切换到下一张幻灯片，直到放映完毕。在放映过程中，右击会弹出放映控制菜单，利用它可以改变放映顺序、即兴标注等。在 PowerPoint 2016 中提供了全新的控制按钮组，如图 5-15 所示，可方便完成幻灯片的放映。例如，■■这两个按钮可方便地进行上一页、下一页切换。

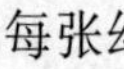

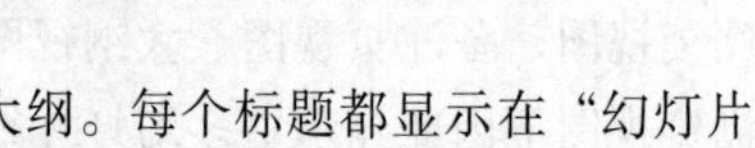

图5-15　幻灯片放映控制按钮组

7. 母版视图

母版视图包括幻灯片母版、讲义母版、备注母版。讲义母版：用于添加或修改在每页讲义中出现的页眉和页脚信息。备注母版：控制备注页的版式及备注文字的格式。幻灯片母版：控制标题和文本的格式与类型。使用母版视图的一个优点在于，在幻灯片母版、备注母版或讲义母版上，可以对与演示文稿关联的每个幻灯片、备注页或讲义的样式进行全局更改。

实践提高

在幻灯片母版窗口中可以添加一幅图片，可以实现基于幻灯片母版的幻灯片显示同样的图片，而不必每张幻灯片都重复插入图片操作，如图 5-16 所示。

图5-16　幻灯片母版设置

5.4　修饰幻灯片

5.4.1　设置文本和段落格式

1. 更改字体

选择文本，在"开始"选项卡下的"字体"组中，单击"字体"对话框启动器，弹出"字体"对话框。在此对话框中，可应用字体格式设置，例如字体、字号、粗体或斜体以及文字颜色，并且可以应用字体的特殊效果，如图 5-17 所示。

提示

在字体"大小"微调框中可以精确设置字号；在"下划线线型"下拉列表框中可以设置多种类型的下画线，并且可以设置下画线颜色。

若要自定义颜色，单击"字体"对话框中"字体颜色"下拉列表中的"其他颜色"命令，打开"颜色"对话框，在"自定义"选项卡中选择 RGB 颜色模式，分别输入红色、绿色、蓝色颜色分量，自定义字体颜色，如图 5-18 所示。

2. 文本对齐

对幻灯片中的多行文本，可像 Word 一样设置段落格式、添加项目符号等，使得文本整齐、美观。具体操作如下：打开演示文稿，选中要设置格式的一个或多个段落；单击"开始"选项卡中"段落"组的相应按钮，设置段落的格式。

3. 设置项目符号和编号

选中文本框或者占位符中的多个段落，在"开始"选项卡的"段落"组中设置项目符号和编号，单击"项目符号"按钮右侧的下拉箭头，在打开的列表中选择某种符号，也可以自定义项目符号，也可以自定义编号。段落组中"降低列表级别"和"提高列表级别"可以设置段落的文本级别，如图 5-19 所示。

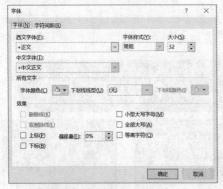

图5-17　字体设置　　　　　　　图5-18　字体自定义颜色

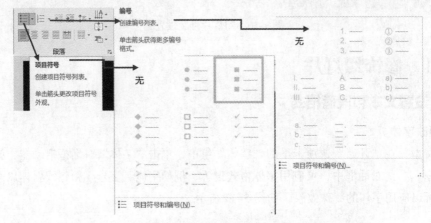

图5-19　设置项目符号和编号

5.4.2　更改幻灯片的版式

选择需要修改版式的幻灯片，在"开始"选项卡下的"幻灯片"组中，单击"版式"按钮，在下拉列表中选择所需的版式即可。也可在要更改版式的幻灯片空白处右击，在弹出的快捷菜单中选择"版式"命令，在其级联子菜单中选择所需的幻灯片版式，如图 5-20 所示。

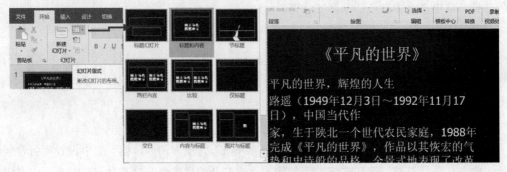

图5-20　更改幻灯片版式

5.4.3　应用主题

若要使演示文稿具有统一和较高质量的外观、匹配背景、字体和效果协调的幻灯片版式，将需要应用一个主题。同时可以通过使用主题功能来快速美化和统一演示文稿中每一张幻灯片的风格。在 PowerPoint 2016 中，利用内置主题或用户自定义主题，可以快速统一整个演示文稿的颜色、字体和效果格式。

在"设计"选项卡下的"主题"组中，单击"其他"按钮，打开主题样式库，将鼠标移动到某个主题上，可以实时预览相应的效果；单击某个主题，可以将该主题快速应用到当前演示文稿中；右击某个主题并在弹出的快捷菜单中选择"应用于所选幻灯片"命令，可以将该主题应用于所选幻灯片，如图 5-21 所示。

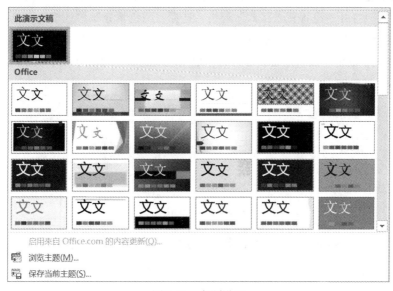

图5-21　主题设置

如果对内置主题样式中的颜色、字体和效果不满意，可以在"设计"选项卡下的"变体"组中，单击"颜色"、"字体"、"效果"和"背景样式"按钮进行修改或新建，如图 5-22 所示。

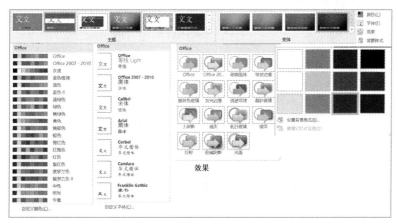

图5-22　主题修改

5.4.4 设置幻灯片背景

如果只希望幻灯片背景为简单的底纹或纹理，而不需要设计模板中的所有其他设计元素，则更改背景是有用的。或者，可能只希望更改背景以强调演示文稿的某些部分。除可更改颜色外，还可添加底纹、图案、纹理或图片。更改幻灯片背景时，可将更改应用于当前幻灯片或所有幻灯片。

1．背景颜色设置

1）纯色填充

纯色填充就是指采用一种颜色来设置幻灯片的背景，用户可以选择任意一种颜色来对幻灯片的背景进行填充，具体操作步骤如下：在"设计"选项卡下的"自定义"组中，单击"设置背景格式"按钮，打开"设置背景格式"窗格，选择"纯色填充"单选按钮，单击"颜色"下拉按钮，在下拉列表中选择背景填充颜色。如对系统预设的颜色不满意，可以单击"其他颜色"命令，自定义 RGB 颜色。如果要将设置的纯色填充应用到所有的幻灯片中，可以单击"应用到全部"按钮，如图 5-23 所示。

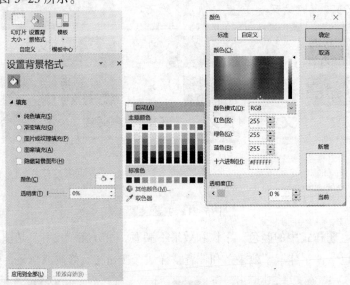

图5-23　背景纯色填充

2）渐变填充

渐变填充就是采用两种或两种以上的颜色进行背景设置，这样使背景样式更加多样化，色彩更加丰富。但是渐变填充也不要使用过多的颜色，否则会让人有眼花缭乱的感觉。在"设置背景格式"窗格中，选择"渐变填充"单选按钮，单击"预设渐变"右侧的下拉按钮，在系统预设的 30 种方案中可以选择一种渐变效果，如图 5-24 所示。

下面简单介绍渐变填充的效果选项：

（1）渐变"类型"列表。"类型"包括"线性"、"射线"、"矩形"、"路径"和"标题的阴影"。"线性"渐变的颜色是随着一条直线，从一边射向另外一边，包含有 8 种不同方向的渐变，如从左往右、从上到下、从左上到右下、从右上到左下等。"射线"渐变的颜色渐变形状是圆形，它包含有 5 种不同方向的渐变。

（2）渐变方向。如果选择"线性"、"射线"、"矩形"，则可以调整渐变的方向。如果选择"矩形"渐变，则可以选择 6 个渐变方向，如"从中心"等（见图 5-25）。

图5-24　系统预设渐变

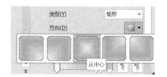

图5-25　渐变"类型"方向

（3）渐变光圈

光圈就是渐变色开始的颜色。选中某一个光圈后，单击"颜色"下拉按钮，选择一种颜色来改变渐变颜色。单击无光圈色条处可添加一个光圈，或单击"添加渐变光圈"按钮添加。不需要某个光圈，选中后单击"删除渐变光圈"按钮。左键按住光圈左右拖动可调整颜色显示范围的大小，可根据预览情况进行调整，如图 5-26 所示。通过位置、透明度、亮度可以对光圈可以进行精确的设置。

图5-26　设置渐变光圈

如果要将设置的渐变填充应用到所有的幻灯片中，可以单击"全部应用"按钮。若单击"重置背景"按钮，则撤销本次设置，恢复设置前的状态。

2. 图案设置

在"设计"选项卡下的"自定义"组中，单击"设置背景格式"按钮，打开"设置背景格式"窗格，选择"图案填充"单选按钮，在打开的图案列表中选择所需图案。单击"前景"右侧的下拉按钮，从下拉列表中选择图案的前景色；单击"背景"右侧的下拉按钮，从下拉列表中选择图案的背景色，如图 5-27 所示。

3. 图片或纹理设置

1）纹理设置

在"设计"选项卡下的"自定义"组中，单击"设置背景格式"按钮，打开"设置背景格式"窗格，选择"图片或纹理填充"单选按

图5-27　图案填充

钮，在打开的纹理列表中选择所需纹理，如图 5-28 所示。

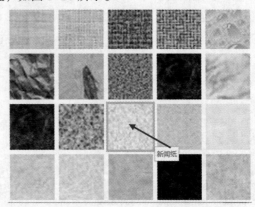

图5-28　纹理设置

2）图片设置

在"设计"选项卡下的"自定义"组中，单击"设置背景格式"
按钮，打开"设置背景格式"窗格，选择"图片或纹理填充"单选按
钮，在"图片源"下单击"插入"按钮，打开"插入图片"对话框，
选择所需图片插入。注意，如已设置主题，则设置的图片可能被主题
背景图形覆盖，可以选择"隐藏背景图形"忽略主题背景图形。

插入"图片"后，还可以将图片平铺为纹理，并且提供了相应的
选项进行设置，如图 5-29 所示。

图5-29　图片纹理设置

▌ 5.5　插入图片、形状和艺术字

5.5.1　插入图片和联机图片

一篇图文并茂的文档总比纯文本更美观、更具说服力。PowerPoint 允许用户将来自文件的
图片或联机图片插入文档中。

1. 插入图片

1）插入以文件形式存在的图片

打开要向其中添加图片的幻灯片，在"插入"选项卡上的"图像"组中，单击"图片"按
钮，插入图片来自选择"此设备"，打开"插入图片"对话框，选
择所需的图片插入。

注意：可以在占位符中单击"图片"图标，插入图片，如
图 5-30 所示。

2）插入联机图片

打开要向其中添加图片的幻灯片，在"插入"选项卡上的"图
像"组中，单击"图片"按钮，插入图片来自选择"联机图片"，
打开"插入文件"选择框，如图 5-31 所示。

图5-30　占位符插入图片

图5-31　插入联机图片

单击"必应图像搜索"项，输入要搜索的内容，如"平凡的世界思维导图"，下面的列表框中显示搜索到的全部图片，可以根据需要选择所需的图片插入，如图 5-32 所示。

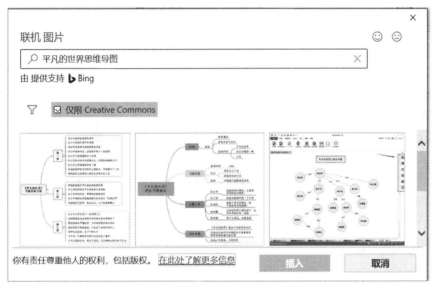

图5-32　搜索联机图片

> ℹ **提示**
>
> PowerPoint 2016 没有剪贴画库，可以使用"联机图片"命令查找和插入剪贴画。

2. 调整图片的大小和位置

插入的图片大小和位置可能不合适，可以用鼠标来调节图片的大小和位置。

调节图片大小的方法：选择图片，按下左键并拖动左右（上下）边框的控点可以在水平（垂直）方向缩放。若拖动四角之一的控点，会在水平和垂直两个方向同时进行缩放。

调节图片位置的方法：选择图片，鼠标指针移到图片上，按左键并拖动，可以将图片定位到目标位置。

也可以精确定义图片的大小和位置。首先选择图片，在"图片工具–格式"选项卡下的"大小"组中单击右下角的"大小和位置"指示器，出现"设置图片格式"窗格，在"大小"项下设置图片的高度和宽度，在"位置"下设置图片的位置，如图 5-33 所示。

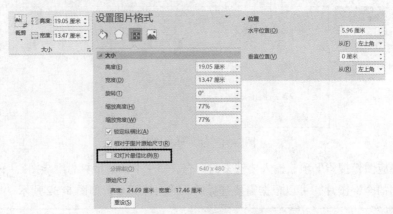

图5-33　设置图片的大小和位置

3．旋转图片

如果需要，也可以旋转图片。旋转图片能使图片按要求向不同方向倾斜，可以手动粗略旋转，也可以精确旋转指定角度。

1）手动旋转

单击要旋转的图片，图片四周出现控点，拖动上方旋转控点 ⚛ 即可随意旋转图片。

2）精确旋转

手动旋转图片操作简单易行，但不能将图片旋转角度精确到度数，例如：将图片逆时针旋转35°。可以利用设置图片格式功能实现精确旋转图片。具体操作步骤如下：

选中图片，在"图片工具-格式"选项卡下的"排列"组中单击"旋转"按钮，在下拉列表中选择"向右旋转90°"、"向左旋转90°"、"垂直翻转"和"水平翻转"等选项。

若要实现精确旋转图片，可以选择下拉列表中的"其他旋转选项"命令，打开"设置图片格式"窗格。在"旋转"微调框中输入要旋转的角度。正度数为顺时针旋转，负度数表示逆时针旋转，如图 5-34 所示。

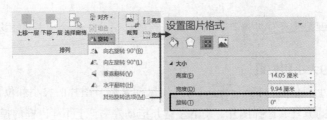

图5-34　设置图片精确旋转

4．设置图片样式

应用图片样式，使图片在演示文稿中显得非常醒目。图片样式是不同格式设置选项（如图片边框和图片效果）的组合，显示在"图片样式"库中的缩略图中。将指针放在缩略图上时，可以预先查看"图片样式"的外观，然后再应用这些样式。

单击要应用图片样式的图片；在"图片工具-格式"选项卡下的"图片样式"组中，单击所需的图片样式；若要查看更多的图片样式，请单击"其他"按钮 ，如图 5-35 所示。

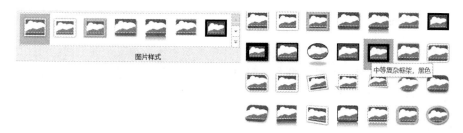

图5-35　设置图片样式

5. 设置图片效果

设置图片的阴影、映像、发光等特定视觉效果可以使图片更加美观真实，增强图片的感染力。系统提供 12 种预设效果，若不满意，还可自定义图片效果。

1）使用预设效果

选择要设置效果的图片，在"图片工具-格式"选项卡下的"图片样式"组中单击"图片效果"按钮，在出现的下拉列表中选择"预设"命令，显示 12 种预设效果，从中选择一种（如"预设 5"），如图 5-36 所示。

2）自定义图片效果

若对预设效果不满意，可对图片的阴影、映像、发光、

图5-36　图片预设效果设置

柔化边缘、棱台、三维旋转等六个方面进行适当设置，以达到满意的图片效果。

以设置图片三维旋转效果为例，说明自定义图片效果的方法，其他效果设置类似。

首先选择要设置效果的图片，在"图片工具-格式"选项卡下的"图片样式"组中单击"图片效果"按钮，在下拉列表中选择"三维旋转"命令，在级联菜单中选择"透视-宽松"。通过设置，图片效果发生很大变化，如图 5-37 所示。

根据需要，可以调整图片的版式，如图 5-38 所示。

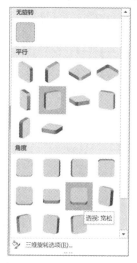

图5-37　图片三维效果设置

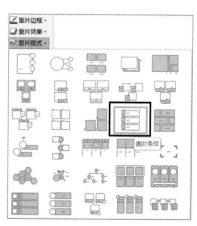

图5-38　图片版式设置

5.5.2 插入形状

在演示文稿中可以添加一个形状，或者合并多个形状生成更为复杂的形状。可用的形状包括：线条、基本形状、箭头、公式形状、流程图形状、星、旗帜、标注和动作按钮。添加一个或多个形状后，可以在其中添加文字、项目符号、编号和快速样式。

1. 添加形状

在"开始"选项卡下的"绘图"组中，在"形状"下拉列表中选择一种形状，单击幻灯片中的任意位置，然后拖动以放置形状。要创建直线、正方形或圆形，在拖动的同时按住键盘上的【Shift】键。

注意，按住【Shift】键，可以画特定方向的直线，如画0°、45°、90°等直线。

2. 向形状中添加文本

单击要向其中添加文字的形状，然后输入文字。注意：添加的文字将成为形状的一部分；如果旋转或翻转形状，形状中文字也会随之旋转或翻转。

3. 移动或复制形状

移动和复制形状的操作是类似的：单击要移动（复制）的形状，其周围出现控点，表示被选中。鼠标指针移到形状边框或其内部，使鼠标指针变成十字形状，拖动鼠标到目标位置，则该形状移动到目标位置。如果在拖动鼠标的同时按住【Ctrl】键，则将形状复制到目标位置。

4. 旋转形状

与图片一样，形状也可以按照需要进行旋转操作。可以手动粗略旋转，也可以精确旋转指定角度。单击要旋转的形状，形状四周出现控点，拖动顶端的旋转手柄控点即可随意旋转形状。

实现精确旋转形状的方法：单击形状，在"绘图工具–格式"选项卡下的"排列"组单击"旋转"按钮，在下拉列表中选择"向右旋转90°""向左旋转90°"。也可以选择"垂直翻转"或"水平翻转"。

若要实现其他角度旋转形状，可以选择下拉列表中的"其他旋转选项"命令，打开"设置形状格式"窗格，在"旋转"栏输入要旋转的角度。例如，输入负值，表示逆时针旋转；输入正值，表示顺时针旋转。

5. 更改形状

选择要更改的形状，在"绘图工具–格式"选项卡下的"插入形状"组单击"编辑形状"按钮，在形状列表中单击要更改成的目标形状。

6. 组合形状

有时需要将几个形状作为整体进行移动、复制或改变大小。把多个形状组合成一个形状，称为形状的组合；将组合形状恢复为组合前状态，称为取消组合。组合多个形状的方法如下：

选择要组合的各形状，即按住【Shift】键并依次单击要组合的每个形状，每个形状周围出现控点。在"绘图工具–格式"选项卡下的"排列"组中，单击"组合"按钮，出现的下拉列表中选择"组合"命令。此时，这些形状已经成为一个整体。组合形状是一个整体，只有一个边框。组合形状可以作为一个整体进行移动、复制和改变大小等操作。

如果想取消组合，则首先选中组合形状，在"绘图工具-格式"选项卡下的"排列"组中，单击"组合"按钮，出现的下拉列表中选择"取消组合"命令。组合形状又恢复为组合前的几个独立形状。

7．格式化形状

形状样式是在"形状样式"组中的"形状样式"库中以缩略图显示的不同格式选项的组合。将指针置于某个形状样式缩略图上时，可以看到"形状样式"对形状的影响。在"绘图工具-格式"选项卡下的"形状样式"组中，单击所需的形状样式。若要查看更多的形状样式，单击"其他"按钮，如图5-39所示。

ⓘ 提示

"形状填充"可以设置封闭形状的填充色和填充效果；"形状轮廓"可以设置自定义形状线条的线型和颜色；"形状效果"可以使用系统预设效果，也可以对形状的阴影、映像、发光、柔化边缘、棱台、三维旋转进行必要的设置，达到满意的形状效果。

8．动作按钮

在"插入"选项卡的"插图"组中，单击"形状"下拉按钮，在下拉列表中选择"动作按钮"组中一个合适的按钮，不同形状的"动作按钮"有不同的动作含义，如图5-40所示。

图5-39　格式化形状设置

图5-40　动作按钮设置

在幻灯片中按住鼠标拖动将选中的"动作按钮"图标插入到幻灯片中。在自动打开的"操作设置"对话框中，通过"单击鼠标"或"鼠标悬停"选项卡，对鼠标"单击鼠标时的动作"或"鼠标移过时的动作"进行设置，在"动作设置"对话框，可以设置"超链接到"、"运行程序"、"运行宏"和"对象动作"四个选项。还可以对"播放声音"进行设置，并可以选择对象是否"单击时突出显示"。如果为对象设置了"单击鼠标"的动作为"超链接到"，则当单击此对象时，会自动打开超链接的内容，如图5-41所示。

图5-41　动作按钮链接设置

5.5.3　插入艺术字

为了美化演示文稿，除了可以在其中插入图片或形状外，还可以使用具有多种特殊效果的艺术字，为文字添加艺术效果，满足用户的需求。

1. 创建艺术字

打开演示文稿，在"插入"选项卡下的"文本"组中单击"艺术字"按钮，在弹出的列表框中选择相应艺术字样式，如图 5-42 所示。

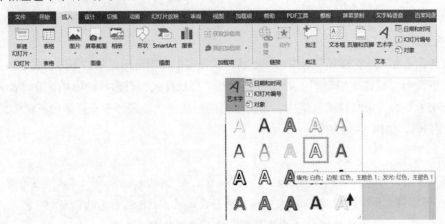

图5-42 插入艺术字

幻灯片中显示提示信息"请在此放置您的文字"，将鼠标移至艺术字文本框的边框上，单击并拖曳，至合适位置后释放鼠标，调整文本框位置。在文本框中选择提示文字，按【Delete】键将其删除，然后输入相应文字。创建艺术字后，可以选中艺术字内容，在"开始"选项卡中设置艺术字的字体、字号等属性。

2. 修饰艺术字的效果

在幻灯片中选择需要编辑的艺术字，在"绘图工具–格式"选项卡下的"艺术字样式"组中，可以根据需要设置艺术字的文本填充、文本轮廓和文本效果等，如图 5-43 所示。

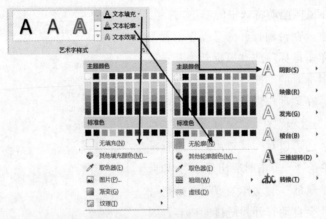

图5-43 修饰艺术字

如果要设置艺术字的大小和位置，在"绘图工具–格式"选项卡下的"大小"组中，单击"大小和位置"对话框启动器，打开"设置形状格式"窗格，在"大小"栏中设置艺术字的大小，在"位置"栏下可以精确定位艺术字。在"文本框"栏中可设置"垂直对齐方式"和"文字方向"等，如图 5-44 所示。

如果将幻灯片中已经存在的普通文本转换成艺术字，首先选择文本，在"绘图工具"的"格式"选项卡下的"艺术字样式"组中，单击"其他"，在打开的艺术字样式列表框中选择一种样式即可。

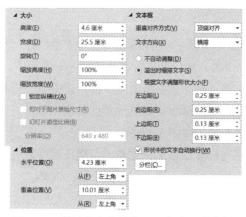

图5-44 设置艺术字的位置、大小和文本框

5.6 插入表格

在灯片中除了文本、形状、图片外，还可以插入表格等对象，使演示文稿的表达方式更加丰富多彩。

5.6.1 创建表格

创建表格的方法有两种：利用功能区命令或者内容区占位符创建。打开演示文稿，定位到要插入表格的幻灯片，在"插入"选项卡的"表格"组中，单击"表格"按钮，在弹出的下拉列表中单击"插入表格"命令，打开"插入表格"对话框，输入要插入表格的行数和列数，单击"确定"按钮，出现一个指定行列的表格，拖动表格的控点可以改变表格的大小，拖动表格边框可以定位表格。

行列较少的小型表格也可以快速生成，方法是在"插入"选项卡的"表格"组中，单击"表格"按钮，在弹出的下拉列表中顶部的示意表格中拖动鼠标，顶部显示当前表格的行列数（如5×3表格），同时幻灯片中也同步出现相应行列的表格，直到显示满意行列再单击，则快速插入相应行列的表格。

创建表格后，光标在左上角第一个单元格中时就可以向表格输入内容了。单击某单元格，出现插入点光标，在该单元格中输入内容。直到完成全部单元格内容的输入。

📢 提示

在某些版式的幻灯片中，如两栏内容，占位符中提供了插入表格的图标，单击"表格"图标，打开"插入表格"对话框，输入行数和列数，也可快速插入表格，如图 5-45 所示。

图5-45 占位符表格图标插入表格

5.6.2 编辑表格

表格制作完成后，若不满意，可以编辑修改，例如，修改单元格的内容，设置文本对齐方式，调整表格大小和行高、列宽，插入和删除行（列）、合并与拆分单元格等。

1. 选择表格对象

编辑表格前，必须先选择要编辑的表格对象，如整个表格、行（列）、单元格、单元格范围等。

选择整个表格、行（列）的方法：光标放在表格的任一单元格，在"表格工具–布局"选项卡下的"表"组中单击"选择"按钮，在出现的下拉列表中有"选择表格"、"选择列"和"选择行"命令，若单击"选择表格"命令，即可选择该表格。若单击"选择行"或"选择列"命令，则光标所在行（列）被选中，如图5-46所示。

选择单元格的方法：将光标移至单元格左侧，等待出现指向右上方的黑箭头时单击，可以选择单元格。若要选择连续的多个单元格，直接拖动鼠标选择。

2. 设置单元格文本对齐方式

在"表格工具–布局"选项卡下的"对齐方式"组中提供了多个对齐方式按钮，上面三个按钮分别是文本水平方向的"左对齐"、"居中"和"右对齐"。下面三个按钮分别是文本垂直方向的"顶端对齐"、"垂直居中"和"底端对齐"，如图5-47所示。

图5-46　选择表格对象

图5-47　单元格文本对齐

3. 设置表格大小及行高、列宽

调整表格、行高列宽有两种方法：拖动鼠标设定和精确设定法。

1）拖动鼠标法

选择表格，表格四周出现 8 个控点，鼠标移至控点出现双向箭头时沿箭头方向拖动，即可改变表格大小。水平（垂直）方向拖动改变表格宽度（高度），在表格四角拖动控点，则等比例缩放表格的宽和高。

2）精确设定法

单击表格内任意单元格，在"表格工具–布局"选项卡下的"表格尺寸"组可以输入表格的宽度和高度数值，若选择"锁定纵横比"复选框，则保证按比例缩放表格。

ⓘ 提示

单击表格内单元格，在"表格工具-布局"选项卡下的"单元格大小"组中输入行高和列宽的数值，可以精确设定当前选定单元格所在行的行高或者所在列的列宽，如图 5-48 所示。若要统一多行或多列的尺寸，选中要统一其尺寸的行或列，单击"单元格大小"组中的"分布行"按钮或"分布列"按钮。

高度：3.63 厘米	高度：2.6 厘米	分布行
宽度：13.02 厘米	宽度：1.5 厘米	分布列
锁定纵横比		
表格尺寸	单元格大小	

图5-48　设置表格的大小和行高、列宽

4. 插入表格行和列

若表格行或列不够用时，可以在指定位置插入空行或空列。首先将光标置于某行的任意单元格中，在"表格工具–布局"选项卡下的"行和列"组中，单击"在上方插入"或者"在下方插入"按钮，即可在当前行的上方或者下方插入一个空行。同样的方法，单击"在左侧插入"或者"在右侧插入"按钮可以在当前列的左侧或者右侧插入一个空列，如图5-49所示。

5. 删除表格行、列和整个表格

若某些表格行（列）已经无用时，可以将其删除。将光标置于被删行（列）的任意单元格中，在"表格工具–布局"选项卡下的"行和列"组中，单击"删除"按钮，在出现的下拉列表中选择"删除行"或者"删除列"命令，则该行或列被删除。若选择"删除表格"命令，则光标所在的整个表格被删除，如图5-50所示。

图5-49 插入行和列

图5-50 删除行、列和表格

6. 合并和拆分单元格

合并单元格是指将若干相邻单元格合并为一个单元格，合并后的单元格宽度（高度）是被合并的单元格宽度（高度）之和。而拆分单元格是指将一个单元格拆分为多个单元格。

合并单元格的方法：选择相邻要合并的所有单元格，在"表格工具–布局"选项卡下的"合并"组中，单击"合并单元格"按钮，则所选单元格合并为一个大单元格。

拆分单元格的方法：选择要拆分的单元格，在"表格工具–布局"选项卡下的"合并"组中，单击"拆分单元格"按钮，打开"拆分单元格"对话框，在对话框中输入行数和列数，即可将单元格拆分为指定行列数的多个单元格，如图5-51所示。

图5-51 合并和拆分单元格

> ⓘ **提示**
>
> 合并单元格时，多个单元格的文本将会在一个单元格内分行显示。

5.6.3 设置表格格式

1. 套用表格样式

将光标置于表格的任意单元格中，在"表格工具–设计"选项卡下的"表格样式"组中，单击"其他"按钮，打开表格样式下拉列表，其中提供了"文档的最佳匹配对象""浅色""中等色""深色"4种表格样式，从中选择所需的样式即可。若单击"清除表格"命令，则表格的样式取消，可以重新选择其他表格样式，如图5-52所示。

2. 表格边框设置

将光标置于表格的任意单元格中，在"表格工具–设计"选项卡下的"绘制边框"组中，单击"笔样式"设置边框的样式，单击"笔划粗细"设置边框的宽度，单击"笔颜色"设置边框的颜色，在"表格样式"组中，单击"边框"按钮，在下拉列表中设置需要的框线，如图5-53所示。

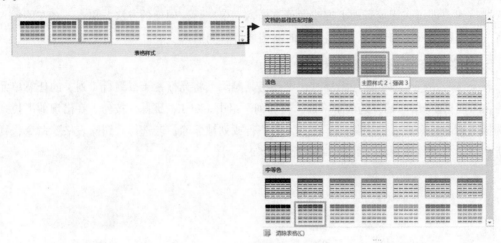

图5-52　选择表格样式

3. 表格底纹设置

将光标置于表格的任意单元格中，在"表格工具-设计"选项卡下的"表格样式"组中，单击"底纹"按钮，在下拉列表设置需要的底纹，例如，渐变、纹理、表格背景等，如图5-54所示。

4. 表格效果设置

将光标置于表格的任意单元格中，在"表格工具-设计"选项卡下的"表格样式"组中，单击"效果"按钮，在下拉列表设置需要的效果。例如，单元格的凹凸效果，如图5-55所示。

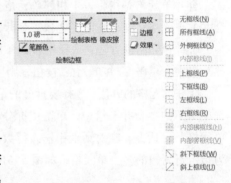

图5-53　设置表格边框

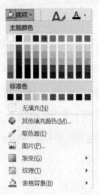

图5-54　设置表格底纹

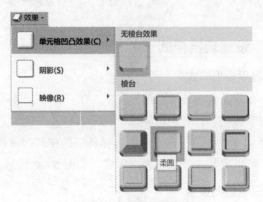

图5-55　设置表格效果

5.7 插入SmartArt图形

SmartArt 图形是信息和观点的视觉表现形式。每种 SmartArt 布局都提供了一种表达内容以及增强表达信息的不同方法。PowerPoint 2016 提供了"列表"、"流程"、"循环"、"层次结构"、"关系"和"矩阵"等 SmartArt 图形，可以插入各种格式的结构流程图。

5.7.1 创建SmartArt图形

创建 SmartArt 图形可以使用功能区命令或者在占位符中插入 SmartArt 图形，如图 5–56 所示。在"选择 SmartArt 图形"对话框中，左侧选择类型，如"列表"，右侧选择具体的子类型，单击"确定"按钮，插入 SmartArt 图形。

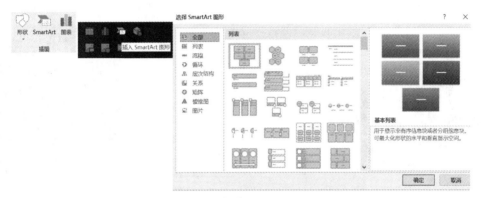

图5–56　创建SmartArt图形

> ℹ️ **提示**
>
> 将文本转换为 SmartArt 图形，选中要转换的文本，在"开始"选项卡的"段落"组中，单击"转换为 SmartArt 图形"按钮，选择合适的 SmartArt 图形。也可以右击选中的文本，从快捷菜单中选择"转换为 SmartArt 图形"命令，如图 5-57 所示。
>
>
>
> 图5–57　文本转换为SmartArt图形

5.7.2 编辑和修饰SmartArt图形

1. 添加形状

以组织结构图为例说明 SmartArt 图形的使用。在"插入"选项卡上的"插图"组中，单击 SmartArt 按钮，打开"选择 SmartArt 图形"对话框。在"选择 SmartArt 图形"库中，单击左侧的"层次结构"，右侧单击"组织结构图"，然后单击"确定"按钮。同时在功能区添加了"SmartArt 工具"选项卡。

添加形状：可以在组织结构图中插入新的形状。可使用的形状有下属、同事和助手。单击要向其添加形状的 SmartArt 图形,单击最靠近要添加的新框的现有框,在"SmartArt 工具-设计"选项卡上,单击"创建图形"组中"添加形状"的下拉按钮,然后执行下列操作之一:若要在所选框的同一级别上插入一个框,但要将新框置于所选框后面,单击"在后面添加形状"命令。若要在所选框的同一级别上插入一个框,但要将新框置于所选框前面,单击"在前面添加形状"。若要在所选框的上一级别插入一个框,单击"在上方添加形状"命令。新框将占据所选框的位置,而所选框及直接位于其下的所有框均降一级。若要在所选框的下一级别插入一个框,单击"在下方添加形状"命令。若要添加助理框,单击"添加助理"命令,如图 5-58 所示。

2. 编辑文本

选择 SmartArt 图形,左侧显示文本窗格,可添加、修改和删除文本;也可以单击形状,直接输入文本,如图 5-59 所示。

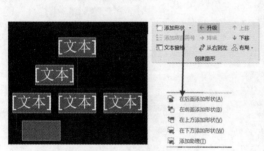

图5-58　添加形状

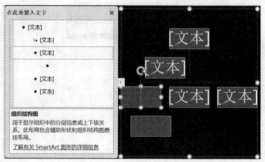

图5-59　编辑SmartArt图形文本

3. 更改 SmartArt 图形的版式

单击要更改其 SmartArt 版式的 SmartArt 图形,在"SmartArt 工具-设计"选项卡中的"版式"组中,单击所需的 SmartArt 版式。若要查看更多 SmartArt 版式,单击"其他"按钮,如图 5-60 所示。

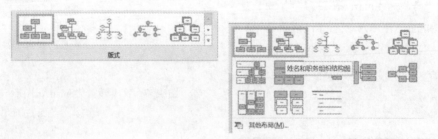

图5-60　SmartArt图形版式设置

更改组织结构图布局:在"SmartArt 工具-设计"选项卡中的"创建图形"组中,单击"布局"按钮,从下拉列表中进行选择。若要将选定框之下的所有框居中,单击"标准"命令。若要将选定框之下的框以每行两个的方式水平排列,并将选定框在它们的上方居中,单击"两者"命令。若要将选定框之下的框右对齐垂直排列,并将选定框置于它们的右侧,单击"左悬挂"命令。若要将选定框之下的框右对齐垂直排列,并将选定形状置于它们的左侧,单击"右悬挂"命令。

4. 更改 SmartArt 图形的颜色

可以将来自主题颜色的颜色组合应用于"SmartArt"图形中的框。单击要更改其颜色的"SmartArt"图形。在"SmartArt 工具–设计"选项卡上,单击"SmartArt 样式"组中的"更改颜色"按钮,单击所需的颜色组合,如图 5-61 所示。

5. 更改 SmartArt 图形的样式

单击要更改其 SmartArt 样式的 SmartArt 图形,在"SmartArt 工具–设计"选项卡中的"SmartArt 样式"组中,单击所需的 SmartArt 样式。若要查看更多 SmartArt 样式,单击"其他"按钮,如图 5-62 所示。

> **提示**
>
> SmartArt 图形也可以转换为文本和形状,如图 5-63 所示。

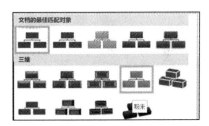

图5-62　SmartArt图形的样式设置

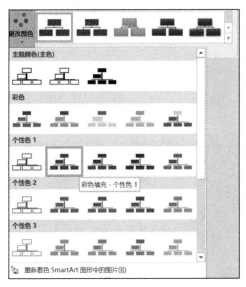

图5-61　更改SmartArt图形的颜色

图5-63　SmartArt图形转换为文本和形状

▌5.8　幻灯片放映设计

制作演示文稿,最终是要播放给观众观看。通过幻灯片放映方式设计,可以将精心创建的演示文稿展示给观众,正确表达自己想要说明的问题。为了使所做的演示文稿更精彩,观众更好地观看并接受、理解演示文稿,可从如下几个方面考虑:设置对象的动画效果和声音、设置幻灯片的切换效果、设置超链接和选择适合的放映方式等。

5.8.1　放映演示文稿

放映演示文稿主要有三种方式:

在"幻灯片放映"选项卡下的"开始放映幻灯片"组中单击"从头开始"或者"从当前幻灯片开始"按钮,如图 5-64 所示。

也可以在窗口右下角视图按钮中单击"幻灯片放映"按钮 ☞，从当前幻灯片开始播放，在"幻灯片放映"视图下单击，可以切换到下一张幻灯片，在放映过程中右击，打开放映控制菜单，可以改变放映顺序、即兴标注、白屏或黑屏等，如图 5-65 所示。

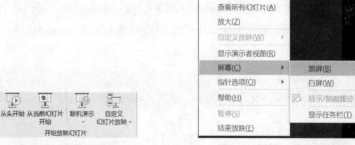

图5-64　放映幻灯片　　　　　　　图5-65　幻灯片控制菜单

1. 改变放映顺序

在幻灯片放映过程中右击，打开放映控制菜单，单击"上一张"或"下一张"命令放映当前幻灯片的上一张或下一张幻灯片。单击"查看所有幻灯片"命令，打开幻灯片缩略图窗口，选择目标幻灯片缩略图，即可从该幻灯片开始播放，如图 5-66 所示。

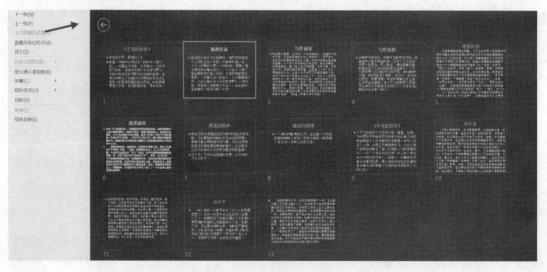

图5-66　从特定幻灯片开始播放

2. 即兴标注和擦除墨迹

在幻灯片放映过程中右击，打开放映控制菜单，单击"指针选项"→"笔"或"荧光笔"命令，鼠标指针呈圆点状时，按住鼠标左键在幻灯片上可以即兴标注。通过"墨迹颜色"可以选择颜色；通过"橡皮擦"可以清除墨迹。如果选择"擦除幻灯片上的所有墨迹"命令，则擦除全部标注墨迹。在"指针选项"子菜单中选择"箭头选项"下的"自动"命令，从标注状态恢复到放映状态，如图 5-67 所示。

> **提示**
>
> 在结束幻灯片放映时，系统会询问是否保留墨迹注释，根据需要选择"保留"或"放弃"。

3. 使用激光笔

在幻灯片放映过程中右击，打开放映控制菜单，单击"指针选项"下的"激光笔"命令，屏幕出现十分醒目的红色圆点状激光笔，移动激光笔，指示重要内容的位置。如果要更改激光笔的颜色，在"幻灯片放映"选项卡下的"设置"组中，单击"设置幻灯片放映"按钮，打开"设置放映方式"对话框，单击"激光笔颜色"右侧的下拉列表进行选择，如图 5-68 所示。

图5-67　标注和墨迹　　　　　　　　　　图5-68　激光笔设置

4. 结束放映

在幻灯片放映过程中右击，打开放映控制菜单，单击"结束放映"命令退出幻灯片放映，也可以按【Esc】键退出放映。

5.8.2　为对象设置动画效果

通过动画设置，可以使幻灯片上的文本、图形、图示、图表和其他对象具有动画效果，这样就可以突出重点、控制信息流，并增加演示文稿的趣味性。动画有四类："进入"动画、"强调"动画、"退出"动画和"动作路径"动画。并非所有动画都适用于每一个对象，不同的对象可用的动画是不同的。

1. 设置动画

1)"进入"动画

"进入"动画是指对象进入播放画面时的动画效果。选中需要设置动画效果的对象，在"动画"选项卡的"动画"组中，单击动画样式框的"其他"按钮，打开动画样式列表，在"进入"

类中选择一种动画效果，即可将该动画效果应用于所选对象，如图 5-69 所示。

图5-69　"进入"动画效果列表

在动画样式列表中选择"更多进入效果"命令，打开"更改进入效果"对话框，可以在"基本型"、"细微"型、"温和"型和"华丽"型中选择需要的动画效果。设置了动画效果的对象旁边会出现数字编号，表示该动画出现的顺序，如图 5-70 所示。

2）"强调"动画

"强调"动画是在演示文稿播放过程中为幻灯片中的对象进行加强显示、起强调作用。选中需要设置动画效果的对象，在动画样式列表的"强调"类中选择一种动画效果，即可将该动画效果应用于所选对象。选择动画样式列表中的"更多强调效果"命令，打开"更改强调效果"对话框，可以选择更多的"强调"动画效果，如图 5-71 所示。

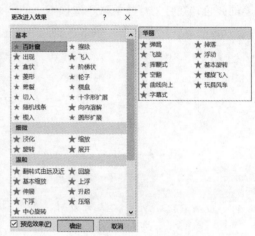

图5-70　更多进入动画效果

图5-71　"强调"动画效果列表

3）设置"退出"动画

"退出"动画是指幻灯片中显示的对象离开播放画面时的动画效果。选中需要设置动画效果的对象，在动画样式列表的"退出"类中选择一种动画效果，即可将该动画效果应用于所选对象。选择动画样式下拉列表中的"更多退出效果"命令，打开"更改退出效果"对话框，可以选择更多的"退出"动画效果，如图 5-72 所示。

图5-72　"退出"动画效果列表

4）"动作路径"动画

"动作路径"动画是指播放画面中的对象按指定路径移动的动画效果。选中需要设置动画效果的对象，在动画样式列表的"动作路径"类中选择一种动画效果，即可将该动画效果应用于所选对象，选择动画样式列表中的"其他动作路径"选项，打开"更改动作路径"对话框，可以选择更多的"动作路径"动画效果，如图 5-73 所法。

图5-73　"动作路径"动画效果列表

如果需要特殊的动作路径，在动画样式列表的"动作路径"类中选择"自定义路径"选项，然后按住鼠标左键绘制路径，到达路径终点双击完成绘制。选中动作路径，右击，在弹出的快捷菜单中选择"编辑顶点"命令，可以对路径进行编辑调整；在级联菜单中选择"关闭路径"

命令，会在路径起点、终点之间增加一条直线路径，动画播放时对象从起点沿路径移动到终点，再沿增加的直线返回起点，如图 5-74 所示。

在"动画"选项卡下的"动画"组中单击"效果选项"下拉按钮，如果选择"反转路径方向"命令，动画播放时对象快速跳到路径终点，再沿路径从终点移动到起点。选择"锁定"或"解除锁定"命令可以锁定或解锁自定义路径，如图 5-75 所示。

图5-74　编辑自定义路径顶点　　　　　图5-75　动作路径效果选项

5）设置多个动画

如果需要为某个对象同时设置多个动画效果，选中需要设置多种动画效果的对象，在"动画"选项卡下的"高级动画"组中，单击"添加动画"下拉按钮，打开动画样式列表，选择合适的动画，即可为所选对象添加多个动画。为同一个对象设置了多个动画效果后，该对象左侧会出现多个数字编号，表示多个动画播放的顺序。在"动画"选项卡下的"高级动画"组中，单击"动画窗格"按钮，打开动画窗格，可以在窗格中按住鼠标左键拖动或单击窗格上的上、下按钮调整动画播放顺序，单击"播放自"按钮预览动画效果，如图 5-76 所示。

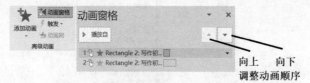

图5-76　设置多个动画

2. 设置动画属性

设置动画时，如不设置动画属性，系统将采用默认的动画属性，如设置"飞入"动画，则其效果选项"方向"默认为"自底部"，开始动画方式为"单击时"等。若对默认的动画属性不满，可以进一步对动画效果选项、动画开始方式、动画音效等重新设置。

1）设置动画效果

动画效果选项是指动画的方向、形状和序列。选择设置动画的对象，在"动画"选项卡下的"动画"组中，单击"效果选项"按钮，出现各种效果选项列表。如"形状"动画的效果选项方向为缩小、放大；形状为圆形、方框、菱形等；序列为作为一个对象。从中选择合适的效果选项，如图 5-77 所示。

图5-77 动画效果设置

2）设置动画开始方式、持续时间和延迟时间

动画开始方式是指开始播放动画的方式，动画持续时间是指动画开始后整个播放时间，动画延迟时间是指播放操作开始后延迟播放的时间。

选择设置动画的对象，在"动画"选项卡下的"计时"组中，单击"开始"下拉按钮，在下拉列表中选择动画开始方式。动画开始方式有三种："单击时"、"与上一动画同时"和"上一动画之后"。"单击时"是指单击鼠标时开始播放动画。"与上一动画同时"是指播放前一动画的同时播放该动画，可以在同一时间组合多个效果。"上一动画之后"是指前一动画播放之后开始播放该动画。在"持续时间"栏调整动画持续时间，"延迟"栏调整动画延迟时间，如图 5-78 所示。

3）动画效果选项卡

在"动画"选项卡下的"动画"组中，单击右下角的"显示其他效果选项"对话框启动器，打开"动画效果"选项卡。下面以"菱形"效果选项加以说明。

图5-78 动画设置

在"效果"选项卡下，可以设置伴随动画出现的声音效果。动画播放后可以设置不变暗、播放动画后隐藏、下次单击后隐藏等。动画文本可以设置整批发送、按字/词、按字母。若要在字母、字或段落动画之间产生延迟，在"动画文本"下方的微调框中设置"字／词之间延迟百分比"，如图 5-79 所示。

在"计时"选项卡下，可以设置动画开始方式、延迟时间。例如，如果设置单击时延迟 5 秒，则动画效果将在单击幻灯片 5 秒后开始播放。其间右侧的列表框可以设置持续时间：例如快速（1 秒）、中速（2 秒）、慢速（3 秒）等。重复可以设置为"直到下一次单击"或"直到幻灯片末尾"等。触发器是在幻灯片放映中，仅在单击一个或多个指定对象时播放的动画效果，如图 5-80 所示。

图5-79　动画效果设置

在"文本动画"选项卡下的"组合文本"下拉列表中，单击一个选项，如"按第一级段落""所有段落同时"等，则按段落级别或项目符号显示动画，如图 5-81 所示。

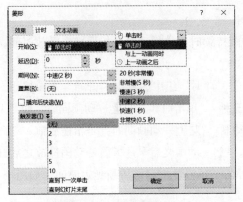

图5-80　动画计时选项

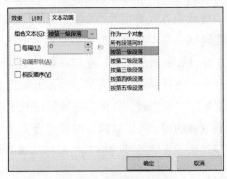

图5-81　文本动画设置

3. 设置动画播放顺序

对象添加动画效果后，对象旁边出现该动画播放顺序的序号。该序号与设置动画的顺序一致，即按设置动画的顺序播放动画。对多个对象设置动画效果后，如果对原有播放顺序不满意，可以调整对象动画播放顺序，方法如下：在"动画"选项卡下的"高级动画"组中，单击"动画窗格"按钮，打开动画窗格，显示所有动画对象，它左侧的数字表示该对象动画播放的顺序号，与幻灯片中的动画对象左边显示的序号一致。选择动画对象，单击上方的 按钮，即可改变该动画对象的播放顺序。

4. 预览动画效果

动画设置完成后，可以预览动画的播放效果。在"动画"选项卡下的"预览"组中，单击"预览"按钮，也可以单击动画窗格上方的"播放自"按钮，即可预览动画。

5. 复制动画效果

PowerPoint 2016 新增了"动画刷"功能，可以快速地将一个对象上已设置的动画复制到另一个对象上。选中已设置动画效果的对象，在"动画"选项卡下的"高级动画"组中，单击"动画刷"按钮，再单击需要设置同样动画的对象，即可实现快速复制。如果源对象设置了多个动画效果，则"动画刷"将多个动画效果同时复制到目标对象上。双击"动画刷"按钮，可以将动画效果复制到多个对象上，复制完成后，再次单击"动画刷"或按【Esc】键即可退出"动画刷"功能，如图 5-82 所示。

图5-82　动画刷

6. 删除动画效果

删除对象动画效果的方法有以下三种：

第一种方法：选中需要删除动画效果的对象，在"动画"选项卡下的"动画"组中，单击动画样式框的"无"按钮，即可删除为对象设置的所有动画效果。

第二种方法：在"动画"选项卡下的"高级动画"组中，单击"动画窗格"按钮，打开"动画窗格"任务窗格，右击需要删除的动画项，在弹出的快捷菜单中选择"删除"命令，即可删除该动画效果。

第三种方法：在动画窗格中选中需要删除的动画项，按【Delete】键，可删除相应的动画效果；按住【Shift】键或【Ctrl】键同时选中多个连续或不连续动画项，按【Delete】键，可同时删除多个动画效果。

5.8.3　幻灯片的切换效果设计

幻灯片的切换是指在播放演示文稿时，一张幻灯片的移入和移出的方式，也称为片间动画。在设置幻灯片的切换方式时，最好是在"幻灯片浏览"视图下进行。PowerPoint 2016 提供了多种内置幻灯片切换动画。

1. 设置幻灯片切换样式

选中需要设置切换效果的幻灯片，在"切换"选项卡的"切换到此幻灯片"组中，单击样式框的"其他"按钮，打开幻灯片切换样式列表，在切换样式库中单击需要的切换样式，即可为当前幻灯片设置相应的切换动画。如果要对所有幻灯片应用此切换动画，可在"切换"选项卡下的"计时"组中，单击"应用到全部"按钮。在设置幻灯片切换动画后，在"切换"选项卡下的"切换到此幻灯片"组中，单击"效果选项"按钮，进一步设置切换效果。例如，幻灯片切换动画选择"分割"，则效果选项为：中央向左右展开、上下向中央收缩、中央向上下展开、左右向中央收缩。在"切换"选项卡的"预览"组中，单击"预览"按钮预览已设置的幻灯片切换动画，如图 5-83 所示。

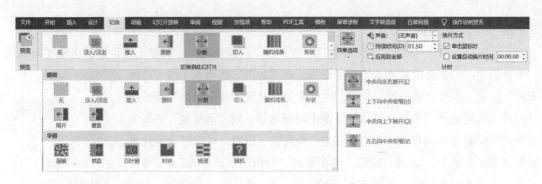

图5-83　幻灯片切换

2. 设置切换属性

1）声音效果

在"切换"选项卡下的"计时"组中，单击"声音"下拉按钮，打开声音效果列表，选择一种声音即可为幻灯片切换添加声音效果。也可以在声音效果列表中选择"其他声音"命令，打开"添加音频"对话框，选择合适的声音文件作为幻灯片切换的声音效果。

2）切换速度

选中需要调整幻灯片切换动画播放速度的幻灯片，在"切换"选项卡下的"计时"组中的"持续时间"右侧的框中调整或输入合适的时间。

3）换片方式

默认情况下，播放演示文稿时通过单击鼠标或按【Enter】键换片。除了"单击鼠标时"换片，还可以在"切换"选项卡下的"计时"组中，选中"换片方式"区域中的"设置自动换片时间"复选框，调整或输入适当的时间，使幻灯片通过指定的时间自动进行切换。注意：设置自动换片时间的时间格式表示，如图5-84所示。

4）删除切换动画

选中需要删除幻灯片切换动画的幻灯片，在"切换"选项卡下的"切换到此幻灯片"组中的切换样式框中选择"无"选项，可删除所选幻灯片的切换动画。如果要删除演

图5-84　自动换片时间设置

示文稿中所有幻灯片的切换动画，在"切换"选项卡的"计时"组中，单击"全部应用"按钮。如果为幻灯片切换添加了声音效果，在"切换"选项卡的"计时"组中，单击"声音"下拉按钮，在声音效果列表中选择"无声音"选项，可以清除切换时的声音效果。

5.8.4　幻灯片的超链接

超链接是实现从一个演示文稿或文件快速跳转到其他演示文稿或文件的捷径，通过它可以在自己的计算机上、网络上进行快速切换。超链接可以是幻灯片中的文字或图形，也可以是万维网中的网页。超链接使幻灯片的放映变得更具交互性成为可能。

选中需要创建超链接的文字或者图形、形状、艺术字等，在"插入"选项卡下的"链接"组中，单击"链接"按钮，或右击并在弹出的快捷菜单中选择"超链接"命令，打开"插入超链接"对话框，如图5-85所示。

图5-85　"插入超链接"对话框

（1）创建指向自定义放映或当前演示文稿中某个位置的超链接：在"链接到"之下，单击"本文档中的位置"。如果链接到自定义放映：在列表中选择希望看到的自定义放映。单击"显示并返回"复选框。如果链接到当前演示文稿的某个位置，在列表中选择希望看到的幻灯片。

（2）创建指向其他演示文稿中特定幻灯片的超链接：在"链接到"之下，单击"现有文件或网页"。定位并选择含有要链接到的幻灯片的演示文稿，单击"书签"按钮，然后选择所需幻灯片的标题。

（3）创建电子邮件的超链接：在"链接到"之下，单击"电子邮件地址"，在"电子邮件地址"框中输入所需的电子邮件地址，或者在"最近用过的电子邮件地址"框中选取所需的电子邮件地址。在主题框中，输入电子邮件消息的主题。

（4）创建指向文件或网页的超链接：在"链接到"之下，单击"现有文件或网页"。选定所需的网页或文件。

（5）创建指向新文件的超链接：在"链接到"之下，单击"新建文档"。输入新文件的名称。若要更改新文档的路径单击"更改"。可选择"以后再编辑新文档"或"开始编辑新文档"单选按钮。

提示

> 若要删除超链接，但不删除代表该超链接的文本或对象。右击代表超链接的文本或对象，在快捷菜单中单击"删除超链接"命令；若要删除超链接和代表该超链接的文本或对象，选定对象或所有文本，再按【Delete】键。

5.8.5　幻灯片放映方式设计

1. 设置放映方式

在"幻灯片放映"选项卡下的"设置"组中，单击"设置幻灯片放映"按钮，打开"设置放映方式"对话框。在"放映类型"栏下方有三种放映类型："演讲者放映（全屏幕）"、"观众自行浏览（窗口）"和"在展台浏览（全屏幕）"可供选择。在"放映选项"栏下方可设置放映时是否循环、是否加旁白或动画。"放映幻灯片"栏下方幻灯片的播放范围默认为"全部"，也可指定为连续的一组幻灯片，或者某个自定义放映中指定的幻灯片。"推进幻灯片"栏可以设定为"手动"或者"如果出现计时，则使用它"换片方式。绘图笔和激光笔的颜色根据需要设置，如图 5-86 所示。

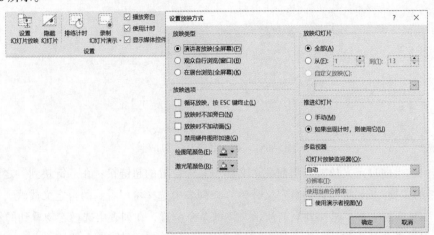

图5-86 设置幻灯片放映

2. 自定义放映

通常一个演示文稿中包含了不同类型的内容，观看对象不同，所需放映的内容也会有所不同。"自定义放映"功能可以将要放映的幻灯片进行分组，在放映时选择不同的组来放映相应的幻灯片。在"幻灯片放映"选项卡下的"开始放映幻灯片"组中，单击"自定义幻灯片放映"下拉按钮，在下拉列表中选择"自定义放映"命令，打开"自定义放映"对话框，单击"新建"按钮，打开"定义自定义放映"对话框，在"幻灯片放映名称"文本框中输入名称，在"在演示文稿中的幻灯片"列表框中，选择需要放映的幻灯片，单击"添加"按钮，将其放入"在自定义放映中的幻灯片"列表框中。在"在自定义放映中的幻灯片"列表框中选择需要删除的幻灯片，单击"删除"按钮。若要改变幻灯片显示顺序，在"在自定义放映中的幻灯片"中选择幻灯片，然后使用箭头键将幻灯片在列表内上下移动，如图 5-87 所示。

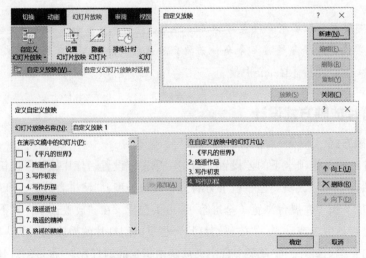

图5-87 自定义幻灯片放映

5.9 在其他计算机上放映演示文稿

要想将编辑好的演示文稿在其他计算机上进行放映，可使用 PowerPoint 的"将演示文稿打包成 CD"功能。利用"打包"功能可以将演示文稿中使用的所有文件（包括链接文件）和字体全部打包到磁盘或网络地址上。

1. 演示文稿的打包

打开要打包的演示文稿，单击"文件"选项卡下的"导出"命令，在"导出"栏下双击"将演示文稿打包成 CD"命令，打开"打包成 CD"对话框，如图 5-88 所示。

图5-88 打包演示文稿

如果需要将多个演示文稿打包在一起，通过单击"添加"按钮来进行添加，单击"删除"按钮，可以将添加到打包列表中的无用文档删除，通过单击"上" 、"下" 按钮调整多个演示文稿的播放顺序，单击"选项"按钮，打开"选项"对话框，设置是否嵌入 TrueType 字体，以及是否添加打开和修改文件的密码。单击"复制到文件夹"按钮，则打开"复制到文件夹"对话框，为文件夹取一个名称，并设置好保存路径，然后按下"确定"按钮，系统将上述演示文稿复制到指定的文件夹中，同时复制播放器及相关的播放配置文件到该文件夹中。也可单击"复制到 CD"按钮，将所有的文件全部刻录到光盘的根目录下，制作出具有自动播放功能的光盘。

2. 运行打包的演示文稿

打开存放演示文稿的文件夹，在演示文稿 CD\PresentationPackage 文件夹下双击PresentationPackage.htm 网页文件，在网页上单击"下载查看器"，下载 PowerPoint 播放器并安装，通过下载的播放器即可播放打包的演示文稿。提示，打包的演示文稿播放不能即兴标注。

3. 发布演示文稿

1）PowerPoint 放映演示文稿

单击"文件"选项卡下的"导出"命令，在"导出"栏下双击"更改文件类型"命令，打开"另存为"对话框，其中"保存类型"选择为"PowerPoint 放映（*.ppsx）"，在"文件名"文本框中输入名称，单击"保存"按钮，可将演示文稿保存为 PowerPoint 放映格式。

2）视频格式

PowerPoint 2016 提供了将演示文稿创建成视频的新功能，使没有安装 PowerPoint 应用程序的计算机可以正常播放视频格式的演示文稿。单击"文件"选项卡下的"导出"命令，在"导出"栏下单击"创建视频"命令，设置创建的视频质量、确定每张幻灯片的放映时间。单击"创建视频"按钮，打开"另存为"对话框，输入视频名称并选择保存位置。单击"保存"按钮，将演示文稿创建为视频文件（*.mp4），如图 5-89 所示。

图5-89　导出视频格式

3）PDF 格式

PowerPoint 2016 中可以直接将演示文稿转换为 PDF 格式，单击"文件"选项卡下的"导出"命令，在"导出"界面中单击"创建 PDF/XPS"命令，单击"创建 PDF/XPS"按钮，打开"发布为 PDF 或 XPS"对话框，单击"选项"按钮，打开"选项"对话框详细设置发布选项，选择保存位置并在"文件名"文本框中输入名称，单击"发布"按钮，将演示文稿转换为 PDF 格式。

5.10　本章重难点解析

1. 简繁转换、繁简转换

在"审阅"选项卡下的"中文简繁转换"组中提供了简体和繁体的转换功能，如图 5-90 所示。单击"简繁转换"按钮，打开"中文简繁转换"对话框，完成简繁转换。

2. 幻灯片分节

对演示文稿中的幻灯片进行分"节"管理，是 PowerPoint 2016 的新增功能之一。利用"节"功能可以像使用文件夹组织文件一样将幻灯片分成多个逻辑组，可以只查看其中一组，也可以浏览所有组的幻灯片。不需要分组时可以删除"节"但保留其中的幻灯片，也可以将"节"和其中的幻灯片一起删除。

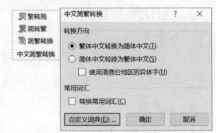

图5-90　简繁转换

"节"功能使演示文稿的浏览、编辑、查找等操作更加快速方便，可以在"幻灯片浏览"视图中查看节，也可以在"普通视图"中查看节，但如果希望按定义的逻辑类别对幻灯片进行组织和分类，则"幻灯片浏览"视图更有效。

1）创建节

在普通视图或幻灯片浏览视图中，选中要作为节开始的第一张幻灯片，在"开始"选项卡下的"幻灯片"组中，单击"节"下拉按钮，在下拉列表中选择"新增节"命令，创建节的效果图如图5-91所示。或在要新增的两张幻灯片之间右击并在弹出的快捷菜单中选择"新增节"命令，将在幻灯片上方出现名为"无标题节"标记。如果所选幻灯片不是演示文稿的第一张幻灯片，则同时会创建两个节，其中一个节标记位于演示文稿的第一张幻灯片上方。

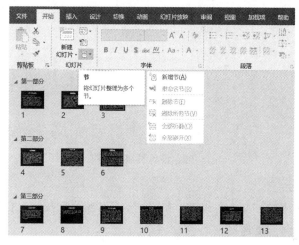

图5-91　创建节

为了使"节"代表明确的含义，需要为节命名。选择节标记，在"开始"选项卡下的"幻灯片"组中，单击"节"下拉按钮，在下拉列表中选择"重命名节"命令，或右击并在弹出的快捷菜单中选择"重命名节"命令，打开"重命名节"对话框，输入节名称，再单击"重命名"按钮即可完成节名称的修改。

2）使用节

如果要调整节的位置，或将节外的幻灯片添加到节中，按住鼠标左键拖动节标记或幻灯片到适当位置释放即可。右击要移动的节标记，在弹出的快捷菜单中选择"向上移动节"或"向下移动节"命令，也可以移动相应的节。单击节标记左侧的"展开节"或"折叠节"按钮，可以展开或折叠相应节中的所有幻灯片。

3）删除节

对于不需要的节可以删除。右击要删除的节标记，在弹出的快捷菜单中根据需要选择"删除节"、"删除所有节"或"删除节和幻灯片"等命令即可。

3. 页眉和页脚

1）插入日期和时间

在"插入"选项卡下的"文本"组中，单击"日期和时间"按钮，打开"页眉和页脚"对话框，如图 5-92 所示。在此对话框中，可根据需要设置日期和时间的格式。如果选择了对话框中的"自动更新"复选框，则每次打开或演示这个幻灯片时，所插入的日期和时间就会根据计算机系统的时间自动更新。在"页眉和页脚"对话框中，选中"固定"单选按钮，并在其下方的文本框中输入内容，则在日期区占位符中显示输入的内容而不显示日期和时间。选中"标题幻灯片中不显示"复选框，可以实现基于标题母版的幻灯片不显示页眉和页脚。

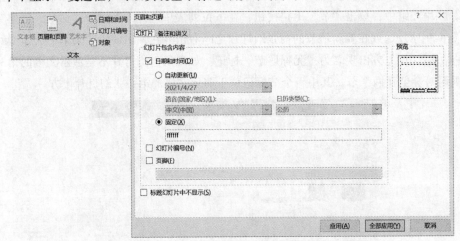

图5-92 设置页眉和页脚

2）插入幻灯片编号

在"插入"选项卡下的"文本"组中，单击"幻灯片编号"按钮，打开"页眉和页脚"对话框，选中"幻灯片编号"复选框。

3）插入页眉和页脚

在"插入"选项卡下的"文本"组中，单击"页眉和页脚"按钮，打开"页眉和页脚"对话框，在"幻灯片"选项卡中，选中"页脚"复选框，并在其下方的文本框中输入页脚的内容。单击"备注和讲义"选项卡，选中"页眉"复选框，并在其下方的文本框中输入页眉的内容。

4. 插入音频

在 PowerPoint 的幻灯片中可以插入二种类型的音频，有"PC 上的音频""录制音频"。在播放幻灯片时，这些插入的声音将一同播放。

1）"PC 上的音频"

在"插入"选项卡下的"媒体"组中，单击"音频"下拉按钮，在下拉列表中选择"PC 上的音频"命令，打开"插入音频"对话框，双击需要的音频文件，即可将其插入到幻灯片中。

2）录制音频

在"插入"选项卡下的"媒体"组中，单击"音频"下拉按钮，在下拉列表中选择"录制音频"命令，打开"录制声音"对话框，如图 5-93 所示。

在"录制声音"对话框的"名称"文本框中

图5-93 "录音"对话框

输入合适的名称，单击"录制"按钮开始录音，单击"停止"按钮■完成录音，单击"播放"按钮▶试听录音效果，单击"确定"按钮将录音插入到幻灯片中。

将音乐或声音插入幻灯片后，会显示一个代表该声音文件的声音图标，同时在功能区添加"音频工具"选项卡，可对插入的声音文件进行编辑，如图5-94所示。

图5-94　"音频工具"选项卡

3）剪裁音频

选中幻灯片中音频文件图标，在"音频工具-播放"选项卡下的"编辑"组中，单击"剪裁音频"按钮，或右击并在弹出的快捷菜单中选择"剪裁音频"命令，打开"剪裁音频"对话框，如图5-95所示。

"剪裁音频"对话框中间的进度条代表声音的播放长度，进度条两端的滑块分别用于控制剪裁后声音的起点和终点，也可以直接在"开始时间"和"结束时间"框中输入声音的起点和终点时间。

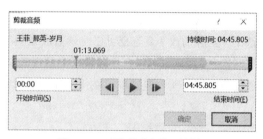

4）音频书签

为了快速定位到音频中某个特定位置，可以为音频添加书签。选中幻灯片中音频文件图标，

图5-95　"剪裁音频"对话框

鼠标移到播放音频控制条需要添加书签处单击，在"音频工具-播放"选项卡下的"书签"组中，单击"添加书签"按钮。单击播放音频控制条上的音频书签，在"音频工具-播放"选项卡下的"书签"组中，单击"删除书签"按钮，或按【Delete】键，可以删除所选书签。

5）设置音频剪辑的播放选项

在幻灯片上，选择音频文件图标，在"音频选项"组中，执行下列操作之一：若要在放映该幻灯片时自动开始播放音频文件，在"开始"下拉列表中单击"自动"命令。若要通过在幻灯片上单击音频文件来手动播放，在"开始"下拉列表中单击"单击时"命令。若要在演示文稿中单击切换到下一张幻灯片时播放音频文件，在"开始"列表中单击"跨幻灯片播放"命令。要连续播放音频文件直至停止播放，选中"循环播放，直到停止"复选框。选中"播完完毕返回开头"复选框返回音频文件开始位置。选中"放映时隐藏"复选框，隐藏音频文件图标。注意，只有将音频文件设置为自动播放，才可使用该选项。

ⓘ提示

在"编辑"组中，通过"渐强"或"渐弱"右边的微调框，可以设置音频文件的淡入淡出效果。单击"音量"按钮，可以调整音乐文件的音量高低。

5. 插入视频

在PowerPoint的幻灯片中可以插入两种类型的视频，有"此设备"和"联机视频"。在播放幻灯片时，这些插入的视频将一同播放。

1）嵌入来自本机的视频

在"普通视图"下，单击要向其中嵌入视频的幻灯片。在"插入"选项卡下的"媒体"组中，单击"视频"下拉按钮，在下拉列表中单击"此设备"命令，弹出"插入视频文件"对话框，找到并单击要嵌入的视频，然后单击"插入"嵌入视频文件。如果要链接视频，则单击"插入"按钮的下拉箭头，然后单击"链接到文件"命令。插入或链接视频文件后，会显示一个代表该视频文件的图片，同时在功能区添加"视频工具"选项卡，可对插入的视频文件进行编辑。

2）在视频中添加海报框架

添加海报框架后，可为观众提供视频预览图像。单击"播放"开始播放视频，直至到用作海报框架的框架。在"视频工具-格式"选项卡下的"调整"组中，单击"海报框架"按钮，在下拉列表中可选择："当前帧"、"文件中的图像"和"重置"命令，如图5-96所示。

3）设置视频文件的播放选项

图5-96　海报框架设计

在"视频工具-播放"选项卡下的"视频选项"组中，选中"全屏播放"复选框可以全屏播放视频。选中"未播放时隐藏"复选框可以在不播放时隐藏视频文件。选中"播放完毕返回开头"复选框可在播放完毕后返回视频文件开头，如图5-97所示。

图5-97　"视频工具-播放"选项卡

在"插入"选项卡下的"媒体"组中单击"屏幕录制"按钮，可以录制计算机屏幕和相关音频，将录制内容插入幻灯片中，如图5-98所示。

6. 录制幻灯片演示

旁白就是在放映幻灯片时，用声音讲解该幻灯片的主题内容，使演示文稿的内容更容易让观众明白理解。要在演示文稿中插入旁白，需要先录制旁白。录制旁白时，可以浏览演示

图5-98　屏幕录制设置

文稿并将旁白录制到每张幻灯片上。录制旁白的方法是：

在普通视图中，选择要开始录制的幻灯片。在"幻灯片放映"选项卡下的"设置"组中单击"录制幻灯片演示"按钮，在下拉列表中选择"从头开始录制"或"从当前幻灯片开始录制"命令，打开"录制幻灯片演示"对话框，如图5-99所示。

在对话框中选中"幻灯片和动画计时"和"旁白、墨迹和激光笔"复选框，单击"开始录制"按钮进入录制状态，同时添加"录制"工具栏，如图5-100所示。

如果需要重新录制旁白，单击"录制"工具栏中的"重复"按钮↺；如果需要暂停录制，单击工具栏中的"暂停录制"按钮▮▮；如果需要继续录制，再一次单击"继续录制"按钮▮▮。

单击切换下一张幻灯片，放映和讲解完最后一张幻灯片，单击工具栏中的"下一个"按钮➔，

退出录制状态，每张幻灯片右下角添加一个音频图标，表示该幻灯片包含旁白。

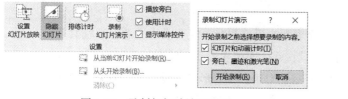

图5-99　录制幻灯片演示设置　　　　　　　　　图5-100　"录制"工具栏

在"幻灯片放映"选项卡下的"设置"组中，选中"播放旁白"复选框，即可在演示文稿放映时播放旁白；反之，则不播放旁白。

如果需要删除演示文稿中的旁白，在"幻灯片放映"选项卡下的"设置"组中，单击"录制幻灯片演示"按钮，在下拉菜单中选择"清除"→"清除当前幻灯片中的旁白"或"清除所有幻灯片中的旁白"命令。

7. 排练计时

"排练计时"是通过预览演示文稿放映效果，记录每张幻灯片的放映时间，供演示文稿自动放映时使用。

打开要设置排练时间的演示文稿，在"幻灯片放映"选项卡下的"设置"组中单击"排练计时"按钮，进入幻灯片放映计时状态，同时出现"录制"工具栏。单击切换到下一张幻灯片，直至最后一张幻灯片，再次单击结束幻灯片的放映，弹出一个提示框，显示幻灯片放映的总时间，并询问是否保存新的幻灯片排练时间。如果单击"是"按钮，可在幻灯片浏览视图中看到每张幻灯片的放映时间，排练时间被保留，并在以后播放时使用；单击"否"按钮，排练时间将被取消。在"切换"选项卡下的"计时"组中，通过"设置自动换片时间"也可设置演示文稿中的幻灯片经过选定秒数移至下一张幻灯片。

在"幻灯片放映"选项卡下的"设置"组中，选中"使用计时"复选框，即可在演示文稿放映时使用计时。

如果需要删除演示文稿中的计时，在"幻灯片放映"选项卡下的"设置"组中，单击"录制幻灯片演示"按钮，在下拉菜单中选择"清除"→"清除当前幻灯片中的计时"或"清除所有幻灯片中的计时"命令，如图 5-101 所示。

图5-101　清除旁白和计时设置

8. 奇偶页幻灯片切换

如果要对奇偶页幻灯片应用不同的幻灯片切换效果，操作步骤如下：切换到幻灯片浏览视图，按住【Ctrl】键，选择奇数页幻灯片，设置幻灯片切换效果。同样的方法进行偶数页幻灯片切换效果设置。

9. 幻灯片动画刷的应用

例如，幻灯片上已经插入了五个卷形：垂直形状，现要求五个卷形形状的动画为飞入，第一个卷形动画的开始设置为"单击时"，其余四个卷形动画的开始设置为"上一动画之后"，持续时间设置为 2 秒。操作步骤如下：首先对第一个卷形形状设置飞入效果，动画的开始设置为"上一动画之后"，持续时间设置为 2 秒。然后在"动画"选项卡的"高级动画"组中双击"动画刷"按钮，依次单击第二、三、四、五卷形形状，单击"动画刷"按钮关闭复制功能。更改第一个卷形形状动画的"开始"设置为"单击时"，效果图如图 5-102 所示。

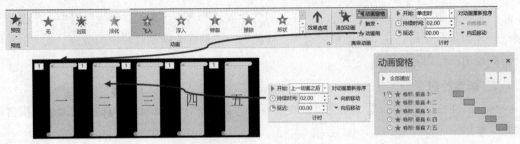

图5-102　动画刷设置

习　题

操作题

1. 打开演示文稿 yswg1.pptx，按照下列要求完成对此文稿的修饰并保存。

（1）为整个演示文稿应用"回顾"主题，放映方式为"观众自行浏览"。

（2）第一张幻灯片前插入版式为"两栏内容"的新幻灯片，标题为"长寿秘密"，将 sc.docx 文档的第一、二段文本插入到左侧内容区。将图片文件 ppt1.jpg 插入到幻灯片右侧的内容区，图片样式为"棱台透视"，图片效果为"棱台"的"斜面"。图片动画设置为"进入/轮子"，效果选项为"3 轮辐图案"。幻灯片的页脚内容为"2"。

（3）第二张幻灯片版式改为"标题和内容"，标题为"海带和豆腐的功效表"，内容区插入 10 行 2 列表格，表格样式为"浅色样式 3-强调 1"，表格第 1、2 列宽度依次为 2.8 厘米和 19.5 厘米。第 1 行第 1、2 列内容依次为"食材"和"功效"，第 1 列的 2~5 行合并成一个单元格，并在其中输入"豆腐"。第 1 列的 6~10 行合并成一个单元格，并在其中输入"海带"。参考 sc.docx 文档的相关内容，按原有顺序将适当内容填入表格第 2 列，表格第 1 行和第 1 列文字全部设置为"居中"和"垂直居中"对齐方式。幻灯片的页脚内容为"3"。

（4）在第二张幻灯片后插入版式为"标题和内容"的新幻灯片，标题为"豆腐海带味汤做法"。内容区插入 sc.docx 文档的相关内容，幻灯片的页脚内容为"4"。

（5）在第一张幻灯片前插入版式为"标题幻灯片"的新幻灯片，主标题为"豆腐海带味汤"，副标题为"长寿秘密"。主标题设置为黑体、49 磅字，副标题为 32 磅字，幻灯片的页脚内容为"1"。

（6）在第四张幻灯片后插入版式为"空白"的新幻灯片，在位置（水平位置:2.3厘米，从:左上角，垂直位置:6厘米，从:左上角）插入"星与旗帜-竖卷形"形状，形状效果为"发光:18磅;橙色,主题色2"，高度为8.6厘米，宽度为8.1厘米。然后从左至右再插入与第一个卷形格式大小完全相同的5个卷形，并参考sc.docx文档的相关内容按段落顺序依次将烹调海带豆腐汤的建议从左至右分别插入各卷形，例如，从右数第二个卷形中插入文本"甲亢患者不宜食海带"。6个卷形的动画都设置为进入:"翻转式由远及近"。除左边第一个卷形外，其他卷形动画的"开始"均设置为"上一动画之后"，"持续时间"均设置为2秒。幻灯片的页脚内容为"5"。

（7）页脚内容为奇数的幻灯片切换方式为"传送带"，效果选项为"自左侧"。页脚内容为偶数的幻灯片切换方式为"飞过"，效果选项为"切出"。

2. 打开演示文稿yswg2.pptx，按照下列要求完成对此文稿的修饰并保存。

（1）在第一张幻灯片前插入4张新幻灯片，第一张幻灯片的页脚内容为D，第二张幻灯片的页脚内容为C，第三张幻灯片的页脚内容为B，第四张幻灯片的页脚内容为A。

（2）为整个演示文稿应用"丝状"主题，放映方式为"观众自行浏览"。幻灯片大小设置为"A3纸张（297×420毫米）"。按各幻灯片页脚内容的字母顺序重排所有幻灯片的顺序。

（3）第一张幻灯片的版式为空白，并在位置（水平:4.58厘米，自:左上角，垂直:11.54厘米，自:左上角）插入艺术字"紫洋葱拌花生米"，艺术字宽度为27.2厘米，高为3.5厘米。艺术字文字效果为"转换-弯曲-倒V形"。艺术字动画设置为"强调/陀螺旋"，效果选项为"旋转两局"。第一张幻灯片的背景样式设置为样式4。

（4）第二张幻灯片版式为"比较"，主标题为"洋葱和花生是良好的搭配"。将SC.DOCX文档第4段文本（洋葱和花生……威力。）插入到左侧内容区，将图片文件ppt3.jpg插入到右侧的内容区。

（5）第三张幻灯片版式为"图片与标题"，标题为"花生利于补充抗氧化物质"，将第五张幻灯片左侧内容区全部文本移到第三张幻灯片标题区下半部的文本区。将图片文件ppt2.jpg插入到图片区。

（6）第四张幻灯片版式为"两栏内容"，标题为"洋葱营养丰富"。将图片文件ppt1.jpg插入到右侧的内容区，将SC.DOCX文档第1和第2段文本（"洋葱是……黄洋葱。"）插入到左侧内容区。图片样式为"棱台透视"，图片效果为"棱合"的"柔圆"。图片设置动画"强调/跷跷板"。左侧文字设置动画"进入/曲线向上"。动画顺序是先文字后图片。

（7）第五张幻灯片版式为"标题和内容"，标题为"紫洋葱拌花生米的制作方法"，标题为53磅字。将SC.DOCX文档最后9段文本（"主料……可以食用。"）插入到内容区。备注区插入备注:"本款小菜适用于高血脂、高血压、动脉硬化、冠心病、糖尿病患者及亚健康人士食用。"

（8）第一张幻灯片的切换方式为"缩放"，效果选项为"切出"，其余幻灯片切换方式为"库"，效果选项为"自左侧"。

3. 打开演示文稿yswg3.pptx，按照下列要求完成对此文稿的修饰并保存。

（1）为整个演示文稿应用"离子"主题；设置全体幻灯片切换方式为"擦除"，效果选项为"从右上部"；设置幻灯片的大小为"全屏显示（16:9）"；放映方式设置为"观众自行浏览（窗口）"。

（2）为第一张幻灯片添加副标题"觅寻国际 2016 年度总结报告会"，字体设置为"微软雅黑"，字体大小为 32 磅字；将主标题的文字大小设置为 66 磅，文字颜色设置成红色（RGB 颜色模式:红色 255，绿色 0，蓝色 0）。

（3）在第六张幻灯片后面加入一张新幻灯片，版式为"两栏内容"，标题是"收入组成"，在左侧栏中插入一个 6 行 3 列的表格，内容如下表所示；设置表格高度 8 厘米，宽度 8 厘米。

名　　称	2016	百　分　比
烟酒	201 万	26.9%
旅游	156 万	20.9%
农产品	124 万	16.6%
直销	105 万	14.1%
其他	160 万	21.4%

（4）在第七张幻灯片中，根据左侧表格中"名称"和"百分比"两列的内容，在右侧栏中插入一个"三维饼图"，图表标题为"收入组成"，图表标签显示"类别名称"和"值"，不显示图例，设置图表样式为"样式 6"，设置图表高度 10 厘米，宽度 12 厘米。

（5）将第二张幻灯片的文本框的文字转换成 SmartArt 图形"垂直曲形列表"，并且为每个项目添加相应幻灯片的超链接。

（6）将第三张幻灯片中的"良好态势"和"不足弊端"这两项内容的列表级别降低一个等级（即增大缩进级别）；将第五张幻灯片中的所有对象（幻灯片标题除外）组合成一个图形对象，并为这个组合对象设置"强调"动画的"跷跷板"；将第六张幻灯片的表格中所有文字大小设置为 32 磅，表格样式为"主题样式 2-强调 2"，所有单元格对齐方式为"垂直居中"。

（7）最后一张幻灯片插入艺术字，艺术字的文字为"感谢大家的支持与付出"，艺术字的文本填充设置为预设颜色的"中等渐变-个性色 4"；为艺术字设置"进入"动画的"形状"，效果选项为"菱形"；为标题设置"强调"动画的"放大/缩小"，效果选项为"水平""巨大"，持续时间为 3 秒；动画顺序是先标题后艺术字。

附　录

附录A　全国计算机等级考试一级——
计算机基础及MS Office应用考试大纲（2021年版）

1. 基本要求

（1）掌握算法的基本概念。

（2）掌握微型计算机的基础知识（包括计算机病毒的防治常识）。

（3）了解微型计算机系统的组成和各部分的功能。

（4）了解操作系统的基本功能和作用，掌握 Windows 7 的基本操作和应用。

（5）了解计算机网络的基本概念和因特网的初步知识，掌握 IE 浏览器软件和 Outlook 软件的基本操作和使用。

（6）了解文字处理的基本知识，熟练掌握文字处理软件 Word 2016 的基本操作和应用，熟练掌握一种汉字（键盘）输入方法。

（7）了解电子表格软件的基本知识，掌握电子表格软件 Excel 2016 的基本操作和应用。

（8）了解多媒体演示软件的基本知识，掌握演示文稿制作软件 PowerPoint 2016 的基本操作和应用。

2. 考试内容

1）计算机基础知识

（1）计算机的发展、类型及其应用领域。

（2）计算机中数据的表示与存储。

（3）多媒体技术的概念与应用。

（4）计算机病毒的概念、特征、分类与防治。

（5）计算机网络的概念、组成和分类；计算机与网络信息安全的概念和防控。

（6）因特网网络服务的概念、原理和应用。

2）操作系统的功能和使用

（1）计算机软、硬件系统的组成及主要技术指标。

（2）操作系统的基本概念、功能、组成和分类。

（3）Windows 7 操作系统的基本概念和常用术语、文件、文件夹、库等。

（4）Windows 7 操作系统的基本操作和应用：

① 桌面外观的设置，基本的网络配置。

② 资源管理器的操作与应用。

③ 文件、磁盘、显示属性的查看、设置等操作。

④ 中文输入法的安装、删除和选用。

⑤ 文件、文件夹和关键字的搜索。

⑥ 软、硬件的基本系统工具。

（5）了解计算机网络的基本概念和因特网基础知识，主要包括网络硬件和软件，TCP/IP 协议的工作原理，以及网络应用中常见的概念，如域名、IP 地址、DNS 服务等。

（6）能够熟练掌握浏览器、电子邮件的使用和操作。

3）文字处理软件的功能和使用

（1）Word 2016 的基本概念，Word 2016 的基本功能、运行环境、启动和退出。

（2）文档的创建、打开、输入、保存、关闭等基本操作。

（3）文本的选定、插入与删除、复制与移动、查找与替换等基本编辑技术；多窗口和多文档的编辑。

（4）字体格式设置、文本效果修饰、段落格式设置、文档页面设置、文档背景设置和文档分栏等基本排版技术。

（5）表格的创建、修改；表格的修饰；表格中数据的输入与编辑；数据的排序和计算。

（6）图形和图片的插入；图形的建立和编辑；文本框、艺术字的使用和编辑。

（7）文档的保护和打印。

4）电子表格软件的功能和使用

（1）电子表格的基本概念和基本功能，Excel 2016 的基本功能、运行环境、启动和退出。

（2）工作簿和工作表的基本概念和基本操作，工作簿和工作表的建立、保存和退出；数据输入和编辑；工作表和单元格的选定、插入、删除、复制、移动；工作表的重命名和工作表窗口的拆分和冻结。

（3）工作表的格式化，包括设置单元格格式、设置列宽和行高、设置条件格式、使用样式、自动套用模式和使用模板等。

（4）单元格绝对地址和相对地址的概念，工作表中公式的输入和复制，常用函数的使用。

（5）图表的建立、编辑、修改和修饰。

（6）数据清单的概念，数据清单的建立，数据清单内容的排序、筛选、分类汇总，数据合并，数据透视表的建立。

（7）工作表的页面设置、打印预览和打印，工作表中链接的建立。

（8）保护和隐藏工作簿和工作表。

5）PowerPoint 的功能和使用

（1）PowerPoint 2016 的功能、运行环境、启动和退出。

（2）演示文稿的创建、打开、关闭和保存。

（3）演示文稿视图的使用，幻灯片基本操作（编辑版式、插入、移动、复制和删除）。

（4）幻灯片的基本制作方法（文本、图片、艺术字、形状、表格等插入及格式化）。

（5）演示文稿主题选用与幻灯片背景设置。

（6）演示文稿放映设计（动画设计、放映方式设计、切换效果设计）。

（7）演示文稿的打包和打印。

3．考试方式

上机操作。考试时长 90 分钟，满分 100 分。

1）题型及分值

单项选择题（计算机基础知识和网络的基本知识）。（20 分）

Windows 7 操作系统的使用。（10 分）

Word 2016 操作。（25 分）

Excel 2016 操作。（20 分）

PowerPoint 2016 操作。（15 分）

浏览器（IE）的简单使用和电子邮件收发。（10 分）

2）考试环境

操作系统：Windows 7。

考试环境：Microsoft Office 2016。

附录B　考试指导

全国计算机等级考试系统在中文版 Windows 7 系统环境下运行，用来测试考生在 Windows 环境下进行系统操作、文字处理、电子表格、演示文稿、选择题（计算机基础知识、微型计算机系统组成、计算机网络的基础）以及上网操作的技能和水平。

1．考试系统使用说明

1）考试环境

（1）硬件环境。

CPU：2 GHz 或以上。

内存：2 GB 或以上。

硬盘剩余空间：10 GB 或以上。

（2）软件环境。

操作系统：中文版 Windows 7（32/64），安装 .net framework 4.x。

应用软件：中文版 Microsoft Office 2016。

2）考试时间

全国计算机等级考试一级计算机基础 MS Office 应用上机考试时间定为 90 分钟。考试时间由上机考试系统自动进行计时，提前 5 分钟自动报警来提醒考生应及时存盘，考试时间用完，上机考试系统将自动锁定计算机，考生将不能再继续考试。

3）考试题型和分值

单项选择题（计算机基础知识和网络的基本知识）。（20 分）

Windows 7 操作系统的使用。（10 分）

Word 2016 操作。（25 分）

Excel 2016 操作。（20 分）

PowerPoint 2016 操作。（15 分）

浏览器（IE）的简单使用和电子邮件收发。（10 分）

4）考试登录

在系统启动后，出现登录过程。在登录界面中，考生需要输入自己的准考证号（16 位数字），并需要核对身份证号和姓名的一致性。登录信息确认无误后，系统会自动随机地为考生抽取试题。当上机考试系统抽取试题成功后，在屏幕上会显示上机考试考生须知信息。考生按"开始答题并计时"按钮开始考试并进行计时。如果出现需要密码登录信息，则根据具体情况由监考老师来输入密码。

5）考试作答界面的使用

在系统登录完成以后，系统为考生抽取一套完整的试题。系统环境也有了一定的变化，上机考试系统将自动在屏幕中间生成装载试题内容查阅工具的考试窗口，并在屏幕顶部始终显示着考生的准考证号、姓名、考试剩余时间以及可以随时显示或隐藏试题内容查阅工具和退出考试系统进行交卷的按钮的窗口。在考试窗口中单击"基本操作"、"字处理"、"电子表格"、"演示文稿"、"上网"和"选择题"按钮，可以分别查看各个题型的题目要求。

（1）选择题。

当考生系统登录成功后，请在试题内容查阅窗口的"答题"菜单上选择"选择题"命令，考试系统将自动进入选择题考试界面，再根据试题内容的要求进行操作。选择题都是四选一的单项选择题，如要选 A）、B）、C）或 D）中的某一项，可以对该选项进行单击，使选项前的小圆点中有一个黑点即为选中。如要修改已选的选项，可以重新单击正确的选项，即改变了原有的选项。

注意：选择题只能进入一次，退出后不能再次进入。选择题具有自动存盘功能。

（2）基本操作。

基本操作包括以下内容：文件夹的创建、文件（文件夹）的拷贝、文件（文件夹）的移动、文件（文件夹）的更名、文件（文件夹）属性设置、文件（文件夹）的删除等。

要完成上机考试的基本操作，可以使用 Windows 提供的各种可以操作文件和文件夹的工具，如资源管理器、文件夹窗口等。但是在完成要求的题目时，要特别注意一个基本概念：考生文件夹，上机考试的大部分数据存储在这个文件夹中。考生不得随意更改其中的内容。

（3）字处理。

当考生登录成功后，按下"字处理"按钮时，系统将显示字处理操作题，此时在"答题"菜单上选择"字处理"命令时，它又会根据字处理操作题的要求自动产生一个下拉菜单，这个下拉菜单的内容就是字处理操作题中所有要生成的 Word 文件名加"未做过"或"已做过"字符，其中"未做过"字符表示考生对这个 Word 文档没有进行过任何保存；"已做过"字符表示考生对这个 Word 文档进行过保存。考生可根据自己的需要单击这个下拉菜单的某行内容（即某个要生成的 Word 文件名），系统将自动进入字处理系统（字处理系统事先已安装），再根据试题内容的要求对这个 Word 文档进行文字处理操作，并且当完成文字处理操作进行文档存盘时，只要单击常用工具栏中的"保存"按钮，或者单击"文件"菜单下的"保存"按钮即可将这个 Word 文档保存在考生文件夹下。

提示

电子表格和演示文稿的操作方法同字处理，不再赘述。

（4）上网。

当考生系统登录成功后，如果上网操作题中有浏览页面的题目，请在试题内容查阅窗口的"答题"菜单上选择"上网"→"Internet Explorer"命令，打开 IE 浏览器后就可以根据题目要求完成浏览页面的操作。

如果上网操作题中有收发电子信箱的题目，请在试题内容查阅窗口的"答题"菜单上选择"上网"→"OutlookExpress"命令，打开 Outlook 后就可以根据题目要求完成收发电子信箱的操作。

（5）交卷。

如果考生要提前结束考试进行交卷处理，则请在屏幕顶部始终显示着考生的准考证号、姓名、考试剩余时间以及可以随时显示或隐藏试题内容查阅工具和退出考试系统的按钮的窗口中选择"交卷"按钮，上机考试系统将显示是否要交卷处理的提示信息框，此时考生如果选择"确定"按钮，则退出上机考试系统进行交卷处理。如果考生还没有做完试题，则选择"取消"按钮继续进行考试。如果进行交卷处理，系统首先锁住屏幕，并显示"系统正在进行交卷处理，请稍候!"，当系统完成了交卷处理，会在屏幕上显示"交卷正常，考试结束"。如果遇到"交卷异常"，请联系监考老师处理。

（6）考生文件夹。

当考生登录成功后，上机考试系统将会自动产生一个考生考试文件夹，该文件夹将存放该考生所有上机考试的考试内容以及答题过程，因此考生不能随意删除该文件夹以及该文件夹下与考试内容有关的文件及文件夹，避免在考试和评分时产生错误，从而导致影响考生的考试成绩。

（7）素材文件的恢复。

在作答过程中，可以单击作答界面中的"查看原始素材"按钮，系统会显示原始素材文件列表，考生可以复制原始素材文件，粘贴到考生文件夹中，如图 B-1 所示。

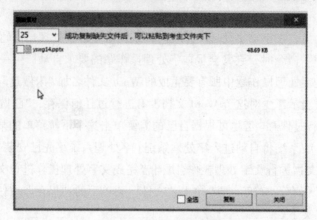

图B-1　素材文件的恢复

2. 考试样题

（1）选择题，如图 B-2 所示。

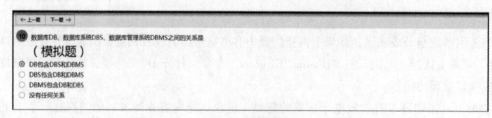

图B-2　选择题样图

（2）基本操作题，如图 B-3 所示。

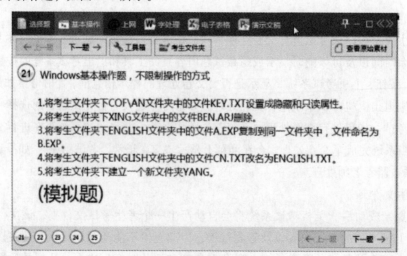

图B-3　基本操作题样图

（3）上网题，如图 B-4 所示。

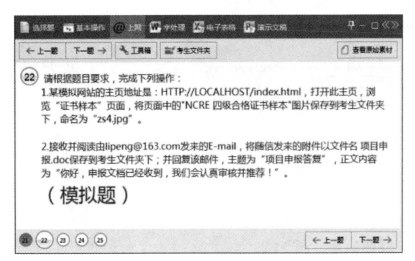

图B-4 上网题样图

（4）字处理题，如图 B-5 所示。

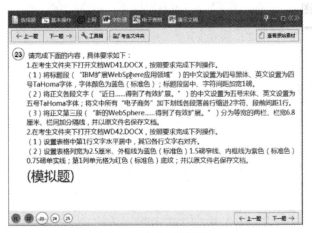

图B-5 字处理题样图

（5）电子表格题，如图 B-6 所示。

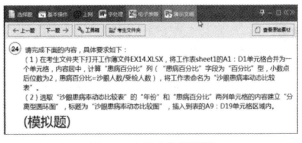

图B-6 电子表格题样图

（6）演示文稿题，如图 B-7 所示。

提示

软件的使用最好使用工具箱提供的链接打开，如图 B-8 所示。

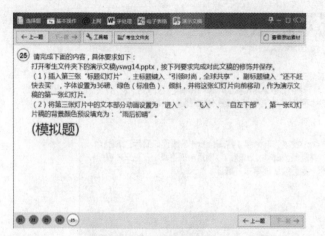

图B-7　演示文稿题样图　　　　　　　　　　　　图B-8　工具箱的使用

附录C　理论题参考答案

第一章　计算机基础知识

1	2	3	4	5	6	7	8	9	10
C	B	C	B	C	D	B	C	C	C
11	12	13	14	15	16	17	18	19	20
B	D	B	C	D	B	A	B	C	B
21	22	23	24	25	26	27	28	29	30
A	D	B	B	A	A	D	B	C	A
31	32	33	34	35	36	37	38	39	40
C	C	B	C	D	C	B	D	B	C
41	42	43	44						
D	B	D	A						

第二章　计算机系统

1	2	3	4	5	6	7	8	9	10
C	C	A	A	C	C	A	A	C	D
11	12	13	14	15	16	17	18	19	20
B	C	A	C	C	B	B	D	D	D
21	22	23	24	25	26	27	28	29	30
C	D	A	D	C	C	C	B	A	B